2018 年
养殖渔情分析

ANALYSIS REPORT OF AQUACULTURE PRODUCTION

全国水产技术推广总站　中国水产学会　编

中国农业出版社
北　京

图书在版编目（CIP）数据

2018年养殖渔情分析/全国水产技术推广总站，中国水产学会编．—北京：中国农业出版社，2019.8
ISBN 978-7-109-26269-0

Ⅰ.①2… Ⅱ.①全…②中… Ⅲ.①鱼类养殖—经济信息—分析—中国—2018 Ⅳ.①S96

中国版本图书馆CIP数据核字（2019）第264997号

2018NIAN YANGZHI YUQING FENXI

中国农业出版社出版
地址：北京市朝阳区麦子店街18号楼
邮编：100125
责任编辑：林珠英 黄向阳
版式设计：吴 妪 责任校对：周丽芳
印刷：北京通州皇家印刷厂
版次：2019年8月第1版
印次：2019年8月北京第1次印刷
发行：新华书店北京发行所
开本：787mm×1092mm 1/16
印张：15.75
字数：420千字
定价：68.00元

编辑委员会

FOREWORD

前　言

2009年，受原农业部渔业渔政管理局委托，全国水产技术推广总站组织启动了养殖渔情信息采集工作，开创建立了我国水产养殖基础信息采集和分析的新机制。10年来，在各级渔业行政主管部门的大力支持下，在各地水产技术推广部门和全体信息采集人员的共同努力下，养殖渔情信息采集体系不断健全，采集和分析方法不断优化，采集队伍不断壮大，采集制度不断完善。目前，已在河北、辽宁、吉林、江苏、浙江、安徽、福建、江西、山东、河南、湖北、湖南、广东、广西、海南、四川16个省（自治区）建立了200多个信息采集定点县、800余个采集点，形成了一支由基层台账员、县级采集员、省级审核员和分析专家为主体的信息采集分析队伍，采集范围涵盖企业、合作经济组织、渔场或基地、个体养殖户等经营主体。初步形成"有体系、有制度、有保障"的基本格局。养殖渔情信息为渔业经济核算提供了有益的数据支撑，为各级渔业管理部门科学管理提供了有效的数据参考，为广大生产者把握形势提供重要的信息依据。

当前，我国渔业正处于全面推进现代渔业建设的关键时期。现代渔业发展的科学决策，必须建立在准确的信息资料和对信息资料科学的定性和定量分析基础上。《2018年养殖渔情分析》主要收录了2018年养殖渔情信息采集省份和全国养殖渔情专家委员会有关专家的养殖渔情分析报告以及重点品种分析报告。该书的编辑出版，是加强养殖渔情信息采集数据总结和应用的有效方法，是养殖渔情信息数据分析和发布的新形式，为今后客观描述水产养殖业发展状况，及时监测水产养殖业经济运行态势，准确揭示养殖发展规律积累基础数据，提供了实践参考。

本书在出版过程中，农业农村部渔业渔政管理局以及各采集省（自治区）渔业行政主管部门给予了大力的支持，各水产养殖专家给予了精心的指导。本书的出版离不开各养殖渔情采集省（自治区）、采集县、采集点的信息采集人员辛勤工作与无私奉献。在此一并致以诚挚的谢意！

本书的分析报告主要是基于养殖渔情信息的采集数据，以及有关专家的调研分析。由于采集点数据质量和编者水平有限，书中难免会有一些不足之处，恳请广大读者批评指正。

编　者

CONTENTS

目录

前言

第一章　2018 年养殖渔情分析报告 …… 1

第二章　2018 年各采集省份养殖渔情分析报告 …… 9

河北省养殖渔情分析报告 …… 9
辽宁省养殖渔情分析报告 …… 15
吉林省养殖渔情分析报告 …… 21
江苏省养殖渔情分析报告 …… 24
浙江省养殖渔情分析报告 …… 29
安徽省养殖渔情分析报告 …… 34
福建省养殖渔情分析报告 …… 40
江西省养殖渔情分析报告 …… 48
山东省养殖渔情分析报告 …… 53
河南省养殖渔情分析报告 …… 58
湖北省养殖渔情分析报告 …… 66
湖南省养殖渔情分析报告 …… 70
广东省养殖渔情分析报告 …… 74
广西壮族自治区养殖渔情分析报告 …… 78
海南省养殖渔情分析报告 …… 82
四川省养殖渔情分析报告 …… 87

第三章　2018 年主要养殖品种渔情分析报告 …… 93

草鱼专题报告 …… 93
鲤专题报告 …… 100
鲫专题报告 …… 107
鳜和加州鲈专题报告 …… 111

罗非鱼专题报告……116
鲑鳟专题报告……121
大黄鱼专题报告……122
大菱鲆专题报告……126
石斑鱼专题报告……129
南美白对虾专题报告……134
河蟹专题报告……141
牡蛎专题报告……145
扇贝专题报告……148
鲍专题报告……153
海带专题报告……157
中华鳖专题报告……160
海参专题报告……164
鲢和鳙专题报告……169
小龙虾专题报告……176
黄颡鱼专题报告……180
海水鲈专题报告……185
青蟹专题报告……190
梭子蟹专题报告……194
乌鳢专题报告……198
蛤专题报告……201
海蜇专题报告……205
泥鳅和黄鳝专题报告……209
卵形鲳鲹专题报告……212
紫菜专题报告……216

第四章　2018年养殖渔情信息采集工作……218

河北省养殖渔情信息采集工作……218
辽宁省养殖渔情信息采集工作……220
吉林省养殖渔情信息采集工作……221
江苏省养殖渔情信息采集工作……222
浙江省养殖渔情信息采集工作……223
安徽省养殖渔情信息采集工作……224
福建省养殖渔情信息采集工作……227
江西省养殖渔情信息采集工作……229
山东省养殖渔情信息采集工作……231
河南省养殖渔情信息采集工作……232
湖北省养殖渔情信息采集工作……234

湖南省养殖渔情信息采集工作…… 235
广东省养殖渔情信息采集工作…… 237
广西壮族自治区养殖渔情信息采集工作 …… 239
海南省养殖渔情信息采集工作…… 241
四川省养殖渔情信息采集工作…… 242

第一章　2018 年养殖渔情分析报告

根据全国 16 个水产养殖主产省（自治区）、227 个养殖渔情信息采集定点县、681 个采集点上报的 2018 年月报养殖渔情数据，结合全国重点水产养殖品种专家调研和会商情况，分析 2018 年养殖渔情形势。总体来看，2018 年全国水产养殖生产态势相对平稳，水产品供应较为充足，养殖结构不断优化。鱼类养殖保持稳定；虾类养殖基本稳定；蟹类养殖总体向好；贝类和藻类养殖增长明显；鳖类养殖市场回暖。受自然灾害、病害等灾情及环保政策的影响，长江中下游、环渤海地区生产损失较为严重，南美白对虾、海参等养殖形势不容乐观。

一、总体情况

1. 出塘量总体稳定　全年全国采集点主要养殖品种出塘总量 29.91 万吨，出塘总收入 39.79 亿元。在重点监测的 28 个养殖品种中，有 17 个品种出塘价格同比上涨，11 个品种出塘价格同比下降（表 1-1、表 1-2）。

2. 苗种和塘租费用占比增加　全国采集点生产总投入 29.30 亿元。其中，物质投入共计 24.89 亿元（苗种投放 8.26 亿元，饲料 13.42 亿元，燃料 0.70 亿元，塘租 2.02 亿元，固定资产折旧 0.49 亿元），约占生产总投入的 85%；服务支出 1.36 亿元，约占生产总投入的 5%；人力投入 3.05 亿元，约占生产总投入的 10%。与 2017 年相比，饲料和燃料费用占比有所减少，但苗种和塘租费占生产总投入的份额明显增加，分别由 22%和 2%提高到 28%和 7%（图 1-1）。

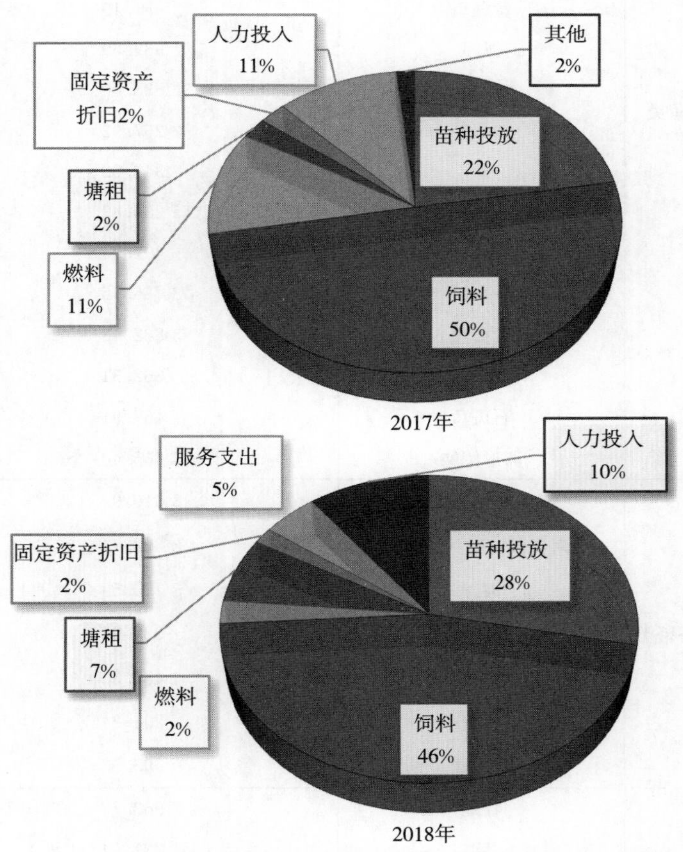

图 1-1　全国采集点生产总投入组成情况

3. 养殖受灾损失较大 2018年春季，江苏、安徽、河南、湖北、湖南等地低温雪灾，导致养殖生产损失严重；夏季，辽宁、河北、山东等地受高温、暴雨、台风等自然灾害影响，养殖生产损失较大。

表1-1 采集点主要养殖品种出塘量及出塘收入

单位：吨、万元

品种		出塘量	出塘收入
合计		299 100.00	397 908.00
鱼类	草鱼	14 203.66	15 591.90
	鲢	4 037.01	2 372.93
	鳙	2 479.81	2 797.97
	鲤	6 952.35	6 589.18
	鲫	8 696.49	9 854.89
	罗非鱼	8 413.51	7 210.59
	黄颡鱼	2 084.19	4 146.09
	泥鳅	939.59	2 324.69
	黄鳝	838.00	4 701.10
	加州鲈	2 267.92	5 301.78
	鳜	348.02	2 087.22
	乌鳢	15 285.83	33 670.10
	鲑鳟	491.39	1 372.32
	海水鲈	3 786.46	15 175.14
	大黄鱼	3 882.18	13 973.62
	鲆鱼	362.31	1 736.57
	石斑鱼	469.91	4 340.10
	卵形鲳鲹	14 465.40	29 720.29
虾蟹类	小龙虾	3 610.99	13 873.33
	南美白对虾（淡水）	2 522.14	9 791.29
	河蟹	3 790.59	32 564.29
	青虾	329.98	1 922.69
	南美白对虾（海水）	4 489.33	16 350.48
	青蟹	254.24	4 335.61
	梭子蟹	95.53	1 475.36
贝类	牡蛎	7 963.72	5 887.60
	鲍	221.54	3 239.48
	扇贝	20 138.76	22 348.59
	蛤	127 077.34	83 446.31

（续）

品种		出塘量	出塘收入
藻类	海带	31 126.71	3 745.47
	紫菜	3 543.48	2 056.52
其他类	鳖	2 312.11	11 401.14
	海参	1 619.93	22 503.72

表 1-2　主要监测养殖品种出塘价格情况

单位：元/千克

品种		2017 年	2018 年	同比（%）
鱼类	草鱼	12.21	10.98	－10.07
	鲢	4.93	5.88	19.27
	鳙	10.77	11.28	4.74
	鲤	9.16	9.48	3.49
	鲫	12.1	11.33	－6.36
	罗非鱼	9.48	8.57	－9.60
	黄颡鱼	21.59	19.89	－7.87
	鳜	54.76	59.97	9.51
	乌鳢	19.29	22.03	14.20
	鲑鳟	22.5	27.93	24.13
	海水鲈	37.20	40.08	7.74
	大黄鱼	31.44	35.99	14.47
	大菱鲆	42.96	47.93	11.57
	石斑鱼	75.79	92.36	21.86
虾蟹类	小龙虾	38.90	38.42	－1.23
	南美白对虾（淡水）	45.18	38.82	－14.08
	河蟹	60.16	85.91	42.80
	青虾	67.19	58.27	－13.28
	南美白对虾（海水）	39.29	36.42	－7.30
	青蟹	137.92	170.53	23.64
	梭子蟹	81.72	154.44	88.99
贝类	牡蛎	5.32	7.39	38.91
	鲍	146.96	146.22	－0.50
	扇贝	30.79	11.1	－63.95
	蛤	5.16	6.57	27.33
藻类	海带	0.71	1.20	69.01
其他类	鳖	55.25	49.31	－10.75
	海参	116.98	138.92	18.76

二、重点品种情况

1. 淡水鱼类价格保持稳定 淡水鱼类受上年存塘量减少的影响，出塘量较往年有明显下降。全年淡水鱼类综合出塘价 22.47 元/千克，同比增幅 3.1%。其中，鲢、鳙、鲤、乌鳢综合出塘量和出塘收入较往年有所下降、出塘价格较往年有所上涨；鲫、黄颡鱼连续两年价格下行；草鱼养殖过饱和，供大于求，引发价格下跌；年中，鳜受虹彩病毒病等病害暴发影响，产量大幅下降，出塘价同比上涨明显。各品种全年价格走势与其市场供应情况高度相关，符合“量增价降、量减价升”趋势（图 1-2、图 1-3）。

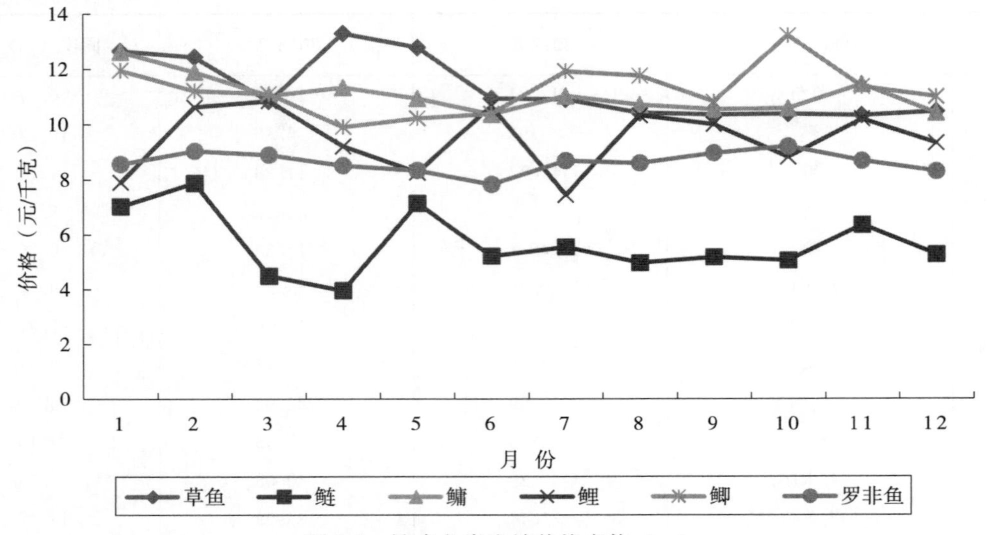

图 1-2 淡水鱼类出塘价格走势（一）

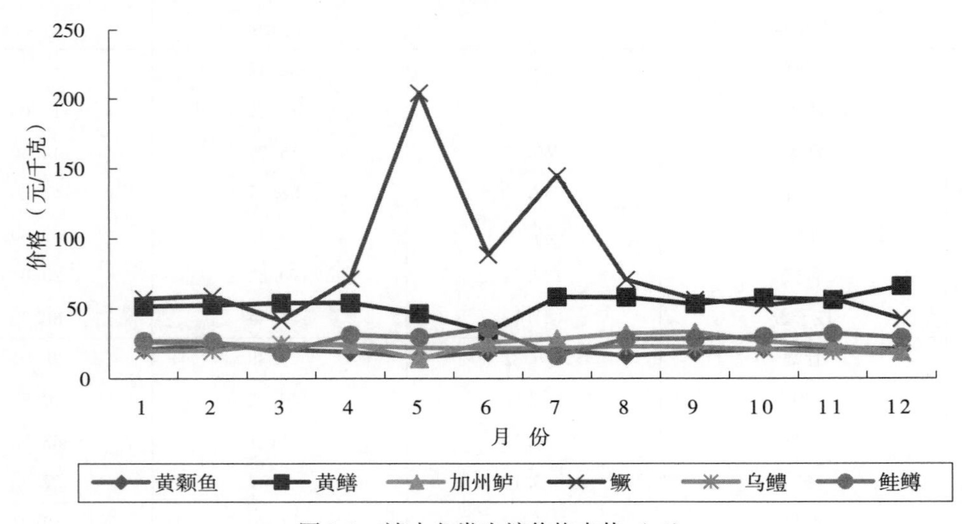

图 1-3 淡水鱼类出塘价格走势（二）

2. 海水鱼类生产稳中有升 全年海水鱼类综合出塘价为 28.28 元/千克，同比增长 18.92%，增幅较大。其中，大菱鲆养殖业经过近年持续调整，已进入平稳发展期，出塘价格为 47.93 元/千克，同比上涨 11.57%，价格相对较高且走势趋于平稳；石斑鱼上半年养殖形势较好，市场销路通畅，价格维持高位，下半年随着台湾石斑鱼输入量增多，价格逐渐回落（图 1-4）。

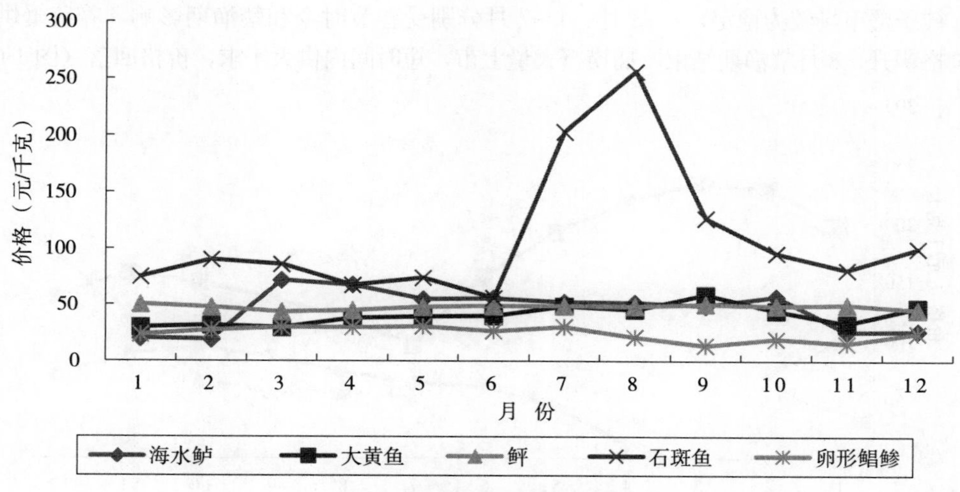

图 1-4　海水鱼类出塘价格走势

3. 对虾养殖形势不容乐观　全年虾类综合出塘价 38.29 元/千克，同比下降 16.82%。2018 年，受水产养殖滩涂规划和国家环保政策影响，部分南美白对虾养殖大户经营和生产被迫关停，导致当年的养殖生产搁置，且东南亚大量南美白对虾输入我国，给对虾市场形成冲击，对虾养殖风险加大，综合出塘价 38.82 元/千克，同比下降 14.08%。小龙虾（又称克氏原螯虾，下同）餐饮消费市场需求的爆发式增长，极大地带动了小龙虾养殖业的快速发展。全年采集点小龙虾出塘价一直处于高位运行状态，与 2017 年相比未出现较大的起伏（图 1-5）。

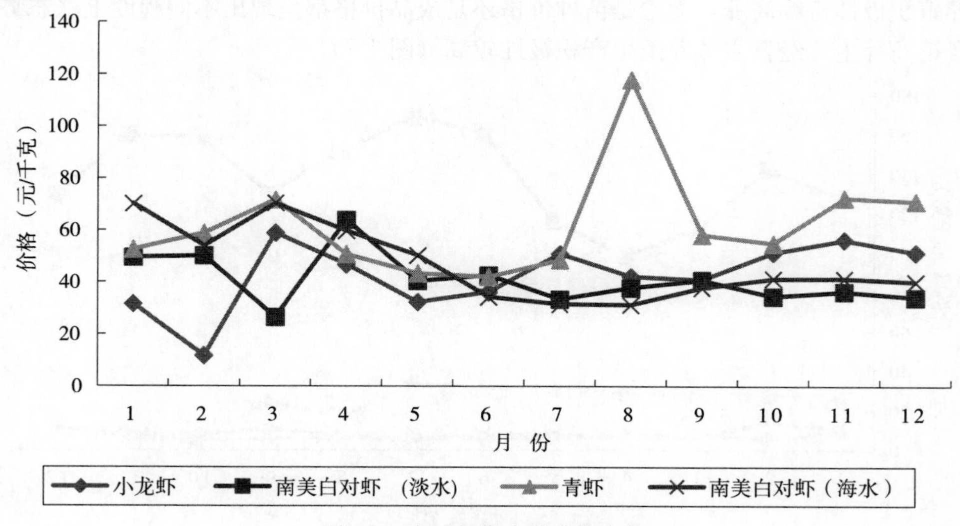

图 1-5　主要虾类出塘价格走势

4. 蟹类养殖形势总体向好　2018 年，蟹类的出塘量和出塘收入虽然较上年有所降低，但出塘价持续在高位，全年蟹类综合出塘价 92.69 元/千克，同比增加 62.57%，总体养殖效益较好。随着电商的快速发展，蟹类的网络销售市场更加广阔，大众消费不断增加。全国全年河蟹产量增，规格大，存塘量大，市场供应充足，中秋节到达全年最高位，之后一路走低；青蟹、梭子蟹市场较为稳定，1～3 月、4～7 月分别受春节时令和禁渔期影响，养殖蟹供不应求，价格飙升，8 月禁渔期结束，捕捞蟹大量上市，短时间内供大于求，价格回落（图 1-6）。

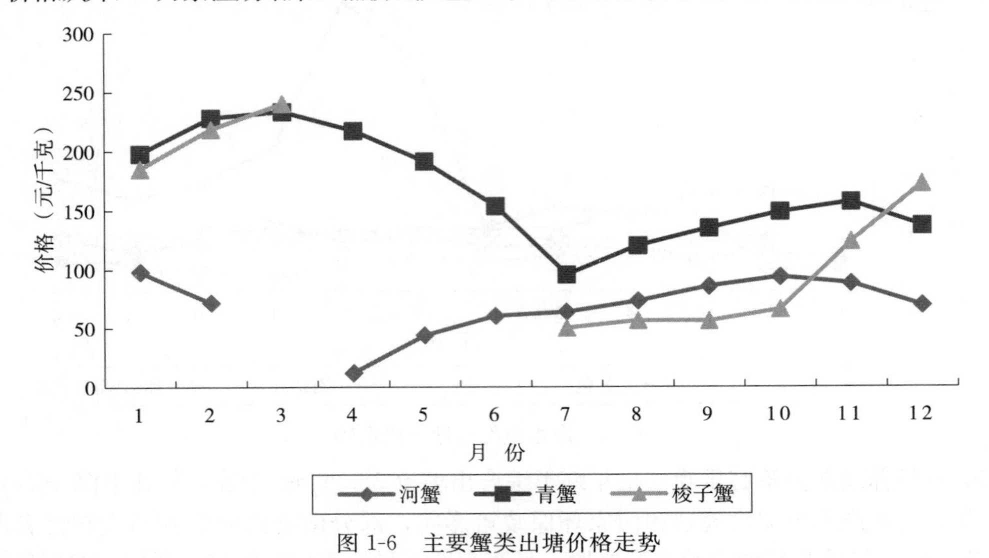

图 1-6　主要蟹类出塘价格走势

5. 贝类市场需求旺盛，价格稳中略升　随着以牡蛎为代表的贝类产品市场认可度不断提高，品牌建设、线下餐饮业及电商销售渠道的不断拓展，使得名优贝类市场需求量增大，呈现出总体需求旺盛的态势。2018 年，受夏季高温及浒苔绿潮的影响，山东等部分产地牡蛎产量下降，造成牡蛎价格上涨，综合出塘价 7.39 元/千克，同比增加 38.91%。牡蛎养殖积极性持续高涨，无论是苗种价格还是成品价格都呈现出不同程度上涨态势，农户、经销商等生产经营主体养殖生产积极性较高（图 1-7）。

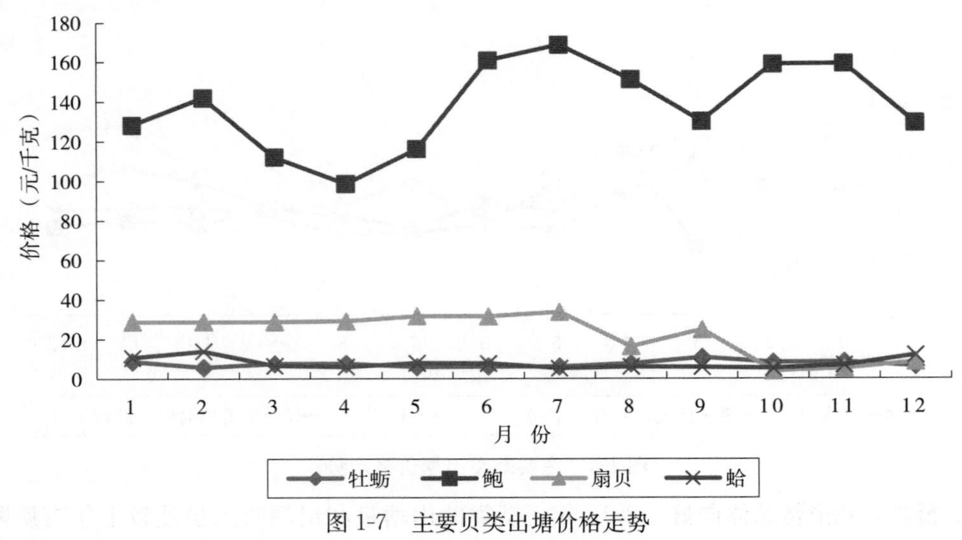

图 1-7　主要贝类出塘价格走势

6. 藻类养殖态势良好，效益仍不高　2018年，藻类主产海区温度适宜，未受赤潮、病害等灾害影响，生产损失较去年有所减少，养殖整体形势较好。但因海带加工库存量大，加之原本作为鲍鱼饲料的海带被龙须菜部分替代，饲料级海带需求量下降，总体价格下行。海藻加工企业海带收购量比常年减少，部分海带转化为干品进入市场，进一步促进市场饱和。上半年海带在收获期价格较低，主产区山东荣成对桑沟湾沿岸进行整治，统一向外清理养殖区，海带养殖面积有所减少；下半年干品价格也明显上涨，带动海带全年价格同比明显上涨。由于海带养殖效益仍有利润空间，故市场的养殖积极性不减（图1-8）。

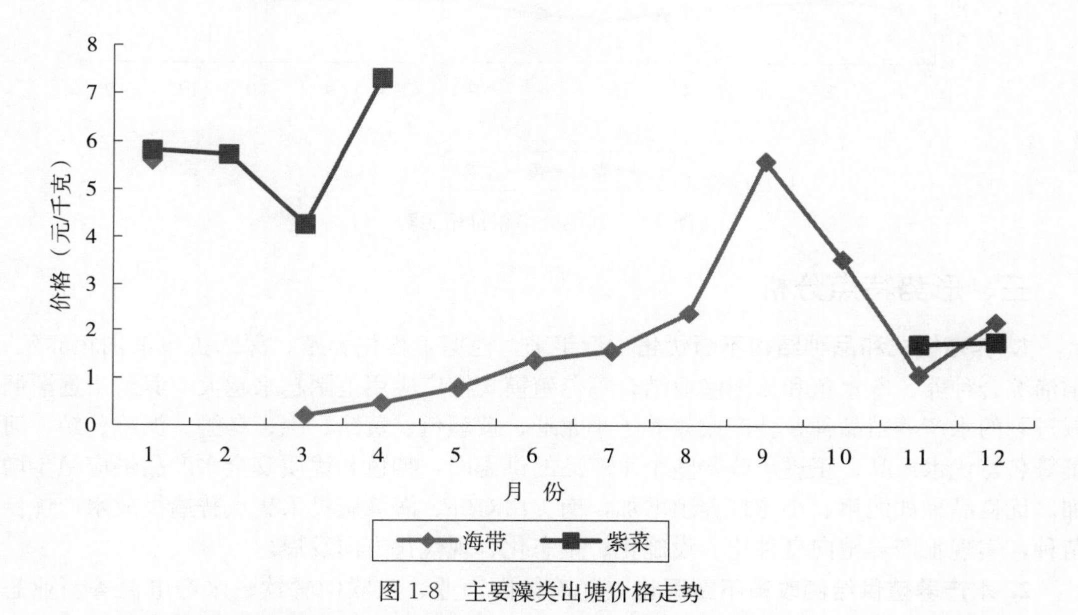

图1-8　主要藻类出塘价格走势

7. 海参养殖受灾严重，产量大幅下降　全年海参综合出塘价格138.92元/千克，同比增加18.76%。2018年7月下旬至8月上旬，海参养殖主产区辽宁、河北、山东等地受副热带高压影响，出现长时间、大范围、高强度的高温闷热天气，给海参养殖业带来了巨大影响。海参出现大面积死亡，损失严重，海参出塘量同比大幅下降，导致出塘价和苗种价大幅上涨。海参苗种供应断档，养殖生产能力恢复缓慢，对海参养殖产量造成持续影响。

8. 鳖养殖市场呈现回暖趋势　全年鳖类综合出塘价49.31元/千克，同比下降10.75%。1～10月出塘产量和收入均有所增加，出塘价比上年略低；11～12月，随着存塘量减少，价格呈现明显上涨。鳖在经历了连续几年的低迷后，2017年市场开始回暖，养殖前景转好。随着市场对高品质的野生、仿野生鳖需求加大，养殖户积极性提高。以浙江省为例，从2014年开始，浙江温室大棚连续3年的关停和拆除，推动鳖养殖方式逐渐转型升级。目前，大棚养殖、外塘养殖、稻鳖共生模式下的产品价格都有明显的上涨，市场前景看好（图1-9）。

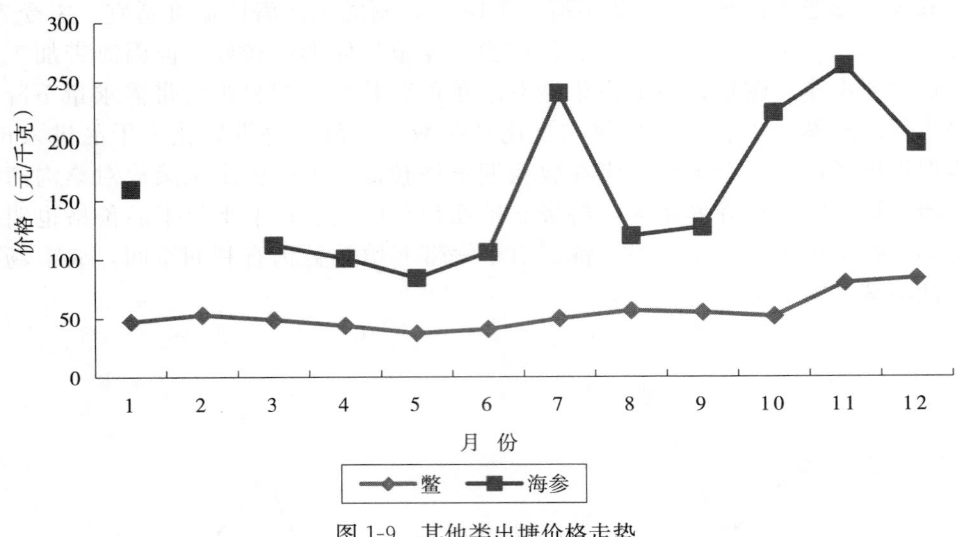

图1-9 其他类出塘价格走势

三、形势特点分析

1. 养殖模式和品种结构不断优化 近年来，池塘工程化养殖、深水抗风浪网箱养殖、稻渔综合种养、冷水鱼和休闲渔业结合等养殖模式推广应用范围越来越大。养殖户逐渐调减过剩的水产养殖品种，转产或兼养了小龙虾、黄颡鱼、黄鳝、鳜、乌鳢、泥鳅、鲈、河蟹等名特优水产品，正逐步改善整个水产品的供需面，特色和优质安全水产品供应稳步增加。优良品种如泥鳅、小龙虾养殖增加，南美白对虾、海湾扇贝采集点普遍投放水产优良苗种，实现水产养殖向良种化、设施化、生态化、现代化方向发展。

2. 水产养殖供给侧改革不断深化 随着休闲渔业、互联网餐饮、水产电商等新业态持续快速发展，消费者追求高品质的生活，优质水产品已不再是奢侈品，共享渔业、渔商直供、订单渔业的发展潜力正逐步释放。市场中水产品的需求量保持稳定，对水产品的品质也有更高要求，驱动着水产养殖业向产品丰富化、差异化、优质化发展，倒逼水产养殖、储藏、冷链配送等方面的供给侧改革。养殖户养殖名特优水产品比例加大，水产品的销售价格上涨，水产养殖业从单纯追求数量型向数量质量型并举转变。

3. 防灾抗病能力亟待加强 多年集约化养殖，使部分传统水产养殖水域环境退化，病害多发，加之气候异常和气象灾害，加大了养殖风险。2018年，牡蛎、海参、扇贝等品种受自然灾害、病害和水质影响较为严重，养殖生产受到冲击。加强灾情预警、加强疫病防控、完善保险政策、抓好生产安全，依然是整个水产行业面临的挑战。

（全国水产技术推广总站 中国水产学会）

第二章　2018年各采集省份养殖渔情分析报告

河北省养殖渔情分析报告

一、采集点基本情况

2018年，全省渔情采集点27个，分布在曹妃甸、丰南、乐亭、玉田、昌黎、黄骅、涞源、阜平8个县。采集点的养殖模式为淡水池塘、海水池塘、扇贝吊笼养殖。

全省渔情采集面积2 295.5公顷，占全省同类型海、淡水养殖面积的2.4%。其中，淡水池塘采集面积286.7公顷，占全省同类型的1.3%；海水池塘采集面积475.5公顷，占全省同类型的2.2%；浅海吊笼采集面积1 533.3公顷，占全省吊笼的3.0%。

采集品种12个，主要为大宗淡水鱼、鲑鳟、海（淡）水南美白对虾、梭子蟹、海湾扇贝、中华鳖、海参等。

二、2018年养殖渔情分析

1. 出塘量、收入总体减少　全省采集点出塘水产品13 444.58吨，总收入9 445.03万元，同比分别减少21.3%、29.2%。

（1）淡水大宗鱼出塘量、收入大幅下降　采集点出塘大宗淡水鱼1 208.1吨，成鱼收入1 179.3万元，同比减少72.9%、66.3%。分品种：草鱼、鲢、鳙、鲤、鲫出塘量分别+72.3%、−83.9%、−79.6%、−71.8%、−90.0%；收入分别+76.9%、−80.0%、−70.2%、−65.5%、−90.6%。

因丰南采集点2017年年底全部出清（出塘1 848.4吨），未有存塘；2018年出塘量整体减少。

（2）鲑鳟出塘量、收入增加　采集点出塘鲑鳟135.4吨、收入386.5万元，同比增加49.3%、86.0%。

（3）中华鳖出塘量、收入均下降　采集点出塘成鳖69.5吨、收入390.3万元，同比减少35.6%、4.0%。

（4）南美白对虾出塘量、收入双增　采集点出塘南美白对虾747.7吨、收入3 032.9万元，同比增加13.2%、7.8%。其中，海水南美白对虾170.8吨、收入757.2万元，同比减少0.9%、6.9%；淡水南美白对虾576.9吨、收入2 275.7万元，同比增加18.1%、13.8%。

（5）梭子蟹出塘量、收入均减　采集点出塘梭子蟹1.1吨、收入7.1万元，同比减少84.0%、84.7%。因近年梭子蟹病害多发，生产效益下滑，养殖规模明显减少。

（6）海参出塘量、收入减少　采集点出塘海参 86.7 吨、收入 1 005.8 万元，同比减少 65.5%、65.9%。主要受高温天气影响。

（7）扇贝出塘量略减、收入持平　采集点出塘海湾扇贝 11 196.2 吨，同比减少 2.6%；收入 3 443.0 万元，同比增加 1.1%。

2. 水产品价格涨跌互现　采集品种中 7 个品种价格上涨，涨幅 2.7%～49.1%；5 个品种价格下跌，跌幅 1.1%～6.1%。其中，草鱼、鲢、鳙、鲤、鲑鳟、中华鳖、海湾扇贝出塘价分别为 10.45 元/千克、4.45 元/千克、10.05 元/千克、10.11 元/千克、28.56 元/千克、56.16 元/千克、3.08 元/千克，同比上涨 2.7%、24.3%、45.4%、22.5%、24.6%、49.1%、4.1%；鲫、梭子蟹、海（淡）水南美白对虾、海参出塘价分别是 9.83 元/千克、66.05 元/千克、44.34 元/千克、39.44 元/千克、116.07 元/千克，同比下跌 5.8%、4.3%、6.1%、3.7%、1.1%（图 2-1、图 2-2）。

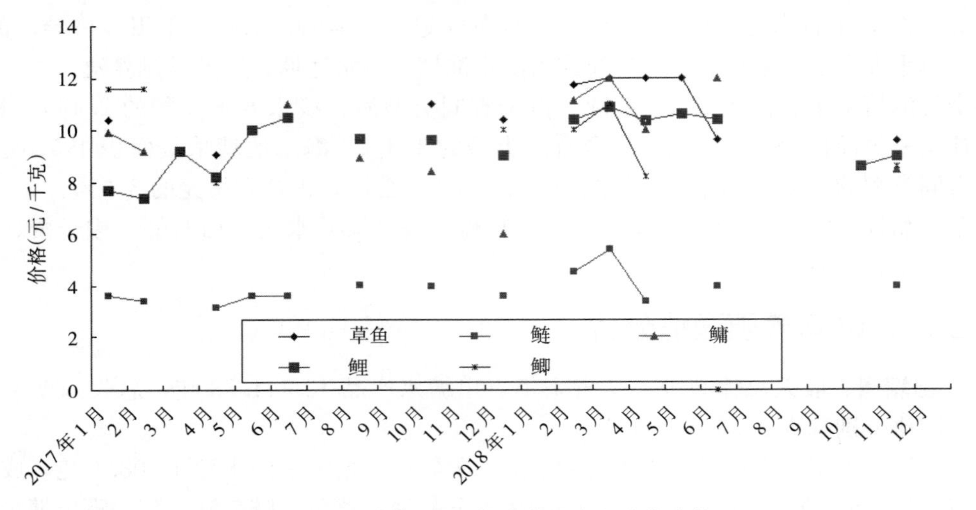

图 2-1　2017—2018 年大宗淡水鱼价格走势

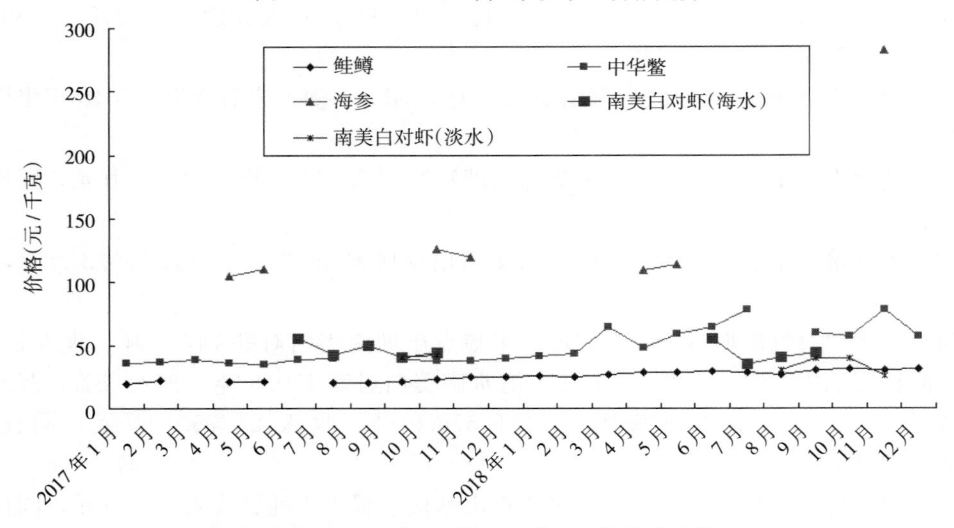

图 2-2　2017—2018 年中高档水产品价格走势

由图 2-1、图 2-2 可见，受市场影响，大宗淡水鱼中草鱼、鲤、鲢、鳙鱼价明显高于去年，鲑鳟、中华鳖价持续抬升；海参价格前低后高；海、淡水南美白对虾价均下降。

3. 生产投入主要是苗种、饲料、塘租、人力等几方面　采集点生产投入共计 11 829.21万元。其中，饲料费、苗种费、人力投入、塘租费占比较高，各项投入占比见图 2-3。按品种分，海参投入 2 894.91 万元、南美白对虾投入 2 525.59 万元、大宗淡水鱼投入 3 424.53 万元、海湾扇贝投入 2 388.31 万元、中华鳖投入 328.5 万元、鲑鳟投入 251.1 万元、梭子蟹投入 16.28 万元。主要品种投入构成见图 2-4 至图 2-9。

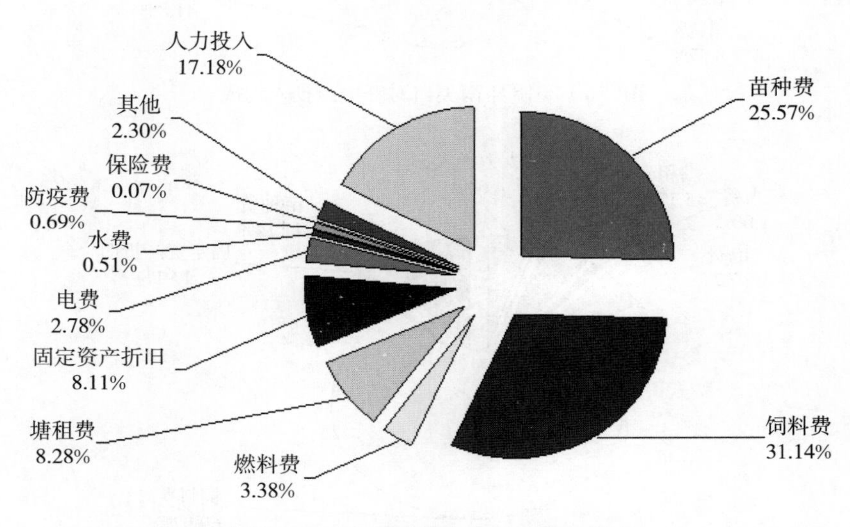

图 2-3　2018 年采集点总生产投入构成

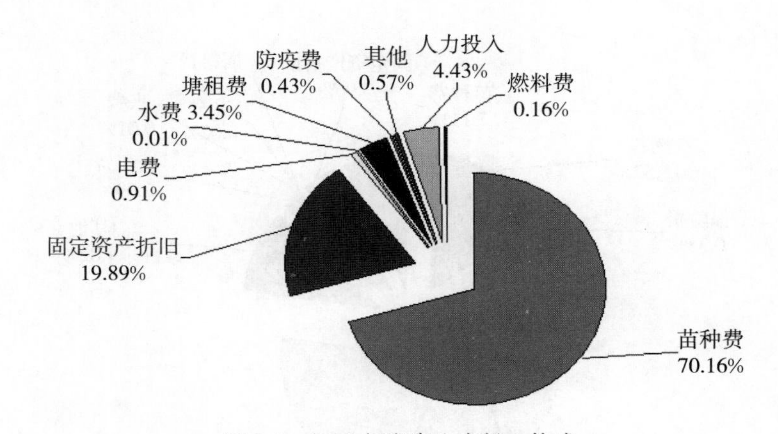

图 2-4　2018 年海参生产投入构成

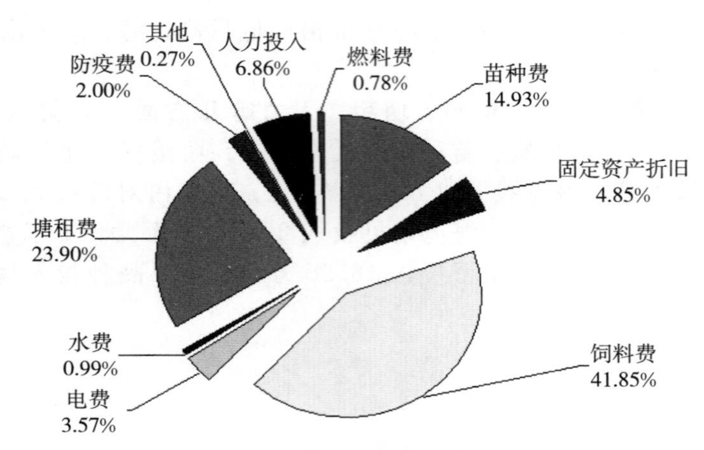

图 2-5　2018 年南美白对虾生产投入构成

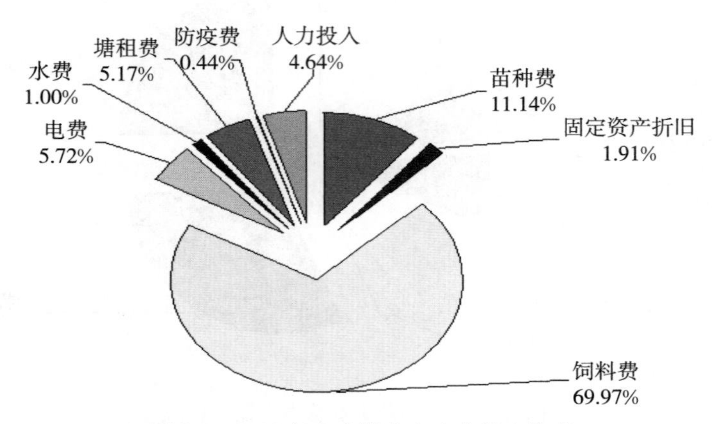

图 2-6　2018 年大宗淡水鱼生产投入构成

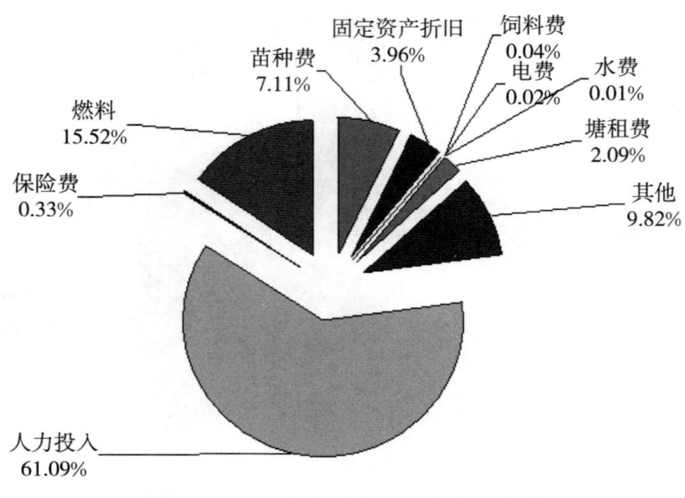

图 2-7　2018 年海湾扇贝生产投入构成

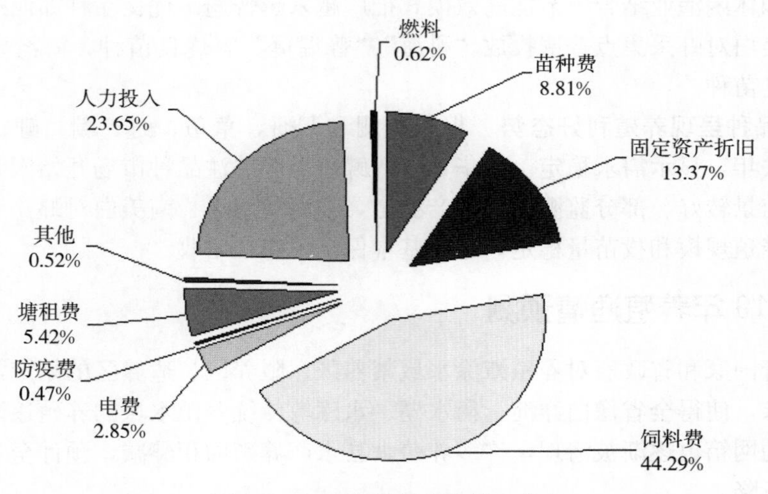

图 2-8　2018 年鲑鳟生产投入构成

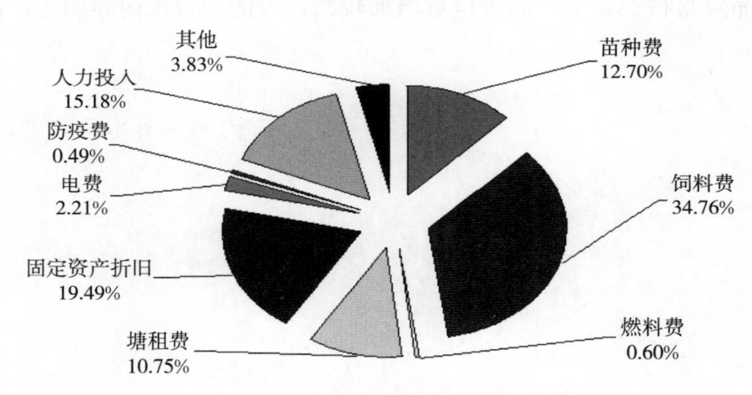

图 2-9　2018 年中华鳖生产投入构成

据分析，海参苗种费占其总投入的 70.16%，吃食性种类饲料占比普遍较高。如，大宗淡水鱼饲料费占 69.97%、鲑鳟占 44.29%、中华鳖占 34.76%。而南美白对虾养殖塘租费占比较高，占总投入 23.9%。

4. 病灾害损失增加　采集点因病灾害造成数量损失 374.8 吨，经济损失 2 923.25 万元。

因病害造成损失有淡水南美白对虾 38 吨、75.5 万元；鲑鳟、大宗淡水鱼 2.2 吨、2.43 万元；中华鳖 1.32 吨、2.29 万元。

因灾害造成损失的是：扇贝因台风损失 113.95 吨、387.22 万元；海水南美白对虾因暴雨损失 0.5 吨、1.8 万元；海参因高温（海参耐受极限温度 34℃，当时水温超过 36℃）损失 218.83 吨、2 454 万元，对海参产业造成重创。

三、特点和特情分析

1. 全省养殖模式不断优化，结构调整继续加快　全省水产养殖模式进一步优化，先进模式不断涌现。如工厂化循环水养鱼、集装箱养鱼、温棚养虾、稻田套养泥鳅或小龙虾、冷水鱼和休闲渔业结合等节能高效模式推广越来越普遍。优良品种如泥鳅、小龙虾养殖增加。南美白对虾采集点普遍投放“科海”“普瑞莫”等优良苗种，海湾扇贝增加“中科红”等优良苗种。

2. 监测品种呈现养殖利好态势 根据监测和调研，草鱼、鲢、鳙、鲤、鲑鳟出塘价格普遍好于去年，显示需求稳定。中华鳖、鲆鲽鱼类等关注品种市场开始回暖，价格多数上涨，养殖前景转好。部分监测品种生产稳定，如海湾扇贝、南美白对虾，春季育苗生产情况良好，养殖规模和投苗量稳定，年底基本保证了稳产增收。

四、2019年养殖渔情预测

（1）随着国家和省政府对养殖滩涂水域禁养区、限养区、适养区的划定，又因雄安新区的建设要求，使得全省像白洋淀、衡水湖、水库等传统养殖水域的养殖逐渐被取缔，一些内陆水库的网箱也逐渐被清理，许多养殖大县水产养殖面积骤减，预计全省水产养殖规模、产量将下降。

（2）农产品贸易特别是水产品进口量增加较快，可能导致国内养殖主产品特别是海水产品价格下跌。

（河北省水产技术推广总站）

辽宁省养殖渔情分析报告

一、2018年养殖渔情分析

根据对全省养殖渔情信息采集点2018年1～12月养殖生产情况监测统计数据，水产品出塘量同比下降，养殖生产投入同比下降，养殖水产品综合平均出塘价格同比下降。由于受自然灾害影响，养殖生产损失较上年同期增加。

1. 水产品出塘量同比下降　养殖渔情监测采集点水产品出塘量52 545.78吨，同比下降3.97%；收入41 209.52万元，同比下降54.93%（图2-10）。

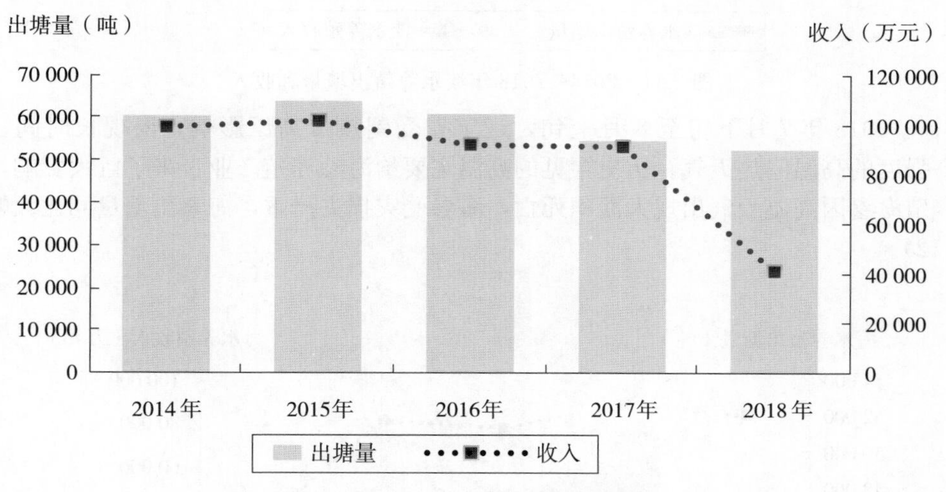

图2-10　2014—2018年出塘量和收入

淡水养殖总体出塘量、收入同比下降。淡水养殖出塘量6 286.82吨，同比下降33.16%；收入6 228.37万元，同比下降38.46%。鲢、鳙、鲫、鳟出塘量297.2吨、41.5吨、285.66吨、44.2吨，同比下降50%、69.5%、55.7%、51.7%；鲢、鳙、鲫、鳟收入90.9万元、40.6万元、345.98万元、122.6万元，同比下降53.7%、73.5%、56.3%、33.8%。而草鱼、鲤、河蟹出塘量2 283.07吨、3 296.05吨、30.85吨，同比增加14.76%、0.21%、15.98%；草鱼、鲤、河蟹收入2 296.12万元、3 063.76万元、239.08万元，同比增加1.13%、6.03%、64.4%（图2-11）。

海水养殖总体出塘量增加，收入同比下降。海水养殖出塘量46 258.96吨，同比增加2.09%；收入34 981.15万元，同比下降73.6%。大菱鲆出塘量156.17吨，同比增加24.3%吨；大菱鲆收入734.75万元，同比增加36.48%。海带出塘量18 300吨，较上年增加16 200吨；海带收入999万元，较上年增加831万元。

扇贝、蛤、海参、海蜇出塘量6 341.59吨、20 603吨、268.7吨、589.5吨，同比下降61.39%、9.07%、75.37%、59.27%；扇贝、蛤、海参、海蜇收入17 641.38万元、11 508.41万元、3 437.9万元、659.7万元，同比下降65.1%、1.5%、74.5%、

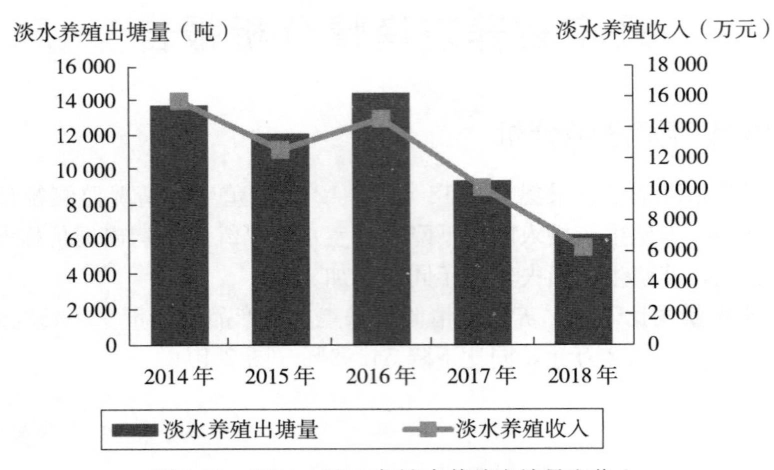

图 2-11　2014—2018 年淡水养殖出塘量和收入

64.45%。2018 年 7 月下旬至 8 月上旬，辽宁省受副热带高压影响，出现长时间、大范围、高强度的高温闷热天气。历史罕见的高温主要给海参养殖产业带来了巨大影响，海水池塘养殖海参因高温天气出现大面积死亡，海参受灾损失严重，海参出塘量同比大幅下降（图 2-12）。

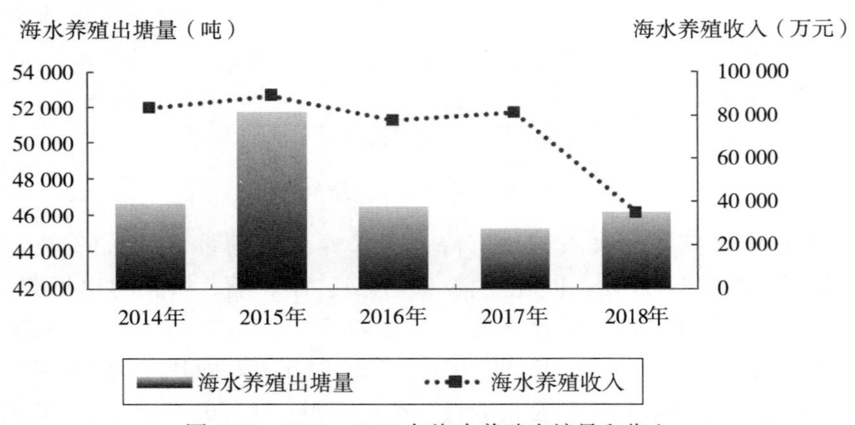

图 2-12　2014—2018 年海水养殖出塘量和收入

2. 渔业生产投入同比下降　养殖渔情监测采集点生产投入46 532.12 万元，同比下降13.28%。饲料费5 186.02 万元、人力投入5 764.85 万元、防疫费 160.57 万元、水电燃料2 299.49 万元、塘租费3 492.21 万元、基础设施 210.47 万元，同比下降 26.79%、22.2%、76%、28.6%、72.4%、58.7%。而苗种费29 035.37 万元、其他投入 383.14 万元，同比增加 33.26%、25.49%。监测数据显示，饲料费、人力投入、防疫费、水电燃料、塘租费、基础设施投入较上年同期下降；而苗种费、其他投入较上年同期增加（图 2-13）。

3. 水产品综合平均出塘价格下降　采集点水产品综合平均出塘价格 7.84 元/千克，

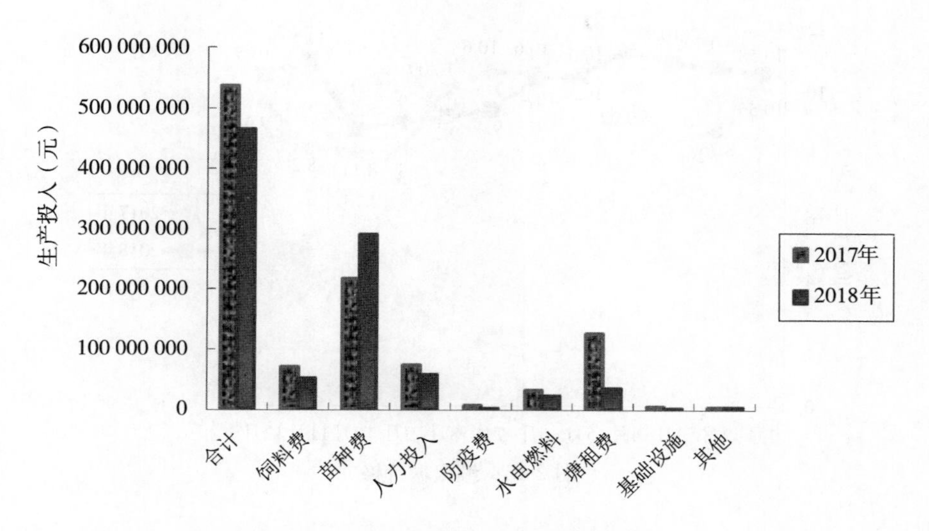

图2-13　2017—2018年生产投入对比

同比下降6.1%。主要水产品平均出塘价格：草鱼10.06元/千克，同比下降11.9%；鲢3.06元/千克，同比下降7.3%；鳙9.78元/千克，同比下降12.96%；鲫12.11元/千克，同比下降1.37%；南美白对虾（淡水）35.13元/千克，同比下降20%；虾夷扇贝27.82元/千克，同比下降9.68%；海蜇11.19元/千克，同比下12.7%；海带0.55元/千克，同比下降31.76%。但部分养殖品种出塘价格同比有所上涨，鲤9.3元/千克，同比上涨5.87%；鳟27.8元/千克，同比上涨37.2%；河蟹77.5元/千克，同比上涨41.78%；大菱鲆47.05元/千克，同比上涨9.77%；海参127.95元/千克，同比上涨3.67%；杂色蛤5.59元/千克，同比上涨8.25%（图2-14至图2-20）。

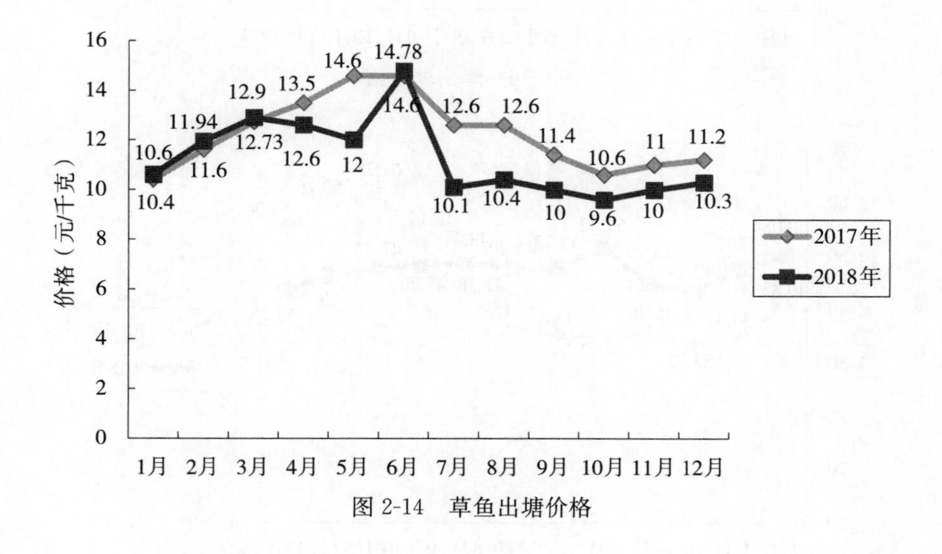

图2-14　草鱼出塘价格

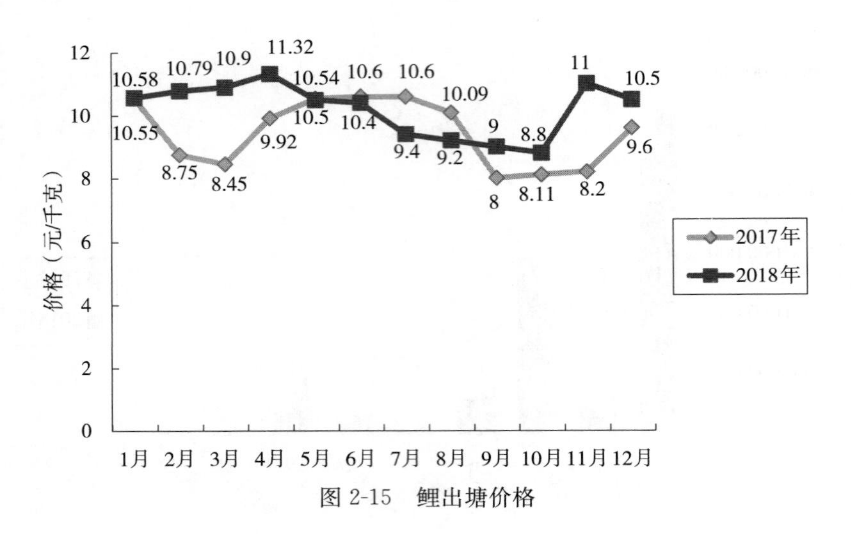

图 2-15 鲤出塘价格

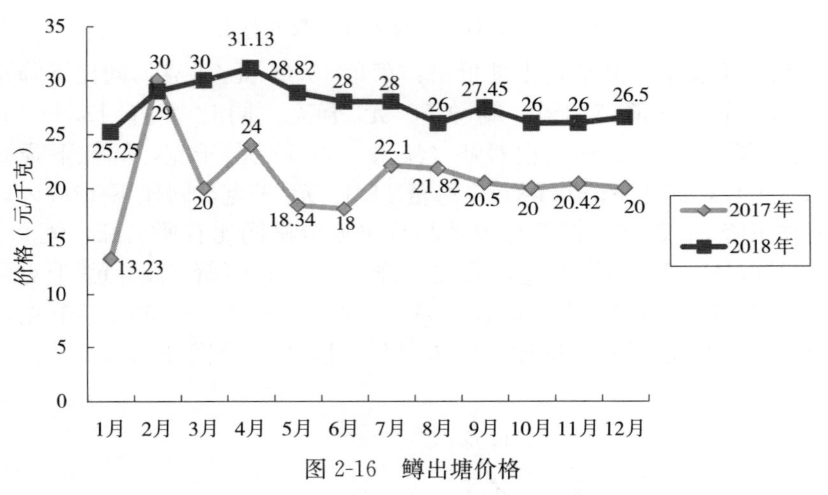

图 2-16 鳟出塘价格

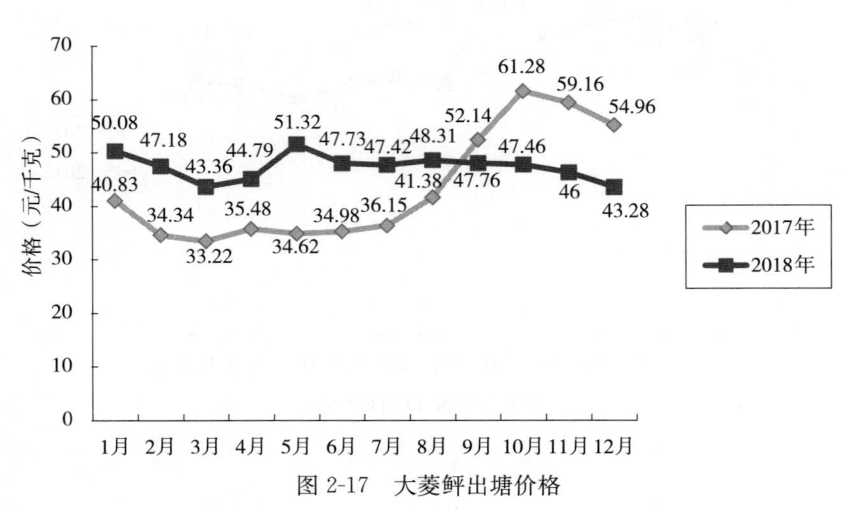

图 2-17 大菱鲆出塘价格

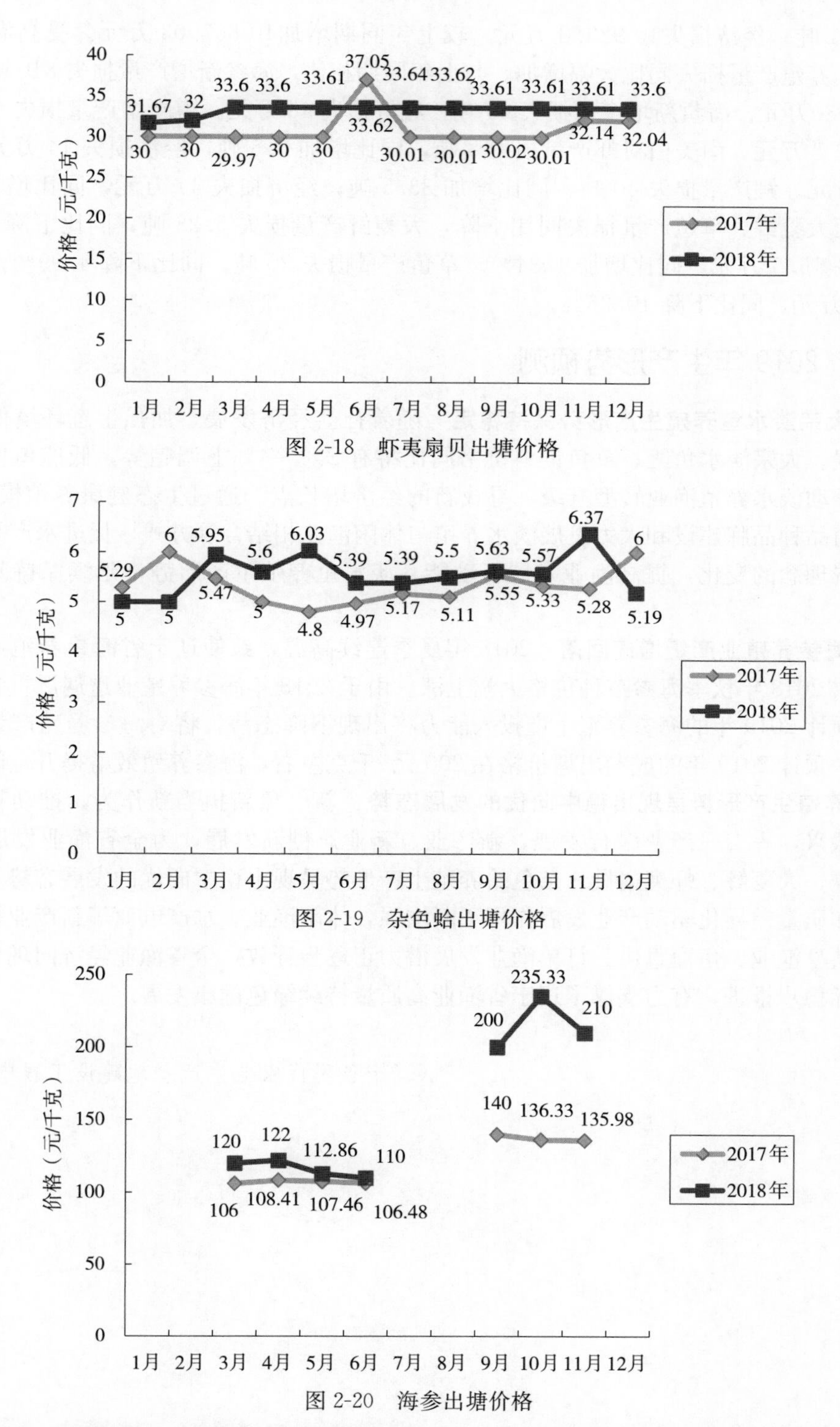

图 2-18　虾夷扇贝出塘价格

图 2-19　杂色蛤出塘价格

图 2-20　海参出塘价格

4. 养殖产量损失、经济损失均同比增加　采集点产量损失 928.71 吨，较上年同期增加892.21吨；经济损失10 923.8万元，较上年同期增加10 867.03万元。受高温自然灾害影响，养殖产量损失同比大幅增加。与上年同期相比，海参新增产量损失810吨，经济损失10 780万元。海蜇新增产量损失45吨，经济损失48万元。鳟新增产量损失0.43吨，经济损失1万元。南美白对虾产量损失8吨，同比增加6.5吨；经济损失14万元，同比增加9万元。鲤产量损失40吨，同比增加33.5吨；经济损失44万元，同比增加36.84万元。而大菱鲆、草鱼产量损失同比下降，大菱鲆产量损失5.28吨，同比下降12.7%；经济损失16.6万元，同比增加1.84%。草鱼产量损失20吨，同比下降4.99%；经济损失20.2万元，同比下降10.26%。

二、2019年生产形势预测

1. 大宗淡水鱼养殖生产形势保持稳定 随着社会经济发展，加强生态环境保护需求不断增强。大宗淡水鱼鲤、草鱼饲料价格同比将有2%～4%上调趋势，低迷鱼价和较高成本将推动淡水养殖渔业转型升级，寻找新的经济增长点。通过生态健康养殖模式推广、加强养殖品种品牌建设和大力发展淡水养殖与休闲渔业相结合等方式，促进水产品消费升级及消费理念的变化，提高渔业发展新动能。淡水鱼养殖生产形势将延续保持基本稳定态势。

2. 海参养殖业产量增速回落 2018年夏季连续高温，致使辽宁省海参养殖业遭受重创，导致2018年秋季海参苗种价格大幅上涨。由于2018年海参养殖业遭遇严重自然灾害影响，预计2019年的海参养殖生产投入能力将出现下降态势，将对海参养殖产量造成连续影响，预计2019年的成参出塘价格在200元/千克左右，海参养殖效益提升空间不大。

3. 养殖生产形势呈现出稳中向优的发展态势 新气象新担当新作为，推动新时代辽宁全面振兴，一二三产业融合发展，新产业、新业态创新发展，为全省渔业发展增添活力。河蟹、大菱鲆、虾夷扇贝、杂色蛤养殖生产形势呈现出稳中向优的发展态势，水产品丰富度和质量差异化驱动产业发展作用不断增强，休闲渔业、水产电商等新产业持续快速发展，共享渔业、鱼商直供、订单渔业发展潜力正逐步释放，全省渔业经济向现代化渔业发展目标稳步推进，有力支撑了辽宁省渔业高质量持续绿色健康发展。

（辽宁省现代农业生产基地建设工程中心）

吉林省养殖渔情分析报告

一、采集点基本情况

2018 年，全省在九台区、吉林市、舒兰市、伊通县、镇赉县、白山市共 6 个县（市、区）设置了 10 个采集点，采集面积 6 900 亩*。其中，舒兰市、伊通县是 2018 年新增加的采集县。全省采集品种以大宗淡水鱼的鲤、鲫、草鱼、鲢、鳙为主，名优鱼类采集了鳟、鲑、翘嘴红鲌等。养殖方式全部为淡水池塘养殖。

二、养殖渔情分析

2018 年，全省 10 个采集点共投入生产资金1 141.04 万元，出售成鱼 891.7 吨，收入合计1 360.87 万元。综合出塘单价 11.06 元/千克。因各类病害及灾害造成的水产品损失 172.48 吨，经济损失 288.5 万元（表 2-1）。

1. 主要指标变动情况

表 2-1 2017—2018 主要指标变动情况

年份	投入资金（万元）	出售数量成鱼（吨）	产值（万元）	综合单价（元/千克）	损失	
					数量（吨）	经济（万元）
2018 年	1 141.04	891.70	1 360.87	11.06	172.48	288.50
2017 年	1 028.87	620.60	958.56	11.66	6.32	10.82
同比（%）	10.90	43.68	41.97	−5.15		

（1）出塘量及收入持续上涨 采集点出售成鱼 891.7 吨，成鱼出售量较去年同期上涨 43.68%。总收入共 1 360.87 万元，同比增加 41.97%。其中，成鱼收入 986.98 万元，苗种收入 387.89 万元。与去年同期相比，成鱼、苗种出塘量、收入项均大幅提升。

在大宗淡水鱼方面，成鱼和苗种的收入共 1 144.5 万元，占全年总体收入的 84.1%。大宗淡水鱼的总收入较去年同期提升 51.2%。出塘单价 10.24 元/千克，同比下降 0.01%(图2-21)。

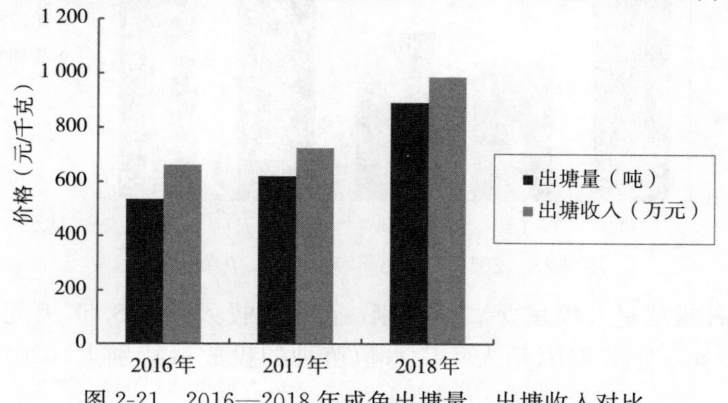

图 2-21 2016—2018 年成鱼出塘量、出塘收入对比

* 亩为非法定计量单位，1 亩=1/15 公顷。——编者注

通过对比看出，2018 年的出塘量和产值均高于去年同期，总体形势比较好。而且成鱼出塘量、收入已经连续 3 年上涨。

（2）水产品单价整体下降，单一品种互有涨跌　2018 年，成鱼出塘均价 11.06 元/千克。其中，大宗淡水鱼出塘单价 10.24 元/千克，淡水名优鱼出塘单价 41.82 元/千克，均低于去年。

从图 2-22 可以看出，全省鱼价连续 3 年呈下降态势。近两年大宗淡水鱼和名优鱼价格变化不大。

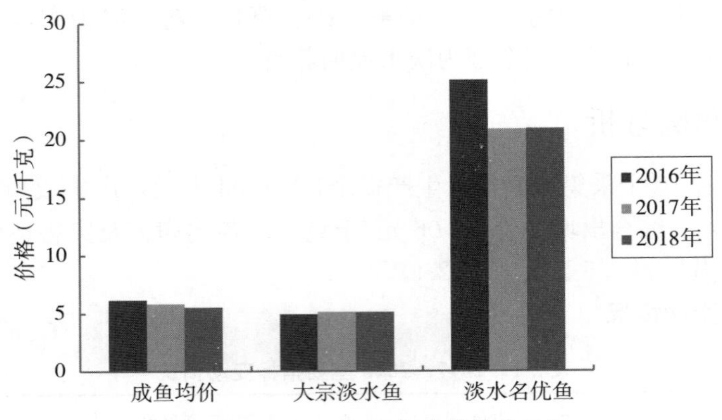

图 2-22　2016—2018 年出塘单价对比

而在图 2-23 中显示，主要养殖品种单价互有涨跌。其中，草鱼、鲫单价同比提高，鲤、鲢、鳙价格有所下降，特别是鲤，价格连续 3 年下跌。鲫、草鱼由于养殖户较少，休闲垂钓需要的量大，价格这几年反而一直上涨。

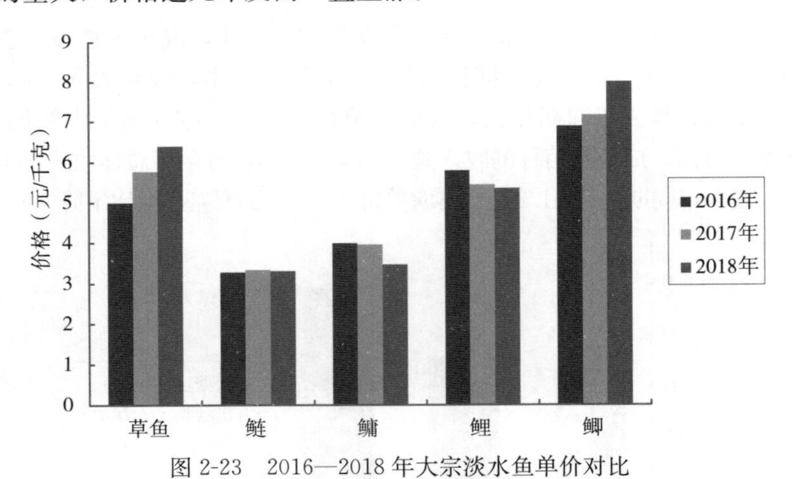

图 2-23　2016—2018 年大宗淡水鱼单价对比

（3）水产苗种投放量大幅减少　2018 年，苗种费投入共 178.08 万元，远远低于去年同期的 428.49 万元。主要原因是去年冷水鱼苗种的投放量特别大，2018 年投放量趋于正常。

（4）生产投入提高较大　从 1～12 月的数据来看，采集点生产投入 1 141.04 万元，同比上升 9.83%。

通过图 2-24 可以看出，2018 年最主要的投入额在饲料方面，占总投放的 56%；苗种占 16%；人员工资占比首次越至第二位，达到 18%。近几年，养殖成本逐年提升，包括人员工资、水电燃料、水域租金等基础项所需费用一直在增加，而且 2018 年饲料费用尤其增多。

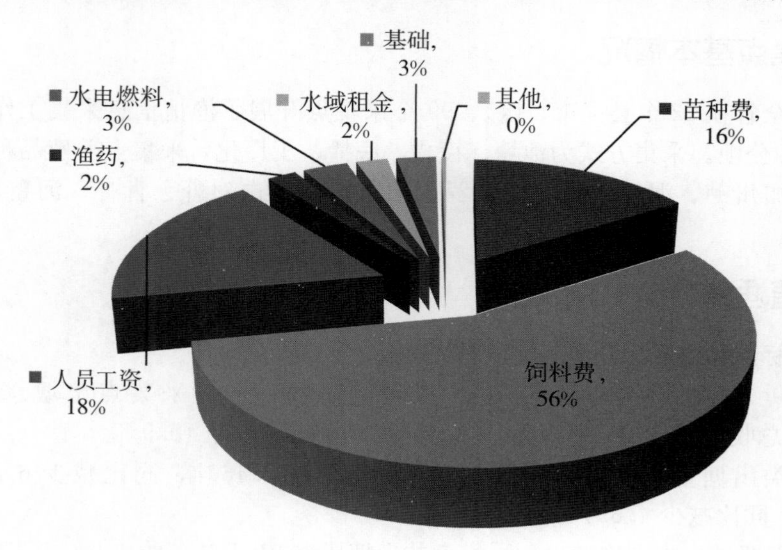

图 2-24　2018 年生产投入费用结构

（5）水产品损失增大　2018 年，水产品数量损失 172.48 吨，经济损失 288.5 万元，大幅超往年同期。2018 年全省夏季个别地区遭遇洪水，吉林市的采集点基本全部被冲毁，所以造成高于往年的经济损失。

2. 特点和特情分析

（1）遭遇自然灾害，损失高于往年　由于全省夏季遭遇洪水，经济损失比较严重，吉林市的 3 个采集点全部冲毁。因灾后重建等工作，人员工资、基础设施等投入也相应高于往年。

（2）水产品价格互有涨跌　从上半年采集点的监测情况来看，2018 年全省总体的投入加大，开春鱼价较同期略有提升，随着垂钓、餐饮等休闲渔业的逐渐复苏，4、5 月价格回暖。从整体数据看，投入额逐年增加，尤其是饲料、人工不断上涨，且仍呈增长态势；鱼价却持续走低，利润空间越来越小。

三、2019 年生产形势预测

全省地处寒带，生产季节从 4 月开始，10 月结束。大宗淡水鱼变化不大，只有鲫价格持续上涨。鲑、鳟价格基本稳定，但是存在大批销售困难的问题。要提升产业效益，需要选择优良品种、发展特色鱼类，淘汰或限制不适合本地品种。同时，做好养殖管理、防病等方面工作，加大信息流通和深加工技术等，形成稳定的产业链条，提高渔民的生产生活水平。

（吉林省水产技术推广总站）

江苏省养殖渔情分析报告

一、采集点基本情况

2018年，全省在22个县（市、区）、99个采集点开展了渔情信息采集工作，全省采集面积7 192.3公顷。采集方式为池塘、筏式、底播、工厂化，采集点养殖品种有大宗淡水鱼类、鳜、加州鲈、泥鳅、小龙虾、罗氏沼虾、南美白对虾、青虾、河蟹、梭子蟹、鳖、紫菜等。

二、养殖渔情分析

1. 主要指标变动情况

（1）出塘量、总收入均减少　2018年1～12月，全省采集点出塘水产品总量20 519.32吨、总收入54 687.31万元，同比分别减少13.5%、19.9%。

①淡水鱼类出塘量、收入：采集点出塘鱼类12 458.46吨，同比减少6.6%；收入15 393.9万元，同比减少4.69%。

②中华鳖出塘量、收入均减少：采集点共出塘成鳖91.1吨、收入1 145.2万元，同比分别减少11.16%、13.6%。

③虾类出塘量、收入：采集点虾类出塘量1 745.67吨、出塘总收入7 776.38万元，同比分别减少13.8%、16.3%。其中，青虾出塘329.98吨，同比减少58.4%；收入1 922.68万元，同比减少61.9%。小龙虾出塘量944.281吨、出塘收入4 175.43万元，同比分别减少40.2%、33.23%。

2018年由于采集点变更调整，青虾、小龙虾养殖面积减少，导致养殖产量大幅减少。

④蟹类出塘量及收入：采集点河蟹出售3 069.377吨、收入26 740.63万元，同比分别增加21.67%、6.8%。梭子蟹出售53.7吨、收入982.54万元，同比分别增加2.35%、3.1%。

2018年养殖环境良好，适宜河蟹生长，大部分养殖户放养量较2017年有所提高，整体产量有了较大幅度提升，但价格低迷。

⑤藻类出塘量、收入：条斑紫菜出塘量2 793.76吨，同比增加97.9%；收入1 670.46万元，同比减少14.2%。因2018年全省赣榆、大丰紫菜采集点大幅增产，但销售价格同比大幅减少。

（2）水产品出塘价格涨跌互现　2018年1～12月，采集点监测的养殖品种：小龙虾、梭子蟹涨幅超过10%；紫菜跌幅超过50%。

淡水鱼类综合均价12.36元/千克，同比增加12.57%。主要养殖品种：草鱼12.14元/千克、鲢4.68元/千克、鳙10.85元/千克，分别同比增加2.3%、9.3%、8.7%；鲫10.75元/千克，同比减少8.58%。据调查，大宗淡水鱼综合销售价格实际低于去年，但全省新沂市、射阳县、盐都区等采集点在2～4月行情好时，大量出售压塘成鱼，拉高了采集点整体销售价格。

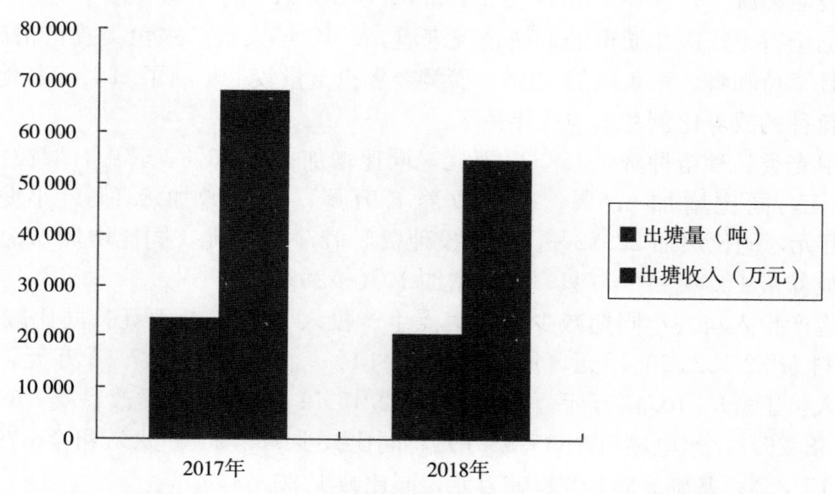

图 2-25　2017、2018 年采集点出塘量、出塘收入对比

青虾出塘价格 58.27 元/千克，同比减少 8.55%；小龙虾出塘价格 44.22 元/千克，同比增加 11.72%；河蟹出塘价格 87.12 元/千克，同比减少 5.81%；梭子蟹出塘价格 182.97 元/千克，同比增加 79.17%；条斑紫菜销售价格 5.98 元/千克，同比减少 56.67%；中华鳖出塘价格 125.71 元/千克，同比减少 2.73%（表 2-2）。

表 2-2　全省 2017 年、2018 年采集点出塘价格

单位：元/千克

养殖品种	综合出塘价格		
	2017 年	2018 年	同比增减率（%）
草鱼	11.86	12.14	2.36
鲢	4.28	4.68	9.35
鳙	9.98	10.85	8.72
鲫	11.76	10.75	−8.58
大菱鲆	43.70	47.68	9.11
青虾	63.72	58.27	−8.55
小龙虾	39.58	44.22	11.72
河蟹	92.50	87.12	−5.81
梭子蟹	102.12	182.97	79.17
条斑紫菜	13.80	5.98	−56.67
中华鳖	129.24	125.71	−2.73

（3）大宗鱼类苗种费锐减，而名特优品种持续上升　采集点显示，2018 年 1～12 月苗种费 8 347.53 万元，同比减少 26.7%。由于采集点及采集品种变更，大宗淡水鱼养殖

规模缩小及品种减少，2018 年苗种费 2 123.61 万元，较往年大幅减少。但养殖结构继续调整，根据全省主产区盐城市的调研情况来看，2018 年大宗淡水鱼类投苗情况，其中调整较大的是草鱼和鲫，草鱼增加 10%，而鲫今年投苗量较上年减了 15%。其他鳙、青鱼、鲢、鳊等鱼种的放养比例基本与往年持平。

淡水甲壳类品种苗种费 4 653.28 万元，同比增加了 18.6%。其中，罗氏沼虾投苗费 172.27 万元，同比增加 6.8%；亩平放养 8 万尾，同比增加 8.1%。小龙虾投苗费 1 231.44万元，同比增加 22.32%。河蟹投种费 2 977.43 万元，同比增加 5.9%，实际调查了解亩放养量 1 200～1 400 只，平均增加 10%～20%。

（4）生产投入与去年同期减少　采集点生产投入 48 326.3 万元，同比减少 18.9%。其中，饲料费 22 132.53 万元，同比减少 13.1%；苗种费 8 347.53 万元，同比减少 26.7%；人员工资 5 610.43万元，同比减少 12.45%；渔药及水质改良类 1 698.09万元，同比减少 38.26%；水电燃料 1 565.98万元，同比减少 35.75%；水域租金 6 795.05万元，同比减少 15.8%；基础设施 1 021.08万元，同比减少 32.45%。

由于 2018 年采集点调整，采集品种和采集面积出现均有变化，苗种放养量减少，生产投入均下降。因天气适宜水产品养殖生产，总体发病率较低，渔药、水电费用均大幅减少（图 2-26）。

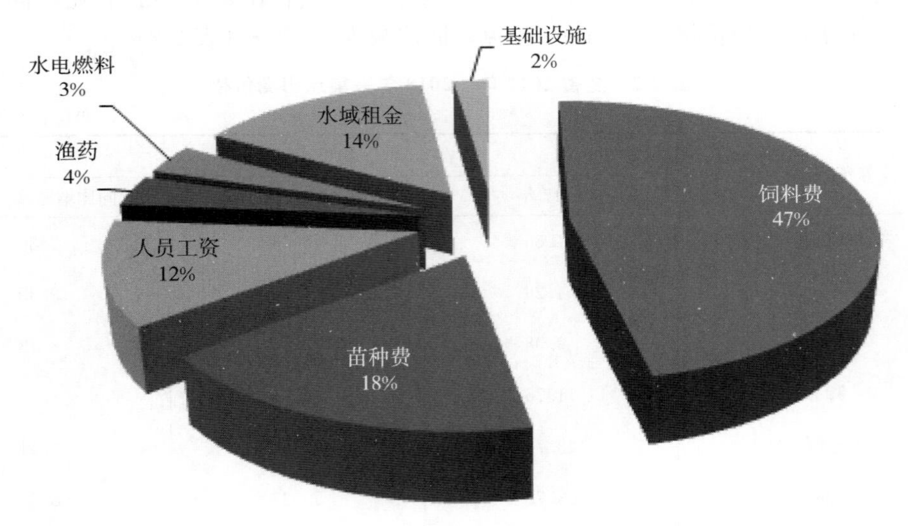

图 2-26　2018 年采集点生产投入情况

（5）生产病害损失同比减少　采集点显示，2018 年淡水养殖品种病害损失 399.21 万元，同比减少 86.35%，主要是草鱼烂鳃病，鲫鳃出血病、孢子虫病等。全省调研中发现，2018 年河蟹水瘪子病发病率低于去年同期，受高温、台风、降温天气交替，有部分塘出现少量死蟹现象，整体成活率好于去年。

条斑紫菜损失为 459 吨，同比减少 53.7%。全省条斑紫菜养殖，病害、灾害损失比去年减少。全省连云港赣榆地区受去年效益增加影响，2018 年养殖面积成倍增加，养殖密度过高，海洋环境恶化等因素的影响，出现部分烂菜现象。

2. 特点和特情分析

（1）养殖形势不容乐观　随着各地环保整治，拆除网围、网栏、网箱及养殖水域滩涂规划要求，养殖面积进一步压缩，虽市场供给减少，但水产品价格并未上涨。特别是大宗淡水鱼价格趋势继续低迷，鲫品种尤其严重，名特优品种基本保持稳定，而小龙虾价格却一枝独秀，深受广大消费者喜爱。养殖成本刚性提高，利润空间变窄，市场消费习惯的变化等，对渔业主管部门和养殖户提出了新的挑战（图 2-27）。

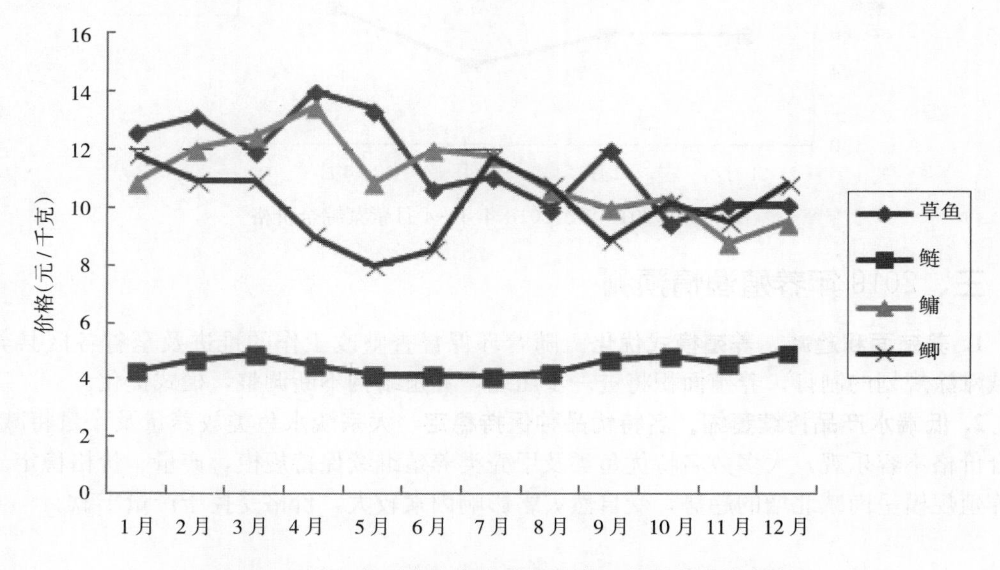

图 2-27　2018 年采集点部分大宗淡水鱼类出塘价格走势

（2）养殖结构调整成效显著　全省名特优水产品养殖规模持续增加，调减了大宗淡水鱼供需，不断满足市场对高档优质安全水产品的需求。在养殖模式方面不断优化，池塘工业化生态养殖模式、稻渔综合种养模式、观光休闲渔业得到进一步推广应用，实现渔业朝良种化、设施化、生态化、现代化方向发展（图 2-28、图 2-29）。

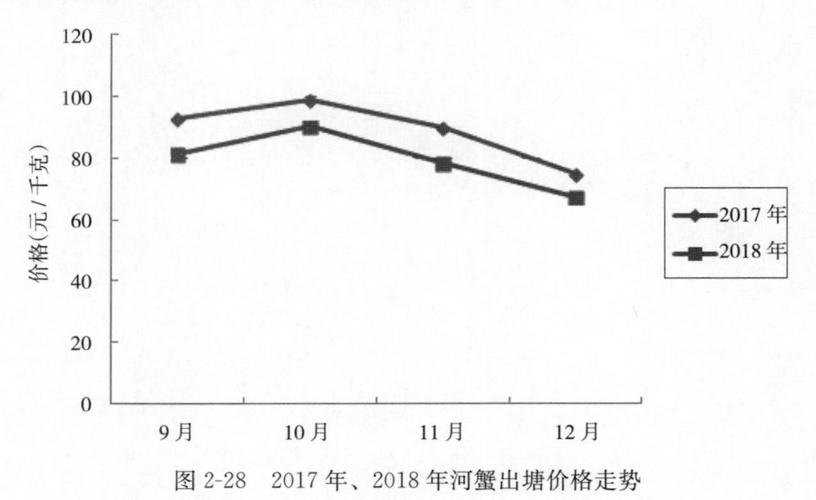

图 2-28　2017 年、2018 年河蟹出塘价格走势

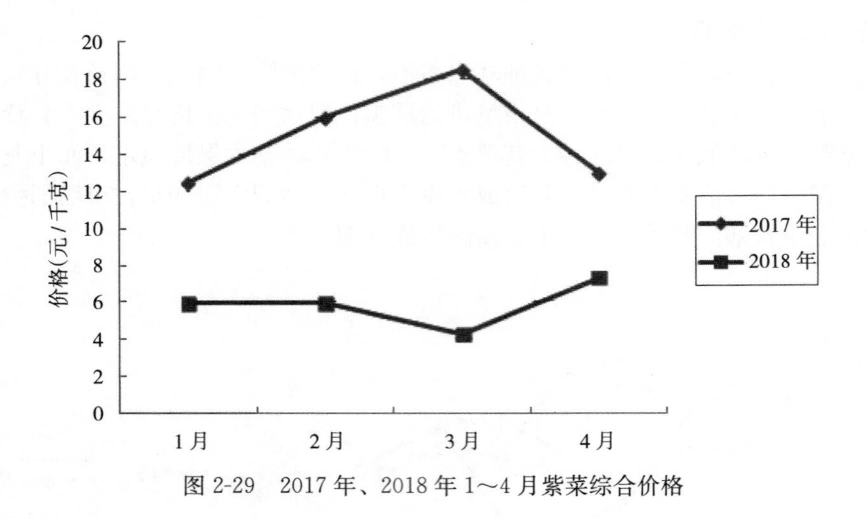

图2-29　2017年、2018年1～4月紫菜综合价格

三、2019年养殖渔情预测

1. 养殖面积趋减，养殖模式优化　随着环保督查整改工作的推进及全省各区县养殖水域滩涂规划的制订，养殖面积将进一步压缩，养殖结构不断调整，模式优化。

2. 低端水产品持续萎缩，名特优品种保持稳定　大宗淡水鱼类放养量及产量将减少，综合价格不容乐观，大多数名特优鱼类及甲壳类养殖继续保持规模，产量、价格稳定。紫菜养殖规模呈南减北增的趋势，受自然灾害影响因素较大，价格受控于产量丰歉。

（江苏省渔业技术推广中心）

浙江省养殖渔情分析报告

一、全省水产养殖整体情况

2018 年，全省水产养殖面积 391 万亩，养殖水产品总产量实现 234.2 万吨，养殖总产值达 425 亿元。其中，全省淡水养殖产量 113.3 万吨，同比增长 2.35%；产值 257.9 亿元，同比增长 4.37%。海水养殖产量 120.9 万吨，同比降低 0.98%；产值 167.1 亿元，同比增长 3.53%。全年水产养殖主要呈现出以下五个特点：

1. 海水养殖优势品种产量总体增长，蟹类、贝类有所下降　大黄鱼产量 1.87 万吨，同比增长 22.2%；南美白对虾产量 3.96 万吨，同比增长 8.79%；梭子蟹产量 2.36 万吨，同比下降 12.6%；青蟹产量 2.54 万吨，同比下降 6.96%；紫菜产量 5.4 万吨，同比增长 10.9%；蛏产量 30 万吨，同比下降 6.25%；蚶产量 14 万吨，同比下降 16.1%；蛤产量 9.4 万吨，同比增长 8%。

2. 淡水名优鱼类产量增长较多，其他淡水养殖主导品种均有下降　中华鳖产量 10.1 万吨，同比下降 4.85%；大宗淡水鱼类（青鱼、草鱼、鲢、鳙、鲤、鲫、鳊、鲂）产量 56.3 万吨，同比下降 4.58%；淡水名优鱼类（黄颡鱼、鳜、加州鲈、乌鳢）产量 21 万吨，同比增长 20.6%；虾类（南美白对虾、罗氏沼虾、青虾）产量 11.4 万吨，同比降低 2.14%。

3. 海、淡水养殖面积均有降低　随着中央环保督察、国家海洋督察整改，地方产业经济结构调整以及养殖水域滩涂规划的禁限养区划定等因素综合影响，2018 年全省淡水养殖面积 18 万公顷，同比降低 9.16%；海水养殖面积 8 万公顷，同比降低 5.6%。

4. 虾类、海水鱼类苗种产量下降，其他水产苗种产量稳步提升　2018 年，全省生产淡水鱼苗 184.94 亿尾，同比上升 8.2%；海水鱼苗生产 4.3 亿尾，同比下降 29.2%；虾类苗种生产 241 亿尾，同比下降 39.3%；海水贝类育苗 4 920 亿粒，同比增长 256%。

5. 养殖从业人员数量减少　2018 年，全省养殖从业人员 17.6 万人，其中海水养殖 5.8 万人，分别同比下降了 9.8%和 5.5%。

二、渔情信息采集点基本情况

2018 年，全省养殖渔情信息采集工作在余杭区、萧山区、秀洲区、嘉善县、德清县、长兴县、南浔区、上虞区、慈溪市、兰溪市、象山县、苍南县、乐清市、椒江区、三门县、温岭市、普陀区 17 个县（市、区）开展，数据监测采集点 61 个（淡水养殖 38 个、海水养殖 23 个）。主要采集品种有草鱼、鲢、鳙、鲫、鲤、黄颡鱼、加州鲈、乌鳢、海水鲈、大黄鱼、中华鳖、南美白对虾（海、淡水）、梭子蟹、青蟹、蛤、紫菜等 16 个海、淡水养殖品种。

三、2018 年养殖渔情信息采集分析

1. 出塘量、出塘收入和价格变化　2018 年，随着农业农村部渔业渔政管理局新的采

集系统投入使用，渔情信息采集点、采集种类均发生了较大变化，故 2018 年数据与 2017 年对比仅供参考（表 2-3）。

表 2-3　2018 年、2017 年成鱼出塘情况

品种	2018 年	2017 年	2018 年	2017 年	2018 年	2017 年
	产量（吨）		收入（万元）		价格（元/千克）	
淡水鱼类（草鱼、鲢、鳙、鲫、鲤、黄颡鱼、加州鲈、乌鳢）	1 851.9	1 930.6	3 498.2	2 830.2	18.89	14.66
淡水甲壳类（南美白对虾）	482.0	1 421.6	1 790.4	5 537.0	37.15	38.94
海水鱼类（大黄鱼、海水鲈）	887.0	493.0	3 473.1	2 555.4	39.16	51.84
海水甲壳类（南美白对虾、梭子蟹、青蟹）	393.7	418.9	2 821.3	2 945.5	71.67	70.32
海水贝类（青蛤、泥蚶、缢蛏）	339.3	602.0	613.3	1 293.9	18.08	21.49
海水藻类（紫菜）	261.0	358.1	37.4	107.8	1.43	3.02
淡水其他（中华鳖）	133.7	113.5	1 041.0	893.5	77.86	78.76
小　　计	4 348.6	5 337.7	13 274.7	16 163.3	—	—

（1）淡水鱼类产量降低收入不减，海水鱼类产销两旺　2018 年，采集点淡水鱼类出塘量较上年减少了 78.7 吨，出塘量降低了 4.07%，但出塘价格却增加了 4.23 元/千克，相应出塘收入增加了 668 万元，增幅 23.6%。海水鱼类出塘量较上年增长了 394 吨，但出塘价格降低了 12.68 元/千克，出塘收入增长 917.7 万元，增幅 35.9%。大宗淡水鱼近年来价格一直低迷，但随着上下产业链的逐步开发，草鱼、鲫等品种的市场需求增加而使得出塘价格有所提高。海水鱼类的出塘量与去年同期相比增幅较大，销售收入也相应增加，主要是因为 2018 年新加入的椒江区采集点，铜网衣围海及深水网箱养殖大黄鱼，产量大幅增长所致。

加州鲈是全省淡水养殖的主推品种。2018 年，该品种在采集点的出塘量为 154 吨，是上年 18.93 吨的近 8 倍；出塘收入 315.76 万元，也是上年 39.32 万元的近 8 倍；出塘价格为 20.5 元/千克，较上年降低 0.27 元/千克。加州鲈这一品种营养价值高、养殖效益好，深受市场欢迎，发展势头十分迅猛。同时，全省“十三五”以来开展的推广配合饲料替代冰鲜鱼养殖，以及池塘内循环流水“跑道”养殖模式，也助推了加州鲈养殖业的健康快速发展。

海水养殖鱼类代表大黄鱼，2018 年采集点的出塘量 688.7 吨，是上年 362 吨的近 2 倍，出塘收入 2 586 万元，较上年的 1 947 万元增长 32.8%；出塘价格 37.6 元/千克，则较上年的 53.8 元/千克降低了 30%。大黄鱼出塘量增长的主要原因是 2018 年加入椒江区铜网衣围海及深水网箱的采集点，养殖面积和产量大幅增长，此模式的养殖效益也较好，价格逐步上扬，高位运行。出塘价格同比降低，是由于浅海网箱高密度模式养殖大黄鱼，在产品品质上不如深水网箱养殖，市场价格较低。而受病害影响，此种模式的养殖收益逐年下降，如苍南县养殖成鱼成活率从 20 年前的 90%一直下降到现在 20%～25%。

（2）淡水甲壳类减产，价格小幅下降　淡水甲壳类，主要是淡水养殖的南美白对虾，2018 年采集点产量较上年减少 939.6 吨，降幅 66.1%；出塘收入减少 3 746.6 万元，降幅

67.7%；出塘价格则由38.94元/千克微降至37.15元/千克。产量大幅下降的原因是，部分县区受滩涂规划和环保政策影响，使得原先的南美白对虾养殖大户关停养殖场，从而导致当年的养殖生产被搁置。出塘价格微降，因东南亚大量的南美白对虾进入我国，加工企业选择收购进口的南美白对虾，造成虾价下降，给本地养殖业带来一定的养殖风险。

（3）海水甲壳类产量价格小幅波动，行情较稳　海水甲壳类，包括海水养殖南美白对虾、三疣梭子蟹、青蟹等，2018年采集点产量较上年有少量下滑，降幅6.02%，出塘收入较上年降幅4.2%，出塘价格则微升，增幅1.9%，年价格总体走势趋于稳定。

2018年，全省海水养殖蟹类主要代表三疣梭子蟹采集点出塘量为7 425千克，较上年的1.84吨降低了59.6%；出塘收入为174万元，较上年的340万元降低了48.8%；出塘价格则由上年的185.32元/千克上升至234.1元/千克。出塘量和出塘收入的大幅降低和采集点的调整有关，养殖面积较上年有较大改变。出塘价格的增长与养殖成本的攀升密不可分，由于梭子蟹养殖近几年收益较好，导致养殖塘塘租持续增加，主要养殖区的养殖塘塘租最高达到了9 500元/亩，约占养殖成本的50%以上，需要每亩产出2万元才能有利润，盈利压力较大。

2018年，全省青蟹采集点出塘量75.7吨，较上年的81.2吨降低了6.77%；出塘收入1 118万元，较上年的1 178万元降低了5.09%；出塘价格147.65元/千克，较上年的145.04元/千克增长了2.61元/千克。青蟹的出塘量和出塘收入较上年有少许降低，但价格较上年同期有所增长。近几年青蟹价格在逐步上扬，高位运行，随着电商的发展，青蟹的销售市场更加宽阔，需求更加旺盛。

2018年，全省海水养殖南美白对虾采集点出塘量310.5吨，较上年319.3吨降低了2.76%；出塘收入1 529万元，较上年的1 427万元增长7.14%；出塘价格49.25元/千克，较上年的44.7元/千克增长了4.55元/千克。南美白对虾养殖不容乐观，虽然出塘价格有所增长，但苗种质量参差不齐，质量堪忧。肠孢子虫病继续残留，消毒完的养殖塘仍有一定量的检出，养殖过程中表现出空肠空胃、白便现象，最后导致清塘，产量降低，形势较为严峻。

（4）海水贝类和藻类监测点调整，波动较大　海水贝类，包括青蛤、泥蚶、缢蛏。2018年，采集点产量较上年减少了262.7吨，降幅43.6%；出塘收入减少了680.6万元，降幅52.6%；而出塘价格降幅也达到了15.8%。2018年的海水贝类采集点因滩涂规划和政府环保政策关停经历了调整，泥蚶、缢蛏的产量、收入降低较多；而青蛤在海水围塘虾蟹贝混养等养殖模式中并非占主导地位，其价格也非养殖户主要关心的因素，属于主养品种的搭配品种，行情相对较稳。海水藻类，主要是紫菜。2018年，采集点的产量较上年减少97.1吨，降幅27.1%；出塘收入较上年减少70.4万元，降幅65.3%；出塘价格也下降了50%。紫菜的大面积减产，可能与2017年下半年的高密度养殖导致大面积烂菜有较大的关系，影响了出产紫菜的产量和品质。而受鲜菜销售渠道受阻、价格下降太多等诸多不利因素的影响，大多数养殖户亩亏损在500～1 000元，生产难度大。

（5）中华鳖市场回暖，价格看好　采集点中华鳖在2018年终于打了一个翻身仗，尽管出塘价格和上年相比有略微下降，属正常波动，但产量和收入则有了可观的增长。2018年，中华鳖产量较上年增长了20.2吨，涨幅17.8%；出塘收入增长了147.5万元，涨幅

16.5%。全省的中华鳖养殖正在逐渐转型升级，市场前景看好。

2. 渔业生产总投入除苗种外均有所回落 2018年，采集点共投入22 521.6万元，相比2017年增加了28.5%（表2-4）。其中，苗种费11 252.6万元，增加了252%；饲料费用8 079.2万元，降低了10.5%；人员工资1 325.4万元，降低了23.0%；水域租金909.4万元，降低了50.2%；水电等燃料费用444.3万元，降低了37.7%；渔药及水质改良剂防病费用230万元，降低了43.7%；基础设施建造和折旧147万元，降低了69.0%；其他费用133.5万元，降低了16.1%。由于2018采集点和采集品种的减少，除苗种费外其他各项开支都有不同程度的降低，而苗种费用大幅度增加则与2017—2018年苗种价格上涨和苗种投放量增多有关；不同品种水产饲料价格基本平稳，没有出现明显的价格变化。值得注意的是，2017年基础设施投资和其他类投资增加达到了近几年的高峰，到2018年有所回落，可能与2017年水产养殖行情普遍不错，养殖户养殖信心增加，而2018年各项建设趋于饱和，养殖户亟待养殖产生效益可再度增加投资有关。但是，全省水产养殖水域受城市化、环保、人工、基建原因影响，水产养殖水域空间压缩现象会日趋明显。

表2-4 2018年、2017年采集点生产成本对比

年份	总费用（万元）	饲料费用（万元）	苗种费（万元）	人员工资（万元）	渔药及水质改良类（万元）	水电燃料（万元）	水域租金（万元）	基础设施（万元）	其他（万元）
2018年	22 521.6	8 079.2	11 252.6	1 325.4	230.0	444.3	909.4	147.0	133.5
2017年	17 521.1	9 023.7	3 193.6	1 721.5	408.7	713.5	1 825.6	475.3	159.1

四、2019年养殖渔情预测

随着全省水产养殖业绿色发展的不断推进，以绿色发展为统领、产业兴旺为重点，高质量发展为目标，优化空间布局、保护养殖水域环境、推进绿色养殖已成为新时期主要任务。与此同时，随着各地“养殖水域滩涂规划”编制工作完成与颁布实施，养殖空间的压缩和养殖成本（塘租、饲料、人工等）的上涨，养殖户的盈利空间不断缩小。因此，养殖主体需要加快理念和技术更新，及时把握市场动态，开展生态健康养殖，以产品品质提升和养殖环境友好为准则，实现养殖业的健康可持续发展。根据2018年生产形势，综合考虑当前政策导向、供给能力、市场需求、发展走势等因素，对2019年主要养殖品种生产形势预测如下：

1. 大宗淡水鱼养殖行情能够继续保持 大宗淡水鱼因其适应性强，对养殖技术要求较低，具有“好养又多销”的特点，适宜于养殖池塘条件较差、利润亏盈风险承受力小的养殖场，只要利用好市场行情，错季卖鱼，利润还是有的。也可借助消费量“以量取胜”，可充分利用“混养”模式盈利。

2. 淡水名优鱼行情稳中有升 淡水名优鱼类通常卖价高、效益较好，但养殖条件和养殖技术要求高得多，并且资金占用也大，因此，养殖风险也相对较高。2018年，采集点的淡水名优鱼类品种价格普遍下跌，特别是翘嘴鲌、黄颡鱼等养殖密度较高，基本上所有养殖地区价格都在下跌，许多养殖户存塘过冬，待翌年再卖。养殖户在注重产品品质提高的基础上，优化养殖密度，开展科学管理，行情有望实现稳中有升。但因目前整体存塘量大，整体供需不会出现太大波动。

3. 海水鱼类养殖形势向好　海水鲈、大黄鱼等2018年形势良好，以浙江省象山县、温岭市为例，鲈销售出塘价格基本保持在40～52元/千克，大黄鱼养殖则达到规格即销售完毕，病害情况相对稳定。近年来，近岸小网箱的养殖规模逐步缩小，今后海水网箱养殖可向深海大网箱和铜围网等模式发展，实现生态养殖和优质优价。

4. 南美白对虾养殖形势不容乐观　2018年，南美白对虾病害等发生情况整体相比往年好转，但部分地区依然严重。2019年南美白对虾苗种质量仍是制约养殖生产的重要因素，由于南美白对虾苗种均依靠外地引进，品系混杂，质量得不到保证，淡化苗培育成活率也较低。养殖户需更加注重科学管理、合理控制养殖密度，选择生态养殖模式，切实重视养殖环境控制、苗种检测等环节，稳定生产效益。

5. 海水蟹类养殖形势较为乐观　2018年，海水蟹类总体效益较好，出塘价格不断攀升，高位运行；恶劣天气影响和病害发生情况也相对较轻；但饲料和塘租等养殖成本上涨幅度较大。2019年，全省海水蟹类的价格将继续保持高位，而随着配合饲料替代冰鲜鱼在海水蟹养殖模式中的进一步推广应用，将在一定程度上有效降低饲料成本，保证效益。

6. 贝类与紫菜养殖行情谨慎乐观　去年贝类、紫菜行情低迷，养殖户苗种投放、养殖热情降低，个别品种出塘价格和出售形势有所下降。2019年，需密切关注养殖日常管理，尽量减少高苗价、高密集养殖等可能带来的风险以及塘租等上涨带来的养殖成本压力。全省对贝类和紫菜的消费具有良好传统，在开展生态混养的同时，保证产品品质，把握上市时机，养殖效益可谨慎期待。

7. 中华鳖养殖效益升温明显　中华鳖养殖在经历了连续几年的低迷行情后，目前大棚养殖、外塘养殖、稻鳖共生模式下的产品价格都有明显的上涨。2019年，全省中华鳖的养殖规模、产量和效益都有望增长。中华鳖养殖需要在生态养殖、提高品质、打造品牌等方面重点发展，促进中华鳖产业的高质量健康发展。

（浙江省水产技术推广总站）

安徽省养殖渔情分析报告

一、采集点基本情况

1. 采集区域和采集点 2018年，全省39个采集点分布在铜陵市枞阳县、马鞍山市和县和当涂县、滁州市定远县、明光市和全椒县、池州市东至县、合肥市肥东县、庐江县和长丰县、蚌埠市怀远县、六安市金安区、淮南市寿县、安庆市望江县、芜湖市芜湖县、宣城市宣州区、阜阳市颍上县，共12个市、17个县（区）。

2. 主要采集品种和养殖方式 2018年，全省采集点主要采集品种分为淡水鱼类、淡水甲壳类和其他类三大类，养殖方式主要是淡水池塘养殖。

（1）淡水鱼类 草鱼、鲢、鳙、鲫、黄颡鱼、泥鳅、黄鳝、鳜。

（2）淡水甲壳类 小龙虾、南美白对虾、河蟹。

（3）其他类 中华鳖。

3. 采集点产量和面积 2018年，39个渔情信息采集点淡水池塘养殖面积为29 108亩，养殖水产品产量为9 183.6吨，平均单产为315.5千克/亩。

（1）淡水鱼类 21个采集点，养殖面积8 972亩，产量5 063 614千克，销售收入79 894 810元，平均单产564.38千克/亩。

（2）淡水甲壳类 14个采集点，养殖面积19 091亩，产量2 182 963千克，销售收入97 248 042元，平均单产114.35千克/亩。

①小龙虾5个采集点养殖面积15 150亩，产量1 680 802千克，销售收入65 753 758元，平均单产110.94千克/亩。

②河蟹4个采集点养殖面积2 590亩，产量255 441千克，销售收入23 785 964元，平均单产98.63千克/亩。

③南美白对虾5个采集点养殖面积1 351亩，除去1个点135亩（由于养殖的南美白对虾死亡，没有产量），产量246 720千克，销售收入7 708 320元，平均单产202.89千克/亩。

（3）其他 中华鳖有4个采集点，养殖面积1 045亩，产量1 937 021千克，销售收入81 304 124元，平均单产1 853.61千克/亩。

二、2018年养殖渔情分析

1. 采集点养殖渔情情况

（1）苗种投放与成鱼出塘情况 2018年，采集点苗种投入费用共1 785.09万元，比2017年的2 382.99万元同比减少25.09%；商品鱼出售数量9 183.6吨，比2017年的5 225.12吨同比增加75.76%；商品鱼销售收入25 844.7万元，比2017年的9 898.50万元同比增加161.1%；所有鱼类出塘综合价格28.14元/千克，比2017年的18.94元/千克价格同比增加48.57%。

（2）生产投入情况 2018年，采集点总投入9 069.33万元，比2017年的7 680.42

万元同比增加18.08%；苗种费用1 785.09万元，比2017年的2 382.99万元减少25.09%；饲料费用3 814.45万元，比2017年的3 473.28万元同比增加9.82%；水电燃料费投入413万元（燃料费142 786元、电费3 573 553元、水费413 652元），比2017年的224.85万元增加83.68%；2018年塘租费999.61万元，比2017年的689.29万元增加45.02%；防疫费209.39万元，比2017年的146.64万元增加42.79%；人力投入1 618.77万元，比2017年的513.49万元增加215.25%；固定资产折旧188.47万元，比2017年的199.93万元减少5.73%；其他40.53万元，比2017年的49.97万元减少18.89%。

（3）生产损失情况　2018年，采集点水产品损失95.35吨（其中，病害45.28吨、自然灾害10吨、其他损失40.06吨），比2017年的74.03吨同比增加28.8%；水产品经济损失191.67万元，比2017年的136.04万元同比增加40.89%（表2-5）。

表2-5　2018年采集点生产与2017年同期情况对比

项目		2017年	2018年	增减值	增减率（%）
1. 苗种投放情况	投放费用（万元）	2 382.99	1 785.09	−597.9	−25.09
2. 出塘情况	出售数量（吨）	5 225.12	9 183.6	3 958.48	75.76
	出塘收入（万元）	9 898.5	25 844.7	15 946.2	161.1
	出塘价格（元/千克）	18.94	28.14	9.2	48.57
3. 生产投入情况	总费用（万元）	7 680.42	9 069.33	1 388.91	18.08
	苗种费（万元）	2 382.99	1 785.09	−597.9	−25.09
	饲料费（万元）	3 473.28	3 814.45	341.17	9.82
	水电燃料（万元）	224.85	413	188.15	83.68
	塘租费（万元）	689.29	999.61	310.32	45.02
	防疫费（万元）	146.64	209.39	62.75	42.79
	人力投入（万元）	513.49	1 618.77	1 105.28	215.25
	固定资产折旧（万元）	199.93	188.47	−11.46	−5.73
	其他（万元）	49.97	40.53	−9.44	−18.89
4. 生产损失情况	数量损失（吨）	74.03	95.35	21.32	28.8
	水产品损失（万元）	136.04	191.67	55.63	40.89

从2017年生产投入构成来看，投入比例大小依次是饲料费占45.22%，苗种费占31.03%，水域租金占8.97%，人员工资占6.69%，水电燃料占2.93%，基础设施费投入占2.60%，渔药及水质改良投入占1.91%，其他占0.65%（图2-30）。

从2018年生产投入构成来看，投入比例大小依次是饲料费占42.06%，苗种费占

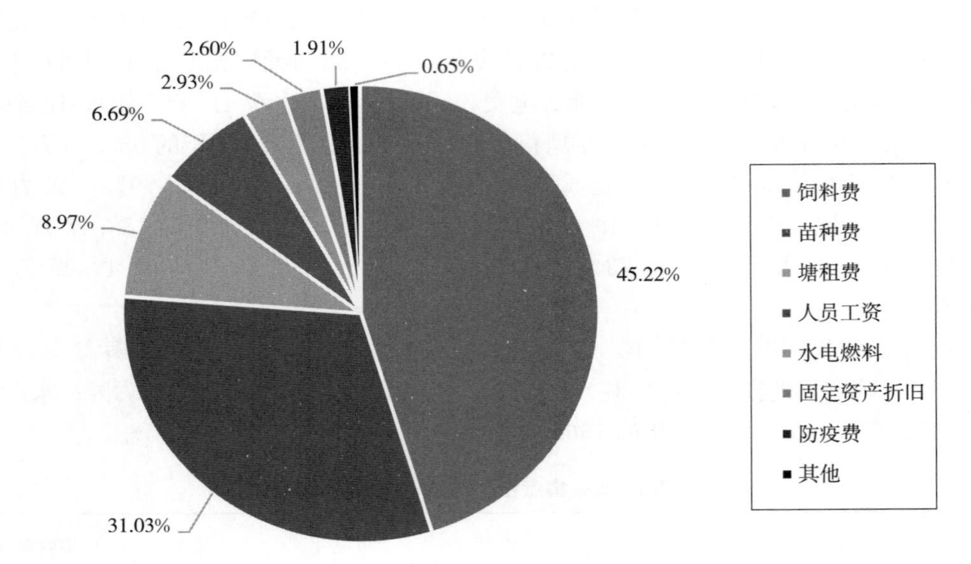

图 2-30　2017 年采集点生产投入的构成比例

19.68%，人员工资占 17.85%，塘租费占 11.02%，水电燃料费占 4.55%，防疫费占 2.31%，固定资产折旧占 2.08%，其他占 0.45%（图 2-31）。

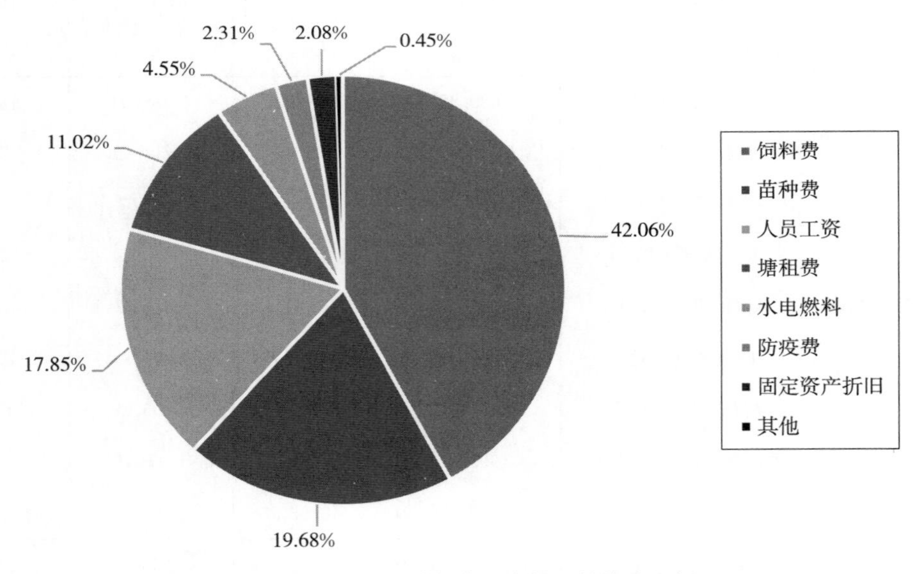

图 2-31　2018 年采集点生产投入的构成比例

（4）2018 年水产品价格特点

①水产品平均价格：2018 年，采集点商品鱼（包括虾、蟹、鳖等）销售平均价格为 28.14 元/千克。其中，淡水鱼类平均价格为 15.78 元/千克；淡水甲壳类平均价格为 44.55 元/千克，其中，小龙虾价格为 39.12 元/千克；河蟹价格为 93.12 元/千克；中华鳖价格为 41.97 元/千克（表 2-6）。

表 2-6　2018 年与 2017 年同期采集点水产品出塘价格情况

单位：元/千克

项　　目	2017 年	2018 年	增减量	同比增减幅度（%）
水产品平均价格	18.94	28.14	9.2	48.57
淡水鱼类	13.11	15.78	2.67	20.37
小龙虾	36.02	39.12	3.1	8.6
河蟹	80.36	93.12	12.76	15.88
中华鳖	50.47	41.97	−8.5	−16.84

②部分水产品种价格走势：从图 2-32 可以看出，2018 年 1～4 月草鱼价格较为平稳，变化不大；6 月价格突升至 20 元/千克，6～8 月价格变化不大，8～9 月急剧下降，10 月价格达到全年最高 25.02 元/千克；以后开始下降，11～12 月又趋于平稳，与年初价格相仿。草鱼全年平均价格为 13.91 元/千克。

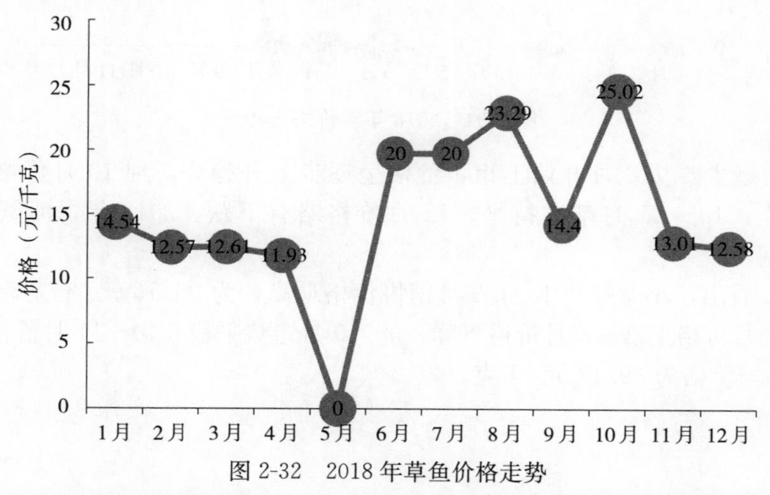

图 2-32　2018 年草鱼价格走势

从图 2-33 看出，2018 年鲫价格 1～4 月呈平稳走势，5 月价格达到全年最高 24 元/千克，6～12 月基本持平，在 12～15 元徘徊。2018 年，鲫全年平均价格为 12.96 元/千克。

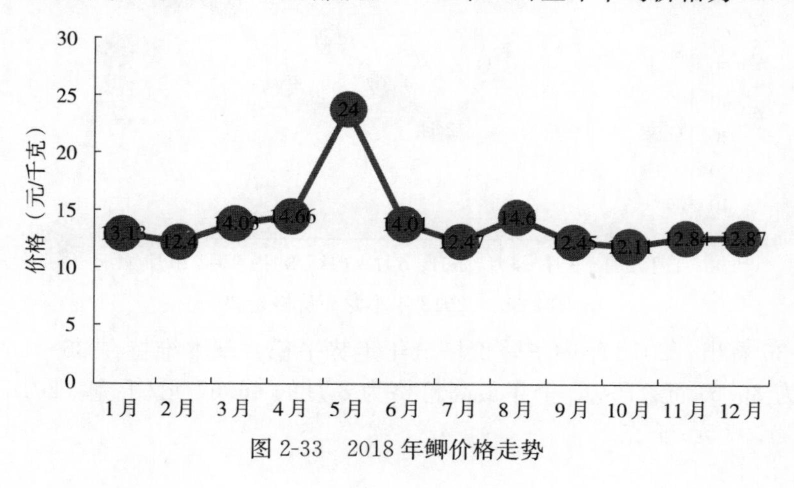

图 2-33　2018 年鲫价格走势

从图 2-34 看出，2018 年鳜从 3 月开始出售，3～6 月价格变化不大，为全年最高价格，在 72.5 元/千克；8 月价格为 50 多元/千克，8～10 月价格偏低，11 月反弹，12 月降至最低点。2018 年，鳜全年平均价格为 40.37 元/千克。

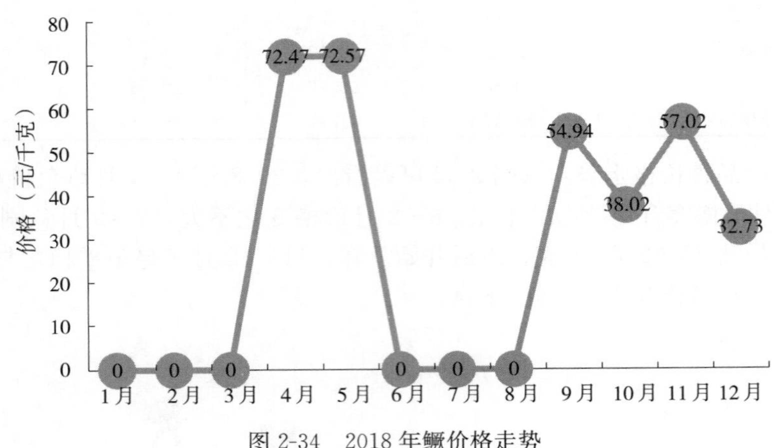

图 2-34　2018 年鳜价格走势

2018 年河蟹主要从 8 月开始上市，价格呈逐步上升趋势，到 10 月价格最高，达到 95.35 元/千克；10～11 月基本持平，12 月价格略有下跌。2018 年，河蟹平均价格为 93.12 元/千克。

从图 2-35 看出，小龙虾 2018 年 3 月销售价格最高，为 95.13 元/千克，3～5 月为下跌趋势，5～7 月价格上涨，8 月价格下降，9～10 月走势平稳，10～11 月价格下跌。2018 年，小龙虾平均价格为 39.12 元/千克。

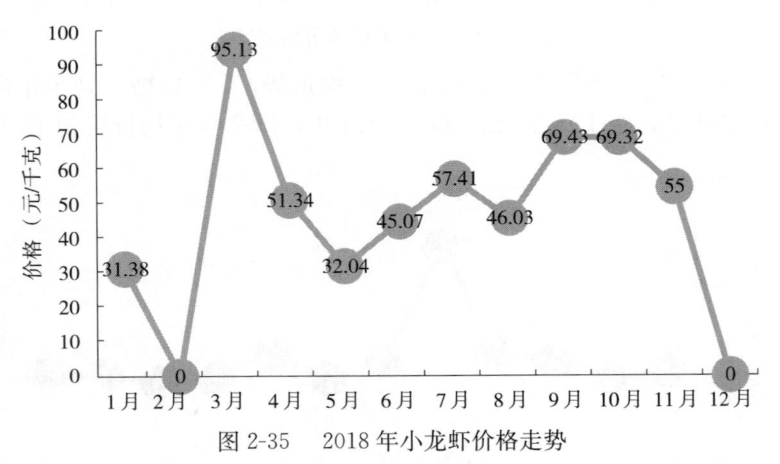

图 2-35　2018 年小龙虾价格走势

从图 2-36 看出，2018 年中华鳖价格全年走势平稳，基本维持在 36～46 元/千克，5 月价格最低为 36.61 元/千克，全年最高价格为 8 月的 46.67 元/千克。2018 年，中华鳖平均价格为 41.97 元/千克。

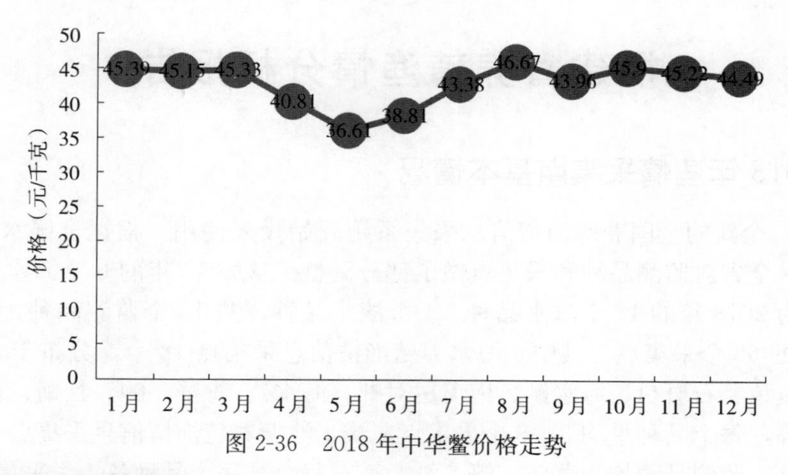

图 2-36　2018 年中华鳖价格走势

2. 2018 年养殖渔情情况

（1）2018 年，采集点平均单产为 315.5 千克/亩，低于 2017 年的 430.84 千克/亩。因为 2018 年新增了全椒县赤镇小龙虾经济专业合作社 13 500 亩的小龙虾采集点。小龙虾的亩产量约 100 千克/亩，远低于淡水鱼类产量，所以平均单产降低。

（2）2018 年，采集点总投入 9 069.33 万元。其中，饲料费占总投入的 42.06%，苗种费占 19.68%，人员工资占 17.85%，塘租费占 11.02%，水电燃料费占 4.55%，防疫费占 2.31%，固定资产折旧占 2.08%，其他占 0.45%。

2017 年，采集点总投入 7 680.42 万元。其中，饲料费占总投入的 45.22%，苗种费占 31.03%，塘租费占 8.97%，人员工资占 6.69%，水电燃料费占 2.93%，固定资产折旧占 2.60%，防疫费占 1.91%，其他占 0.65%。

2018 年，采集点生产投入和 2017 年相比，饲料费占总投入的比例变化不大，苗种费所占比例减少明显，人员工资、水电燃料费塘租费所占比例有较大增加。

（3）生产损失和去年同期相比，损失增加。产量损失和经济损失增幅分别为 28.8%、40.89%。这与 2018 年冬季安徽普降大雪、压损毁坏渔业设施、造成鱼类逃逸有关。

（4）2018 年，淡水鱼类、小龙虾、河蟹价格都高于 2017 年，涨幅分别为 20.37%、8.6%、15.88%；中华鳖价格下降，降幅 16.84%。

三、2019 年养殖渔情预测

预计 2019 年，水产品淡水鱼类、小龙虾苗种投放量将增加，中华鳖生态养殖方式会适当增加，河蟹养殖从追求大规格商品蟹走向规格与产量并重的养殖模式，泥鳅和黄鳝的养殖会趋于减少。2019 年，淡水鱼类、小龙虾价格将持平，河蟹价格略有下降，中华鳖价格会稍有上涨。苗种投入费用、人员工资、固定资产费用将增加，水产养殖的利润仍然不会太高。

（安徽省水产技术推广总站）

福建省养殖渔情分析报告

一、2018年渔情采集点基本情况

2018年，全新的全国养殖渔情信息采集系统开始投入使用。根据全国水产技术推广总站的要求，全省对监测品种和采集点做了部分调整。从2017年的6个海水品种、10个淡水品种变为2018年的11个海水品种、4个淡水品种，共15个监测品种，分布于全省17个采集县的68个采集点。其中，海水养殖渔情信息采集点48个，分布于13个县，监测品种为大黄鱼、石斑鱼、海水鲈、南美白对虾（海水）、青蟹、鲍、牡蛎、花蛤、海参、海带、紫菜等，每个品种平均3～8个采集点；淡水池塘养殖渔情信息采集点20个，分布于5个内陆县，监测品种均为草鱼、鲫、鲢、鳙，每个县每个品种各1个采集点。

由于品种调整幅度较大，按照全国水产技术推广总站的要求，县级采集员在使用新系统每月填报月报表的时候，也相应录入了2017年当月相应品种数据供对比分析使用。但由于海水鲈为新增点，本身无2017年数据，故文中所有涉及全品种2017年与2018年同比分析的百分比数据时，删掉了2018年的鲈采集点数据，但涉及总销售量、销售额等数值时则保留。

二、2018年养殖渔情分析

1. 2018年养殖渔情特点

（1）销售行情

①销售总量同比持平，销售总额明显减少：2018年，全省渔情采集点总销售量为9 438.64吨、同比微跌0.78%，其中，鲫、牡蛎、海带、紫菜等品种的销售量增长率超过30%；2018年，销售金额为19 876.72万元、同比下降了16.0%，其中，大黄鱼、石斑鱼、南美白对虾（海水）、青蟹、海带、紫菜、海参等的销售额下跌幅度均超过10%（图2-37）。2018年，各采集点未考虑存塘量的总利润为2 988.48万元，投入产出比为1∶1.18。

②采集品种单价涨跌互现，部分下滑：2018年，部分采集品种下跌幅度超过10%。如2018年下半年，南美白对虾、牡蛎、海带、紫菜等的价格同比下跌超过10%（图2-37、图2-38）。

总的来说，以2018年1～12月的生产周期来看，部分采集品种的销售量同比明显增加，平均单价同比出现明显下滑，而销售总额同比减少，但部分品种存在存塘量大或库存量积压等复杂因素影响。

③部分品种存塘量增加：2018年淡水四大品种、大黄鱼等品种的存塘量都较大（表2-7）。其中，淡水品种主要是监测规模比去年同期扩大，加上下半年价格走低，养殖户等待翌年3～4月再出塘；而大黄鱼正常需养殖1年半到2年售出，存塘量预计比2017年增加20%左右。如霞浦县2018年年底的大黄鱼存量比2017年多30%左右，2018年底留存下的鱼种量比2017年减少20%～30%，预计2019年下半年大黄鱼价格同比2018年会稳中有升。

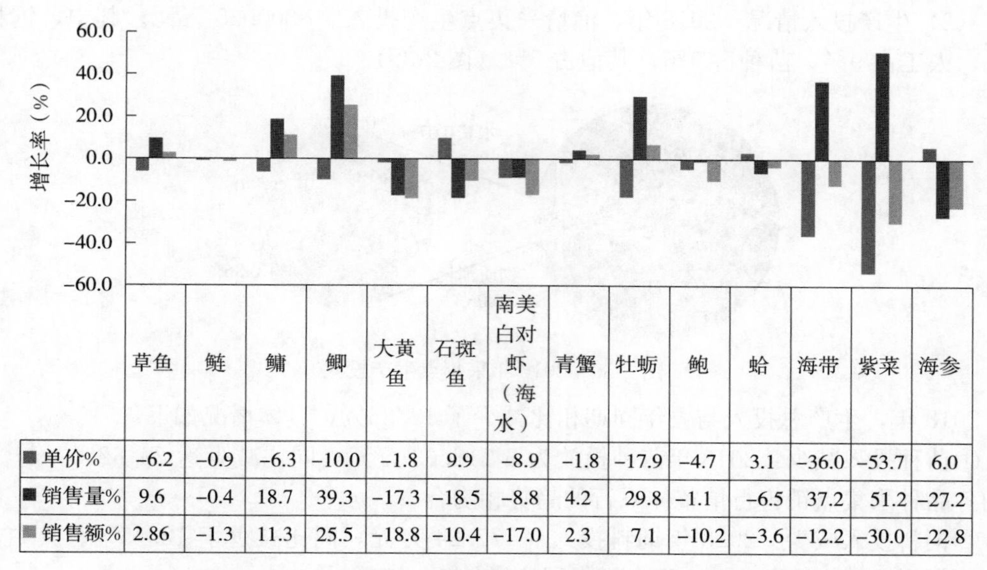

图 2-37　2017—2018 年采集点各品种单价、销售量、销售额等三要素增长率

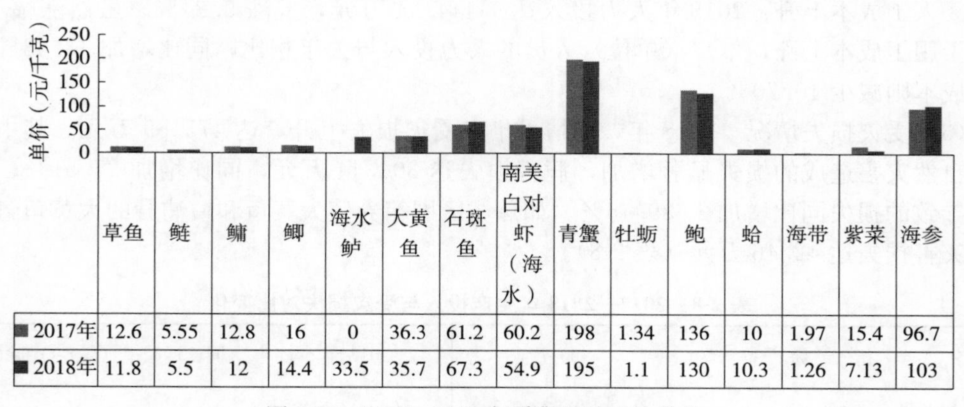

图 2-38　2017—2018 年采集品种平均单价

表 2-7　2018 年采集点部分品种存塘情况

单位：千克

序号	品种	2018 年存塘量	2018 年销售量	存塘量年占销售量比值（%）
1	草鱼	269 700	420 737	64.10
2	鲢	30 425	20 189	150.70
3	鳙	18 100	32 858	55.09
4	鲫	46 813	60 225	77.73
5	大黄鱼	2 717 500	3 193 455	85.10
6	石斑鱼	6 350	32 200	19.72
7	南美白对虾（海水）	10 300	194 764	5.29
8	牡蛎	143 500	1 744 410	8.23
9	紫菜	37 000	488 774	7.6

（2）生产投入情况　2018年，渔情采集点生产投入16 800.25万元。其中，饲料占55%，人工占9%，苗种占9%，其他占5%（图2-39）。

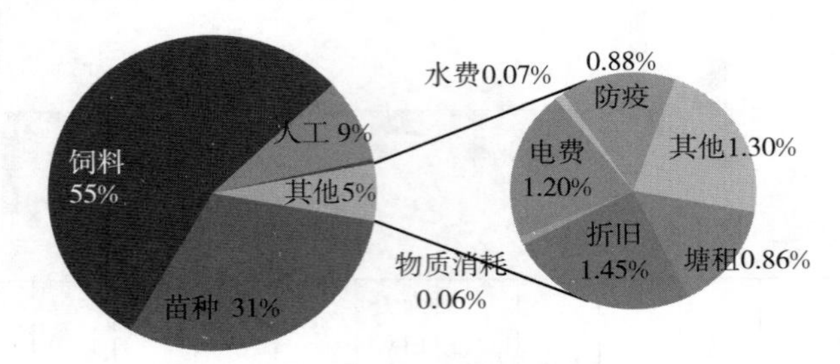

图2-39　2018年采集点生产投入

2018年，生产总投入与去年同期相比减少了13.86%，具体情况如下：

①苗种投入减少：2018年苗种投放为5 118.63万元，同比减少达20.62%。与2018年的各品种采集点销售行情整体下行的趋势相吻合。

②饲料投入减少：2018年饲料投入9 177.24万元，同比减少了12.75%。其中，原料性饲料同比减少21.66%，配合饲料同比增加14.43%。

③人工成本上升：2018年人力投入达1 444.94万元，上涨5.84%。虽然涨幅不大，但由于用工成本上涨，本户（单位）人员的人力投入与去年相比，同比增加43.63%；而雇工成本则减少10.70%。

（3）受灾损失情况　2018年，渔情采集点受灾损失上升，达475.59万元。其中，病害与自然灾害造成的损失显著增加，病害损失达304.44万元，同比增加25.51%；自然灾害导致的损失同比增加2 639.45%。如蕉城区网箱养殖大黄鱼和霞浦县的大黄鱼，因台风等灾害损失达42.46万元（表2-8）。

表2-8　2017—2018年生产投入与受灾损失对比变化

指　标	2017年	2018年	同比增减率（%）（鲈除外）
一、生产投入（元）	188 972 657	168 002 494	−13.86
（一）物质投入（元）	169 975 276	147 764 101	−15.60
1. 苗种投放（元）	64 105 341	51 186 325	−20.62
2. 饲料（元）	100 653 806	91 772 355	−12.75
原料性饲料（元）	75 252 041	60 427 858	−21.66
配合饲料（元）	24 652 031	30 682 573	14.43
其他（元）	749 734	661 924	−11.71
3. 燃料（元）	798 098	738 918	−10.30
4. 塘租费（元）	1 484 001	1 448 003	−2.43
5. 固定资产折旧（元）	2 852 530	2 433 800	−14.68
6. 消耗品（毛竹、绳子等）（元）	81 500	105 000	28.83
（二）服务支出（元）	6 185 743	5 788 983	−6.99
1. 电费（元）	2 019 181	2 014 430	−0.85

（续）

指 标	2017年	2018年	同比增减率（%）（鲈除外）
2. 水费（元）	104 810	113 706	2.86
3. 防疫费（元）	1 494 034	1 478 871	−1.01
4. 保险费（元）	0	0	0.00
5. 其他费用（元）	2 567 718	2 181 976	−15.69
（三）人力投入（元）	12 811 638	14 449 410	5.84
1. 雇工（元）	8 925 055	8 531 100	−10.70
2. 本户（单位）人员（元）	3 886 583	5 910 360	43.63
二、受灾损失（元）	3 667 760	4 755 898	25.49
1. 病害（元）	2 425 680	3 044 418	25.51
2. 自然灾害（元）	15 500	424 600	2 639.35
3. 其他灾害（元）	1 226 580	1 286 880	−7.59

2. 海水主要采集品种渔情分析

（1）大黄鱼 2018年，福建省大黄鱼共8个采集点，分别是宁德市蕉城区的3个点、霞浦县的3个点以及福鼎市的2个点。大黄鱼各采集点总销量319.35吨，同比减少17.32%；总销售额11 387.7万元，同比减少18.84%。

①价格有波动，稳中微降：2018年，福建省采集点大黄鱼平均单价为35.65元/千克，但由于部分采集点价格偏高，加上大黄鱼不同规格的单价本身差异就较大（图2-40），而统计中的品种单价是不分规格的，因此平均单价会偏离实际行情。

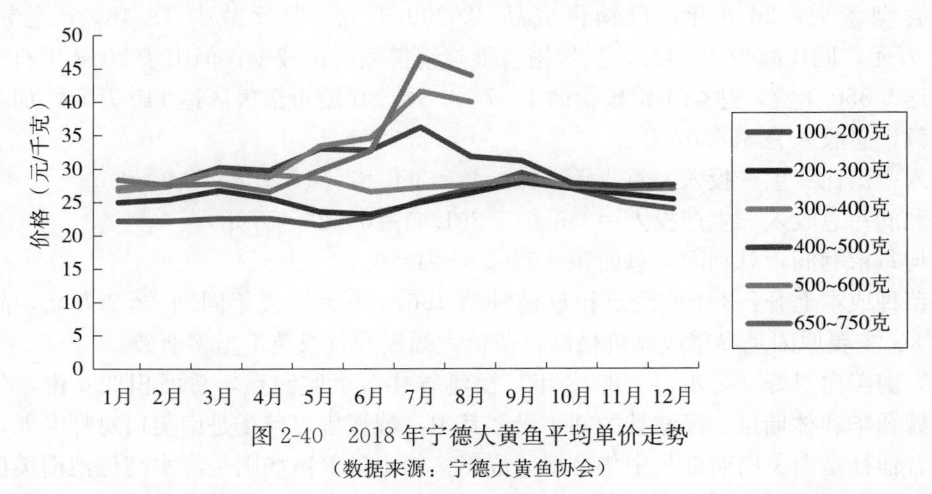

图2-40 2018年宁德大黄鱼平均单价走势

（数据来源：宁德大黄鱼协会）

例如，在进行大黄鱼数据统计分析时发现，位于宁德蕉城区宁德市富发水产有限公司和宁德官井洋大黄鱼有限公司的价格偏高。其中，宁德市富发水产有限公司填报的数据总体偏向于苗种生产和科研，特别是大黄鱼种苗为大黄鱼良种一代苗，养殖的鱼体型瘦长，颜色好看，市场有需求，所以平均价格要高出普通大黄鱼8～9元/千克。

而霞浦县3个采集点，由于销售规格较为统一，数据比较有代表性，2018年，霞浦县大黄鱼（350～500克）销售单价28.05元/千克，2017年销售单价28.92元/千克，销售价格同比上年下降0.87元/千克，降幅3%；其中，2018年1～6月价格同比上年有所下降，7～9月基本持平，10～12月价格同比上年略有上涨。

②病害发生率略有上升：2018年，蕉城区病害发生平稳；而霞浦县大黄鱼病害同比上年严重，霞浦县3个采集点总损失数量34 875千克（2017年同期21 250千克）。

其中，2018年5～6月大黄鱼鱼苗死亡是近年来同期最严重的，主要是由盾纤虫病所引起，导致2018年末留存的苗种数量比2017年少，而2018年末鱼种价格明显高于2017年同期价格。而大黄鱼死亡率最高是8～9月的白鳃症，其次为7～8月的刺激隐核虫病（俗称“白点病”）等。如霞浦县7～9月的损失数量达22 800千克，占全年总损失数量的65.38%。

（2）石斑鱼　2018年，石斑鱼共3个监测点均在东山县。监测点面积共91亩，亩产量约0.72万元。2018年，石斑鱼单价在60～90元/千克。由于2018年上半年石斑鱼养殖形势较好，市场销路活跃，价格维持高位。但青斑养殖优势逐渐减弱，普遍存在种质退化和病害发生日趋严重问题，养殖数量开始缩减，逐渐被龙纹石斑、龙胆石斑和龙虎斑等其他品种取代，石斑鱼养殖品种呈现多样化。具体渔情如下：

①价格波动大：2018年，石斑鱼均价为67.3元/千克，去年同期均价为61.2元/千克，同比增长10%。春季鱼价在90元/千克左右，随后缓缓降至2018年年底的62元/千克左右，全年价格波动大。2018年春季，我国台湾输往大陆石斑鱼数量有限，国内市场需求旺盛，价格相对高，大部分石斑鱼养殖户能有较好收成。同时，石斑鱼苗价飙升50%以上，增大了养殖成本；下半年随着台湾石斑鱼输往大陆数量增多，石斑鱼价格逐渐下滑，该价格养殖基本难盈利。

②存塘量大：2018年，已销售成品32 200千克，同比减少18.48%；总销售额216.67万元，同比减少10.4%。虽然销售量与销售额同比减少，但由于2018年石斑鱼的存塘量达6 350千克，达全年销售量的19.7%。预计存塘鱼销售额达140万元，加上全年总销售额，总收入为356.67万元。

投入产出比=生产投入：总收入=291.41：356.67=1：1.2

总利润=总收入−生产投入=356.67−291.41=65.26（万元）

平均每亩利润=总利润÷总面积=65.26÷91=0.72（万元）

③苗种成本上升：3个监测点投放苗种费166.5万元，去年同期72.2万元，同比增长131%。主要原因是春季成品价格高，苗价大幅提升且投苗量增多所致。

（3）南美白对虾（海水）　2018年，福建省共3个监测点，总面积326亩，分别是龙海的魏智华和林瑞泉、漳浦县的刘小景。其中，魏智华养殖场是南美白对虾专养，林瑞泉专业合作社是南美白对虾与中华乌塘鳢混养，刘小景养殖场则是海水高位池南美白对虾专养。

①养殖产量有所下降：对虾养殖成功率在去年的基础上进一步下降，整体养殖产量也下降，冬棚虾的价格比去年同期低，养殖户的盈利比例下降。一代优质虾苗170～200元/万尾，同比略有下降。

②价格有所下跌：2018年，池塘养殖南美白对虾的虾病增加，冬棚虾产量偏低。价

格与去年同期下降 5%，规格 60 尾/千克的南美白对虾，2018 年采集点平均售价为 54.0 元/千克，去年同期为 57.2 元/千克，对虾单产降低 10%，虾病有所减少。

③病害有所上升：虽然采集点的病害情况减少，但总体采集点所在市县南美白对虾的病害情况有所增加，主要是红体病、桃拉病毒综合征、“黑脚病”、肠炎、肠孢子虫等虾病。

④对虾养殖成本分析：以龙海的两个点为例，饲料占养虾成本的 30%～35%，用电、池塘租金、解毒、肥水、活菌和抗应激等药品开支占 15%，养殖用电占 20%，雇工成本、池塘租金等占 15%，其他支出 15%。

（4）鲍　2018 年，福建省鲍采集点共 6 个，莆田市秀屿区（35 亩）、连江县、东山县各 2 个，均为吊笼养殖，总面积 6.6 公顷。

①存塘量较多，销售总额下降：全年总销售额 13 441 800 元，同比减少 10.15%；销售量 108.85 吨，同比减少 1.12%。2018 年存塘量 38 吨，2018 年鲍统货（每千克平均 30 粒）均价 129.45 元/千克，2017 年为 135.9 元/千克，同比微跌 4.75%。

②价格前低后高：2018 年，全年价格走势先抑后扬（图 2-41）。虽然出现两个波峰，分别是在 7 月和 11 月，但由于 7 月和 11 月销售的采集点只有 1～2 个、且 6 月无销售记录，实际的均价走势更缓和，下半年鲍市场价格逐渐回升，且秀屿区与连江县采集点的鲍价格行情好于东山县的采集点。

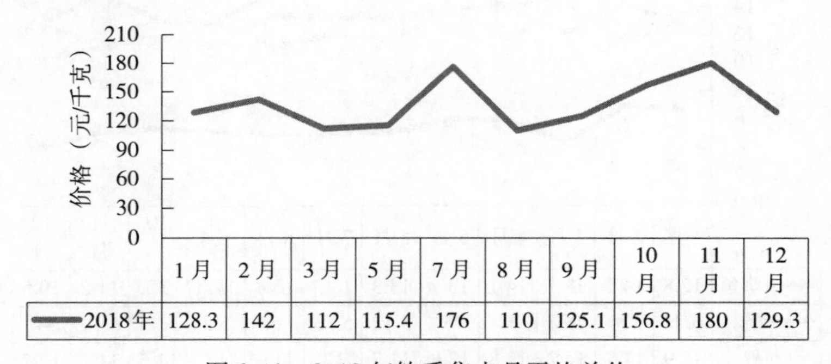

图 2-41　2018 年鲍采集点月平均单价

（5）牡蛎　2018 年，福建省牡蛎监测点共 4 个，惠安县 2 个、秀屿区 2 个，面积共 22.33 公顷。2018 年为全省牡蛎的丰收年，牡蛎的销售量增加 29.8%，但由于平均单价比去年下跌 17.9%，总体销售额涨幅不高。

（6）紫菜　2018 年，福建省设坛紫菜渔情信息采集县 3 个、采集点 6 个，面积 22 公顷。6 个采集点销售量（鲜重）488 774 千克，同比增产 51.15%；销售额 3 486 780 元，同比减少 29.99%。紫菜平均单价 7.13 元/千克，同比上涨 38.72%。2018 年，紫菜采集点生产投入 3.4 万元，其中苗种 2.3 万元，占 67.6%。

2018 年的紫菜总体情况是量增价减，虽然全年病害较少，养殖总产量大幅度增加，但受塑料紫菜谣言事件的影响，造成 2017 年紫菜库存量较大，从而导致 2018 年紫菜库存量的继续积压。特别是二水、三水的紫菜库存量较大，导致价格大幅走低。头水紫菜价格在第一、二周的价格约在 22 元/千克，闽南各地头水鲜紫菜价格高于闽东，而平潭综合实验区采集点的头水紫菜高达 40 元/千克。但 2 周之后迅速下跌，头水末紫菜价格跌至 2.6

元/千克；二水紫菜价格（2元/千克），比2017年（3.6～4.2元/千克）偏低了较多；三水紫菜（1.4元/千克，10月中旬）；四水紫菜（1.4元/千克）；五水紫菜（1元/千克）价格持平。而福鼎市紫菜价格跌至近5年来最低的价格，2～3水紫菜每千克低至1.6～1.8元，四水紫每千克0.8～1.0元。

（7）海带　2018年，福建省海带监测由于海区温度适宜，海带养殖整体形势较好，未受赤潮等灾害影响，海带出现增产丰收（同比增产37.2%）。与去年同期相比但同时却出现了单价同比下跌36%，使得销售总额同比下跌了12.16%。主要原因是海带加工业库存量大，加上原本作为鲍饲料的海带被龙须菜部分替代，饲料级海带需求量减少，总体供大于求使价格下行，但海带仍有利润空间，养殖户积极性不减。

3. 淡水采集品种渔情分析　福建省淡水4个采集品种（草鱼、鲢、鳙和鲫）分布在龙岩的连城县、南平的建瓯县、浦城县和松溪县、三明的清流县等5个内陆县，每个品种在每个采集县设置1个采集点，共20个采集点。由于所有采集品种均为池塘混养模式，在填写单个品种的成本数据时采用折算和估算的方式，故其值可能有一定的偏差。此外，4个品种的月均单价见图2-42，价格从年初至年尾基本处于缓慢下行的走势。

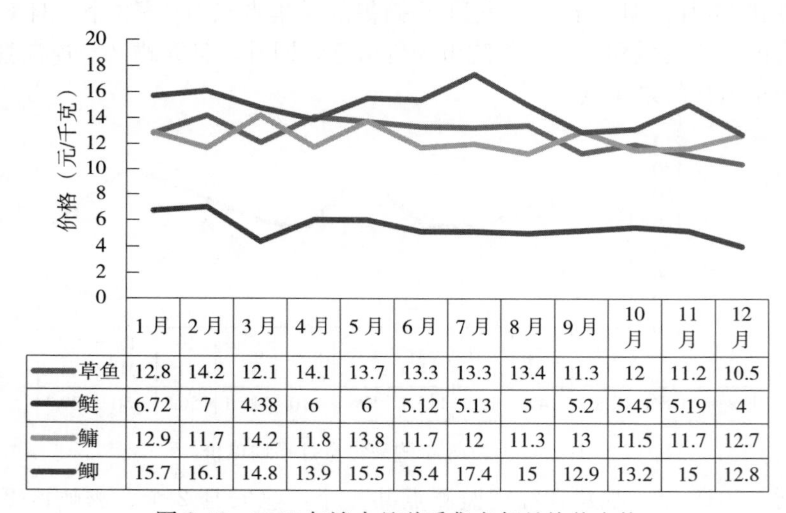

	1月	2月	3月	4月	5月	6月	7月	8月	9月	10月	11月	12月
草鱼	12.8	14.2	12.1	14.1	13.7	13.3	13.3	13.4	11.3	12	11.2	10.5
鲢	6.72	7	4.38	6	6	5.12	5.13	5	5.2	5.45	5.19	4
鳙	12.9	11.7	14.2	11.8	13.8	11.7	12	11.3	13	11.5	11.7	12.7
鲫	15.7	16.1	14.8	13.9	15.5	15.4	17.4	15	12.9	13.2	15	12.8

图2-42　2018年淡水品种采集点每月均价走势

（1）草鱼　2018年草鱼监测点面积54.3公顷，采集点销售总量为420.737吨，同比增加了9.6%，总销售额仅比去年多了2.86%；2018年均价为11.77元/千克，与去年12.55元/千克的均价相比下跌了6.22%，草鱼价格从2018年9月开始下滑，跌至12月的10.5元/千克。销售量上升的情况下，销售额同比下跌，主要是受拆除水库网箱养殖等影响，集中大量出鱼导致鱼价低迷，拉低了售价。如建瓯县每千克鱼的利润约1.8元左右，养殖户生产积极性有所受挫；而松溪县由于采集点在兼做商品鱼批发，效益较好。

（2）鲫　2018年，鲫采集点的总销售量60 225千克，同比增加39.34%，产量明显增加；销售总额866 231元，同比增加25.51%。平均单价由去年的15.97元/千克下跌至14.38元/千克，同比下跌9.96%。

（3）鲢　鲢销售价格也有所下跌，但由于销量较少，基本保持平稳。

（4）鳙　2018 年，鳙平均单价同比跌 6.3%，销售总量为 32 858 千克，同比增加了 18.7%；销售总额 393 464 元，同比增加 11.3%。

三、2019 年养殖渔情预测

（1）受宁德地区渔排升级改造的影响，大黄鱼明年产量有可能削减，加上深水大网箱和塑胶渔排等的推广，高品质大黄鱼的产量会提高。但 2018 年的存塘量也增加，预计 2019 年下半年价格稳中有升。

（2）由于 2018 年下半年石斑鱼价格下挫，投资热情受抑制。估计 2019 年石斑鱼养殖规模不会引起大波动，尽可能养殖高优石斑鱼品种来规避养殖风险，投资相对谨慎。

（3）南美白对虾的病害问题未见好转，近一两年漳州地区部分养殖户养殖南非斑节对虾（俗称“金刚虾”）获得成功，可能会在 2019 年促使一批养殖户放弃南美白对虾、转养该品种。

（4）鲍价格在 2018 年年底有所回升，但 2018 年如秀屿区等地的鲍投苗量增加 20%，可能 2019 年鲍的价格会高开低走。

（5）受库存积压量的影响，2019 年的紫菜二水以后的价格可能继续走向低迷。

（福建省水产技术推广总站）

江西省养殖渔情分析报告

一、采集点基本情况

1. 采集区域和采集点 2018 年，江西省养殖渔情信息采集区域为进贤县、鄱阳县、余干县、玉山县、都昌县、上高县、芦溪县、新干县、信丰县、彭泽县等县，包括 7 个区市、10 个县共 31 个采集场点，采集场点分布在全省的赣中、赣北、赣南等水产品主要产区，具有很强的科学性和代表性。根据全国水产技术推广总站统一部署，2018 年将渔情信息采集场点全部更换的有 4 个县，占到了 10 个县的 40%，它们分别是上高县、新干县、信丰县和玉山县；信息采集场点完全不变的只有 1 个即芦溪县；其他县的渔情信息采集场点更新变动范围在 30%～50%。

2. 主要采集品种和养殖方式 2018 年，全省采集点主要采集品种分别为大宗淡水鱼类、名优鱼类、虾类、蟹类及其他类。养殖方式为淡水池塘养殖。

（1）大宗淡水鱼类　草鱼、鲢、鳙、鲫。

（2）名优鱼类　黄颡鱼、黄鳝、鳜、乌鳢、泥鳅、鲈。

（3）虾类　小龙虾。

（4）蟹类　河蟹。

（5）其他类　中华鳖。

3. 采集点产量和面积 2018 年，我省 31 个渔情信息采集点淡水池塘养殖面积为 9 526亩，水产品养殖产量 2 647 167 千克。渔情信息采集点产量前四位的分别是黄颡鱼 650 820 千克、鲢 496 127 千克、鳙 302 718 千克、草鱼 223 978 千克，这 4 个养殖品种约占到了养殖总量的 65%。

二、2018 年养殖渔情分析

1. 出塘销售情况 2018 年，31 个渔情信息采集点出塘量 2 647 167 千克。其中，销售量 2 537 936 千克，销售量占出塘量的 95.87%，说明养殖户将绝大部分水产品作为商品鱼对外进行销售，而留着食用的只占很少的一部分（约 5%）；销售额 54 016 502 元，水产品出塘综合平均单价 21.28 元/千克。

从 2018 年出塘销售构成来看，鱼类销售 2 322 324 千克，占总销售量的 88.80%；甲壳类销售 233 319 千克，占总销售量的 8.92%；其他类销售 59 454 千克，占总销售量的 2.27%（表 2-9）。

从表 2-9 可以看出，黄颡鱼占总销售量的 24.89%，小龙虾占 7.2%，黄鳝占 6.05%，说明在市场上名特优水产品受到老百姓欢迎和喜欢；鲢占总销售量的 18.97%，鳙占 11.58%，草鱼占 8.56%，说明大众水产品——“四大家鱼”仍是市场不可或缺的角色和重要补充。

表 2-9　江西省 2018 年养殖渔情点水产品销售情况

品种名称	销售额（元）		销售数量（千克）	
	所占百分比（%）	1～12 月	所占百分比（%）	1～12 月
淡水鱼类	78.38	46 003 996	88.80	2 322 324
草鱼	3.86	2 267 468	8.56	223 978
鲢	9.63	5 649 659	18.97	496 127
鳙	8.41	4 938 544	11.58	302 718
鲫	4.37	2 565 640	8.52	222 900
黄颡鱼	21.49	12 613 287	24.89	650 820
泥鳅	4.14	2 431 856	3.09	80 876
黄鳝	12.88	7 560 698	6.05	158 210
加州鲈	8.20	4 810 270	5.31	138 785
鳜	4.44	2 608 598	0.96	24 990
乌鳢	0.95	557 976	0.88	22 920
淡水甲壳类	13.32	7 815 324	8.92	233 319
小龙虾	7.94	4 660 224	7.20	188 254
河蟹	5.38	3 155 100	1.72	45 065
淡水其他	8.30	4 873 600	2.27	59 454
鳖	8.30	4 873 600	2.27	59 454
合计		58 692 920		2 615 097

2. 受灾损失情况　2018 年，31 个渔情信息采集点水产品受灾损失 45 512 千克、1 481 820元。其中，病害损失 25 693 千克、670 675 元；自然灾害损失 722 千克、128 841元；其他灾害损失 19 097 千克、682 304 元。

从 2018 年受灾损失构成来看，受灾损失比例大小依次是病害损失、其他灾害损失、自然灾害损失。说明 2018 年渔业灾害损失主要还是由水产品的病害损失所致，因此，各部门和养殖单位今后要继续加强水产品病害的防控和治疗力度（表 2-10）。

表 2-10　江西省 2018 年养殖渔情点受灾损失情况

区域名称	受灾损失（元）	1. 病害（元）	1. 病害（千克）	2. 自然灾害（元）	2. 自然灾害（千克）	3. 其他灾害（元）	3. 其他灾害（千克）
江西	1 481 820	670 675	25 693	128 841	722	682 304	19 097

3. 生产投入情况　2018 年，渔情信息采集点总投入 47 775 747 元。其中，饲料费 24 712 785 元，苗种费用 8 807 319 元，燃料费用 259 737 元，塘租费 2 972 550 元，水电、防疫等服务支出费用 2 377 540 元，人力投入费用 7 737 376 元（表 2-11）。

表 2-11　江西省 2018 年养殖渔情点生产投入情况

单位：万元

区域名称	生产投入	(一)物质投入	1. 苗种	2. 饲料	3. 燃料	4. 塘租费	5. 固定资产折旧	(二)服务支出	1. 电费	2. 水费	3. 防疫费	4. 保险费	5. 其他费用	(三)人力投入
江西	4 777.6	3 766.1	880.7	2471.3	26.0	297.3	90.8	237.8	121.4	6.5	85.1	0.1	25.0	773.7

从 2018 年生产投入构成来看，投入比例大小依次是饲料费占 51.73%，苗种费用占 18.43%，人力投入费用占 16.20%，水电、防疫等服务支出费用占 4.98%。饲料费、苗种费、人力投入费用占到了总投入的 86.36%，是养殖成本的根本所在。特别是饲料费用占到了总成本的一半以上，说明如要提高工作效益降低成本，提高饲料的利用率是其途径之一（图 2-43）。

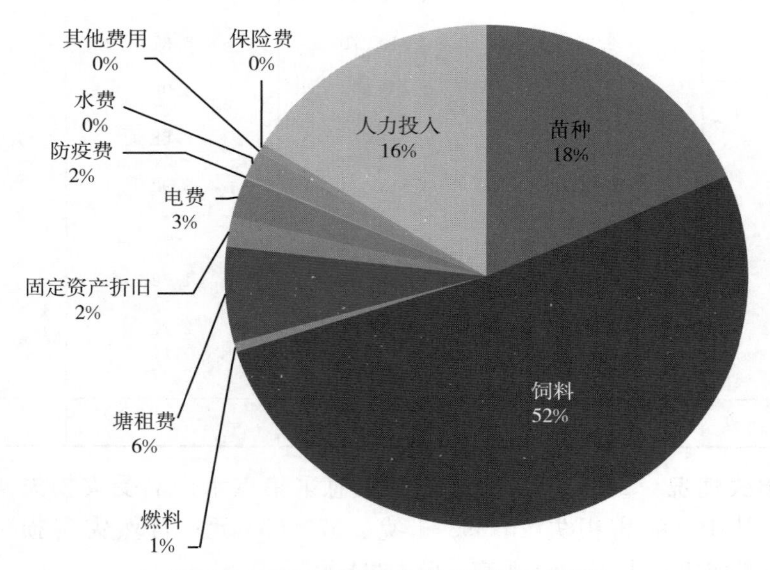

图 2-43　2018 年养殖渔情点生产投入情况

4. 水产品价格特点和分析

（1）水产品价格特点　2018 年，渔情信息采集点水产品出塘综合平均单价21.28 元/千克。2018 年水产品价格见表 2-12。

表 2-12　江西省 2018 年养殖渔情点水产品价格情况

单位：元/千克

品种名称	1 月	2 月	3 月	4 月	5 月	6 月	7 月	8 月	9 月	10 月	11 月	12 月
草鱼	11.14	11.21	11.72	11	10.26	10.59	9.26	10.11	9.76	8.65	8.69	16.25
鲢	11.59	16.98	10.31	11	6.96	5.4	16	18	18.6	7.5	9.03	9.02
鳙	15.11	17.33	13.56	16	16.82	15.96	22.04	22	18.38	21	18.84	18.92
鲫	9.97	13.24	13.67	10.4	10.45	0	0	0	0	13.46	10.4	13

（续）

品种名称	1月	2月	3月	4月	5月	6月	7月	8月	9月	10月	11月	12月
黄颡鱼	21.88	26	25	28	12.38	19.43	44.83	19.03	19.02	19.02	19	19.12
泥鳅	26.75	34.21	28.98	27.95	28.6	61.04	39.78	28.06	27.37	27.42	23.26	24.91
黄鳝	51.01	53.96	0	0	0	0	0	0	56	26.5	45.75	44.41
加州鲈	0	23.33	23.2	0	0	0	28.18	34	37.02	38	0	0
鳜	57.51	39.66	41.35	0	0	0	0	0	90	79.07	0	0
乌鳢	0	0	24.29	0	24.45	0	0	0	0	0	0	0
小龙虾	0	0	56	0	19.26	29.28	18.89	23.34	20	0	0	0
河蟹	0	0	0	0	0	80	0	0	85.63	72.51	59.41	60.29
鳖	113.9	79.33	110.7	97.34	100	100	100	100	111.9	105.2	105.2	90.93

2018 年，草鱼价格 5～9 月走势平稳，1～3 月呈现上升趋势，10～11 月在低位，达到 8.69 元/千克；鳙价格上半年保持平稳走势，7 月呈现上升趋势，7～8 月是全年的最高位，达到 22 元/千克；黄颡鱼价格全年基本保持平稳态势，上半年价格高于下半年价格，最高位价格出现在 7 月，达到 44.83 元/千克，从 8 月开始下降到 19 元/千克，下半年一直维持在 19 元/千克左右波动；泥鳅价格全年也基本保持比较平稳的状况，最高位价格出现在 6 月，达到 61.04 元/千克，8 月开始下降到 39.78 元/千克，这也是全年的次高价，第三位价格在上半年的 2 月，为 34.21 元/千克，其他月份价格基本在 26 元/千克左右波动，低位价格出现在 11 月，为 23.26 元/千克（图 2-44）。

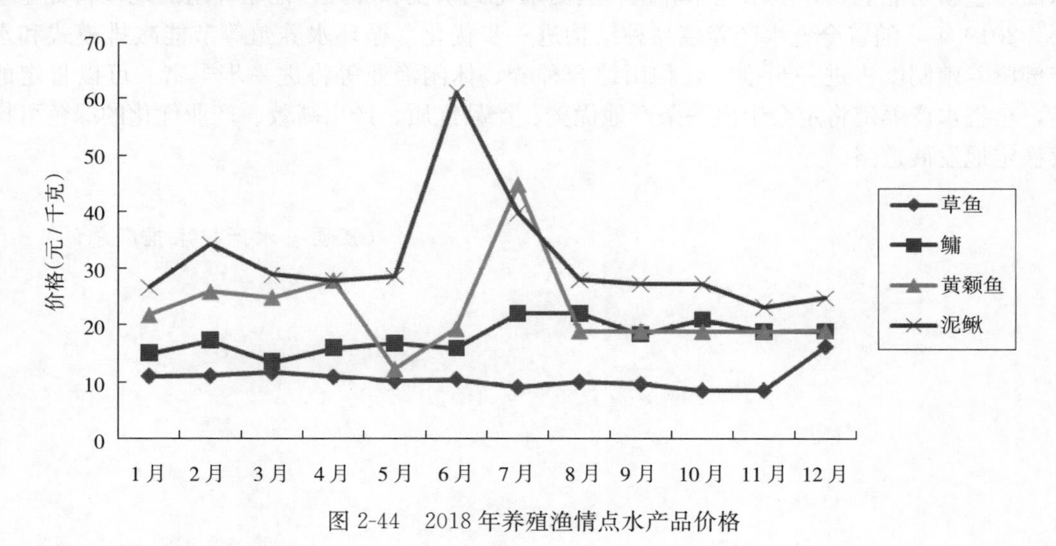

图 2-44　2018 年养殖渔情点水产品价格

（2）水产品价格分析

①水产品市场小幅波动，上半年价格好于下半年：随着社会的发展和人们对保健的日益重视，人们纷纷青睐肉质软嫩、营养丰富、高蛋白、低脂肪的水产品，拉动了水产品的市场需求。上半年由于春节假期及禁渔期因素，导致捕捞产量减少，受供求关系影响，推动了上半年水产品价格上涨；下半年水产品市场供应相对充裕，价格出现回落。

②名特优水产品种关注度提高：随着社会的发展和消费者对水产品品质要求的提高，

水产养殖业已从单纯追求数量型转向数量质量型并举转变。随着水产养殖技术水平的不断提高，名特优水产品种养殖效益也逐步提高，养殖户也逐步加大了名特优水产品养殖，提高了水产品的销售价格，同时也提高了水产品整体养殖效益。

③养殖结构调整成效显著：全省坚持稳步推进水产品供给侧结构性改革，增加优质高端安全水产品生产，调减结构性过剩的水产养殖品种，养殖户转产或兼养了小龙虾、黄颡鱼、黄鳝、鳜、乌鳢、泥鳅、鲈、河蟹等特种水产品，改善了整个水产品的供需面。全省的休闲渔业、稻田综合种养和池塘健康养殖等相关业态，也得到了进一步发展和丰富。

三、2019年养殖渔情预测

2018年全省全年没有发生恶劣天气和大面积养殖病害，水产养殖品种遇到了一个比较好的行情，总的养殖形势良好。

结合考虑形势变化和市场需求等，预测2019年包括渔情采集点在内的全省水产养殖经济形势将会保持稳定健康发展，全省水产养殖将向高质量高水平跨越，各项经济指标稳定增长，呈现水产品产量增产、渔民增收的局面。2019年，全省将继续深化渔业供给侧结构性改革，全面加强环境治理，促进水产养殖业向绿色方向发展，水产养殖将从过去拼资源要素投入转向依靠科技创新方面，从追求数量性转向高质量、高效益和可持续发展。随着全省环保整治力度的不断加强，会继续强化禁止在湖泊、水库等大水面投饲、投肥养鱼，网箱、网围和围栏养殖将会受到更大程度地限制甚至被取缔。全省的湖泊、水库等大水面将重新功能规划，淡水池塘养殖将会更加得到重视和加强，池塘养殖的地位将更显重要。2019年，随着全省水产养殖品种结构进一步优化，循环水养殖等节能减排模式和水产健康养殖制度将进一步推广，稻田综合种养、休闲渔业等将进一步丰富。可以肯定的是，全省水产养殖将定会走出一条产地优美、产品优质、产出高效、产业优化的绿色可持续稳定地发展道路。

（江西省水产技术推广总站）

山东省养殖渔情分析报告

一、整体概况

养殖生产形势总体稳定。2018年1～12月，全省采集点出塘总量14.12万吨，出塘收入14.01亿元。淡水养殖方面，受清理网箱、网围影响，鲢、鳙、鲫价格上涨，草鱼价格下跌；乌鳢价格上涨明显，淡水南美白对虾价格基本平稳。海水养殖方面，大菱鲆、海参价格上涨；鲈、蛤价格基本持平；梭子蟹、海带价格下跌。生产投入方面，饲料费成为主要的生产投入要素。受夏季高温影响，海参的生产损失较为突出。

二、重点品种分析

1. 淡水鱼类　采集点淡水鱼销售量1.63万吨，销售额3.05亿元，综合出塘价为18.70元/千克，同比增长20.64%。大宗淡水鱼方面，鲢、鳙、鲫综合出塘价格分别为5.31元/千克、10.07元/千克和14.22元/千克，同比分别上涨19.09%、7.59%和23.87%（表2-13，图2-45）。鲤出塘价格8.97元/千克，同比基本稳定。草鱼价格在10.35元/千克，同比下降15.72%。草鱼价格下降主要有3个方面的原因，一是南方草鱼大规模北上，造成对本地草鱼价格的冲击；二是草鱼价格已经高位运行2年多，高利润激发了草鱼养殖热情，养殖户纷纷改投草鱼，造成草鱼养殖过饱和，供大于求引发草鱼价格下跌；三是2018年微山湖地区大面积清理网箱，要求所有网箱一律起水，造成草鱼集中上市。

作为淡水名优品种的乌鳢，近年来出现价格回升态势。2018年采集点统货综合出塘价格22.63元/千克，同比增长17.13%。随着人们生活的提高，作为优质商品鱼乌鳢的需求量越来越大，再加上乌鳢的医疗保健作用进一步挖掘，以及渔家乐等休闲渔业的开发，致使乌鳢消费市场逐年扩大，带动鱼价上涨。

表2-13　2018年1～12月主要养殖品种综合出塘价格

单位：元/千克

序号	养殖品种	2017年	2018年	增减率（%）
1	草鱼	12.28	10.35	−15.72
2	鲢	4.46	5.31	19.09
3	鳙	9.36	10.07	7.59
4	鲤	9.22	8.97	−2.71
5	鲫	11.48	14.22	23.87
6	乌鳢	19.32	22.63	17.13
7	大菱鲆	42.84	49.44	15.41
8	鲈	—	56.0	
9	南美白对虾（淡水）	43.2	43.43	0.53
10	南美白对虾（海水）	50.92	36.33	−28.65

（续）

序号	养殖品种	2017 年	2018 年	增减率（%）
11	梭子蟹	86.16	83.14	−3.51
12	鲍	178.74	162.43	−9.12
13	扇贝	—	5.31	—
14	牡蛎	—	8.55	—
15	蛤	—	6.62	—
16	海带	—	2.20	—
17	海参	110.92	148.81	34.16

注："—"为上年未采集品种，无上年采集点数据。

2. 淡水甲壳类 淡水南美白对虾综合出塘单价 43.43 元/千克，同比基本稳定。从对滨州、东营及淄博等地的调查中，由于虾苗价格较上年有所上涨，2018 年苗种投放密度有所降低。如在高青县虾苗平均投放密度已由上年的 3.5 万尾/亩下降到 3.2 万尾/亩，因此，虾苗的抗病能力较强，养殖过程病害同比较少。2018 年淡水南美白对虾的产量也大幅提升，以利津县为例，2018 年采集点南美白对虾平均亩产 263 千克，较 2017 年的亩均 181 千克增产 82 千克，单产增幅达到 45.3%；亩均效益 6 630 元，较 2017 年的 3 418 元，每亩增收 3 212 元，增收幅度达到 94.0%。

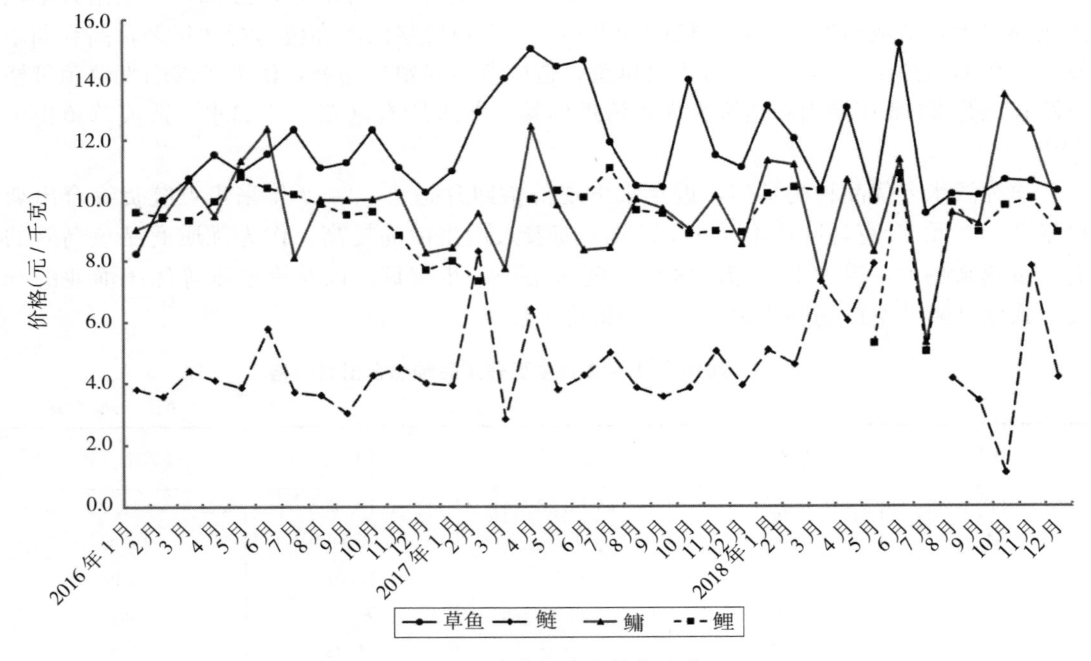

图 2-45 大宗淡水鱼价格走势

3. 海水鱼类 海水鱼采集品种为鲈和大菱鲆。鲈近年来保持总体稳定，采集点鲈养殖方式为网箱养殖，采集点统货销售量 1 989.33 吨，销售收入 1.11 亿元，综合销售价格为 56.00 元/千克，同比基本持平。鲈价格呈现出"中间低、两头高"的特点，低谷一般集中在 7～9 月，价格为 50～53 元/千克；其他时间集中在 60～75 元/千克。

大菱鲆整体情况稳中有升，采集点销售量10.80吨，主要以条重≥600克的标鱼和统货为主，销售收入533.76万元，综合销售价格为49.44元/千克，同比上涨15.41%。2018年大菱鲆价格相对较高且走势平稳，在春季、暑期旅游及国庆中秋双节三个时段的价格有一定幅度的上涨，节假日后的回落幅度并不明显，没有出现大起大落的情况。从需求侧看，大菱鲆的消费主体主要集中在北方沿海地区，其市场潜力尚未完全挖掘，导致并未出现价格的大幅上涨；从供给侧看，近年来，由于饲料成本的不断上涨，加之环保要求日益严格，弃养、转养大菱鲆的经营主体增多，整体养殖量萎缩严重，商品鱼存量较少，导致2018年价格维持在近几年的较高水平（图2-46）。

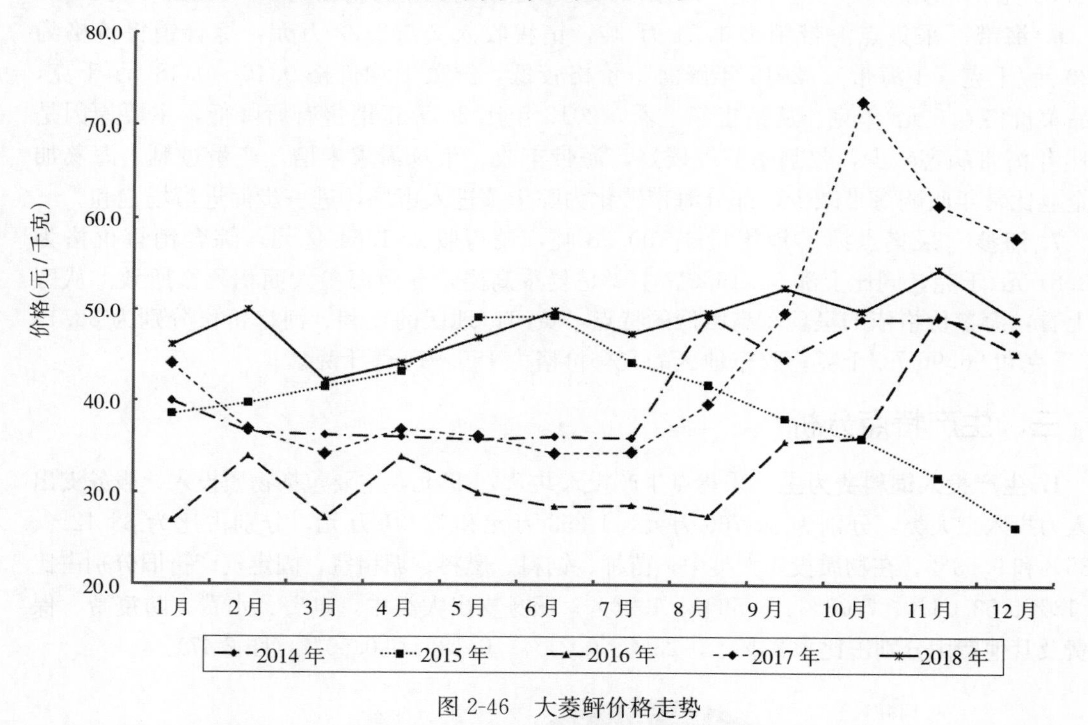

图2-46　大菱鲆价格走势

4. 海水甲壳类　采集点海水南美白对虾销售901.36吨，销售收入3 274.4万元，综合销售价格为36.33元/千克，同比下降28.65%。近年来，由于海参养殖风险加大，以及近几年对虾养殖的生产效益较高，渔民由养参转为养虾，海水南美白对虾出塘较往年增多，导致对虾价格下降。

梭子蟹综合销售价格为83.14元/千克，同比下降3.51%。从规格上看，通货综合销售价格为65.24元/千克，125～200克/只的公蟹价格为59.54～67.79元/千克，11～12月200克/只的母蟹价格120～126.21元/千克。2018年日照地区梭子蟹的投苗密度有所增加，亩均放养密度为0.35万只，蟹苗平均单价为850元/万只。梭子蟹亩产量40～50千克，与上年基本持平，但由于价格下降，养殖效益略低于去年。

5. 贝类　采集点鲍销售112.68吨，销售收入1 830.30万元，综合销售价格为162.43元/千克，同比降低9.12%。其中，4月由于处理滞长的小规格，价格为一年中最低点98.5元/千克；最高点出现在10月，达到231.25元/千克。牡蛎销售量3 036.90

吨，销售收入2 595.69万元，综合销售价格为8.55元/千克。7～8月，由于夏季高温及浒苔的影响，造成度夏牡蛎出现部分死亡。同时，品牌建设及电商销售渠道的拓展，使得市场需求量增大，造成牡蛎价格上涨。扇贝销售量1 637.03吨，销售收入868.60万元，综合销售价格为5.31元/千克。莱州主要以海湾扇贝为主，出塘价格为3.06元/千克，同比下降12.57%；长岛以虾夷扇贝为主，出塘价格为9.02元/千克，同比上涨约20%。全省采集点蛤销售量10.35万吨，销售收入6.85亿元，综合销售价格为6.62元/千克。其中，胶州市采集杂色蛤，销售价格为5.45元/千克；河口区和无棣县采集文蛤，销售价格为6.09元/千克和6.77元/千克；海阳市采集中国蛤蜊，销售价格为19.01元/千克。

6. 海带　采集点海带销售1.21万吨，销售收入2 652.22万元，综合销售价格为2.20元/千克（干海带）。2018年鲜海带价格较低，鲜菜平均价格0.46～0.48元/千克，食品菜价格0.6元/千克。从销售额上看，2018年比2017年销售有所降低，主要原因是2018年海带病害较少，收割季节气候好，海带丰收，市场需求未增，产量过剩。海藻加工企业比常年收购海带减少，部分海带转化为晾干菜进入市场，进一步促进市场饱和。

7. 海参　采集点海参销售量1 100.98吨，销售收入1.64亿元，综合销售价格为148.81元/千克，同比上涨34.16%。主要是夏季高温，导致海参大面积死亡所致。从区域上看，海参价格依旧呈现东高西低的特点，黄河口地区的垦利、河口价格分别为88.13元/千克和96.96元/千克；胶东地区的文登价格为156.91元/千克。

三、生产特点分析

1. 生产投入饲料费为主　采集点生产投入共5.76亿元，主要包括物质投入、服务支出和人力投入三大类，分别为50 766万元、1 353万元和5 491万元，分别占比为88.12%、2.35%和9.53%。在物质投入大类中，苗种、饲料、燃料、塘租费、固定资产折旧分别占比23.13%、53.06%、7.08%、3.58%、1.26%；服务支出大类中，电费、水费、防疫费、保险费及其他费用分别占比1.23%、0.23%、0.21%、0.18%和0.50%（图2-47）。

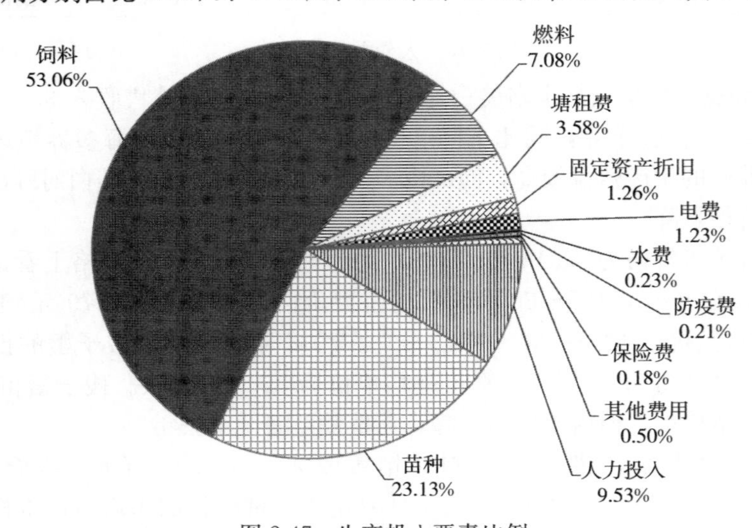

图2-47　生产投入要素比例

2. 海参损失较为严重　采集点受灾损失 2 085.83 万元。其中，海参受灾损失为 1 872.85万元，占全部损失额的 89.79%，占海参出塘收入的 11.43%。其中，夏季高温导致的海参自然灾害损失 79.8 吨，直接经济损失 1112.56 万元。病害和其他灾害损失量分别为 4.68 吨和 33.81 吨，经济损失分别为 87.66 万元和 672.64 万元。

3. 养殖空间日益压缩　近年来，受清理网箱、网围影响，淡水养殖规模日益缩减。以枣庄市为例，全市 5 座大中型水库的养殖网箱已全部清理完毕，累计清理网箱 8.5 万多架。同时，沿海地区也在开展海上养殖设施清理，威海市海上养殖设施整治经区涉及面积为 7.5 万亩。养殖空间的压缩虽一定程度上影响了渔业生产，但这是调整渔业产业结构、实现渔业高质量发展的必由之路。从长远来看，有利于全省渔业的健康、持续发展。

四、2019 年生产形势预测

目前，全省养殖渔业总体向好，大菱鲆、刺参等部分养殖品种价格显著回升。因网箱及近岸养殖设施清理工作，部分大宗淡水鱼及乌鳢价格还有上涨空间。随着水产品质量安全工作的深入开展，加之市场舆论的正确引导，大菱鲆价格从前几年的持续低迷中逐渐回升。得益于品牌建设和电商销售模式的逐渐成熟，市场需求逐步扩大，牡蛎价格保持乐观，海带、贝类、虾蟹类等价格保持相对稳定，海参的价格则取决于能否安全度夏。

（山东省渔业技术推广站）

河南省养殖渔情分析报告

一、2018 年养殖渔情分析

2018 年，全国池塘养殖渔情信息采集系统重新调整，调整后河南省共有 11 个信息采集县、36 个养殖渔情信息采集点。11 个信息采集县分别是信阳市平桥区、信阳市固始县、信阳市罗山县、开封市尉氏县、开封市兰考县、洛阳市孟津县、驻马店市西平县、新乡市延津县、郑州市荥阳市、郑州市中牟县、商丘市民权县。

淡水养殖监测代表品种 7 个，分别是草鱼、鲤、鲢、鳙、鲫、南美白对虾、小龙虾；重点关注品种 3 个，分别是河蟹、南美白对虾、小龙虾。

依据 36 个采集点的上报数据分析，2018 年采集点共售出水产品 2 431.75 吨，实现销售收入 3 219.27 万元，生产投入总计 2 877.05 万元。其中，物质投入所占比例最大为 86.37%，受灾损失 95.41 万元（病害损失 15 801 千克、经济损失 27.18 万元）。鲤、鲢病害主要是烂鳃病，河蟹病害主要是水霉病。

1. 主要指标变动情况

（1）水产品销售量　根据 11 个信息采集县、36 个采集点的数据显示，1～12 月采集点共售出水产品 2 431.75 吨，实现销售收入 3 219.27 万元。其中，淡水鱼类销售量为 2 208.45吨，实现销售收入 2 385.22 万元；淡水甲壳类销售量为 223.30 吨，实现销售收入 834.05 万元。淡水鱼类中鲤销售量和销售额最大，分别占淡水鱼类总销售量和总销售额的 63.95%和 11.76%；其次是草鱼，销售量和销售额分别占淡水鱼类总销量和总销售额的 23.96%和 0.69%。淡水甲壳中小龙虾销售量和销售额最大，分别占淡水甲壳类总销售量和总销售额的 50.08%和 41.31%；其次是南美白对虾，分别占淡水甲壳类总销售量和总销售额的 37.10%和 26.23%。

淡水鱼类销售量集中在 1、2、3、12 月，其中，1 月销售量达到最大 655.88 吨。主要原因是临近春节，市场需求旺盛。淡水甲壳类销售量 7 月达到最大 43.19 吨。

2018 年各品种销售量和销售收入见表 2-14，2018 年每个月份各品种销售量见表 2-15，2018 年采集点水产品销售量和销售收入分别见图 2-48、图 2-49。

由于 2018 年系统重新调整，采集点设置和养殖品种均发生改变，所以无法做同比分析。

表 2-14　2018 年各品种销售量和销售收入

品种	销售量（吨）	销售额（万元）
淡水鱼类	2 208.45	2 385.22
草鱼	529.09	16.54
鲢	86.90	31.99
鳙	52.70	35.28

（续）

品种	销售量（吨）	销售额（万元）
鲤	1 412.28	280.46
鲫	127.48	32.40
淡水甲壳类	223.30	834.05
小龙虾	111.83	344.58
南美白对虾（淡水）	82.85	218.79
河蟹	28.62	270.68
合计	2 431.75	3 219.27

表 2-15　2018 年每个月份各品种销售量

单位：吨

品种	月份											
	1月	2月	3月	4月	5月	6月	7月	8月	9月	10月	11月	12月
淡水鱼类	655.88	437.21	222.97	27.03	34.23	96.83	19.96	3.08	313.30	6.03	3.68	388.26
草鱼	111.88	129.21	197.37	27.03	13.11	23.61	6.96	3.08	3.37	6.03	3.68	3.76
鲢	23.60	4.00	15.00	0.00	0.00	0.00	0.00	0.00	4.80	0.00	0.00	39.50
鳙	18.50	1.50	3.90	0.00	0.00	0.00	0.00	0.00	3.60	0.00	0.00	25.20
鲤	443.10	256.00	2.25	0.00	21.12	73.22	13.00	0.00	300.00	0.00	0.00	303.60
鲫	58.80	46.50	4.45	0.00	0.00	0.00	0.00	0.00	1.53	0.00	0.00	16.20
淡水甲壳类	0.00	0.00	0.00	14.00	13.27	26.58	43.19	41.83	39.70	42.07	2.67	0.00
小龙虾	0.00	0.00	0.00	14.00	13.27	26.58	22.39	11.53	11.08	13.00	0.00	0.00
南美白对虾（淡水）	0.00	0.00	0.00	0.00	0.00	0.00	20.80	30.30	16.00	15.75	0.00	0.00
河蟹	0.00	0.00	0.00	0.00	0.00	0.00	0.00	0.00	12.63	13.32	2.67	0.00

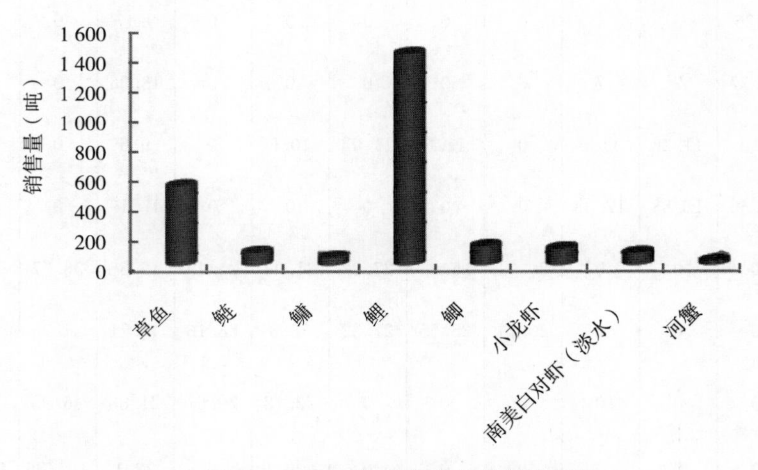

图 2-48　2018 年采集点各品种销售量

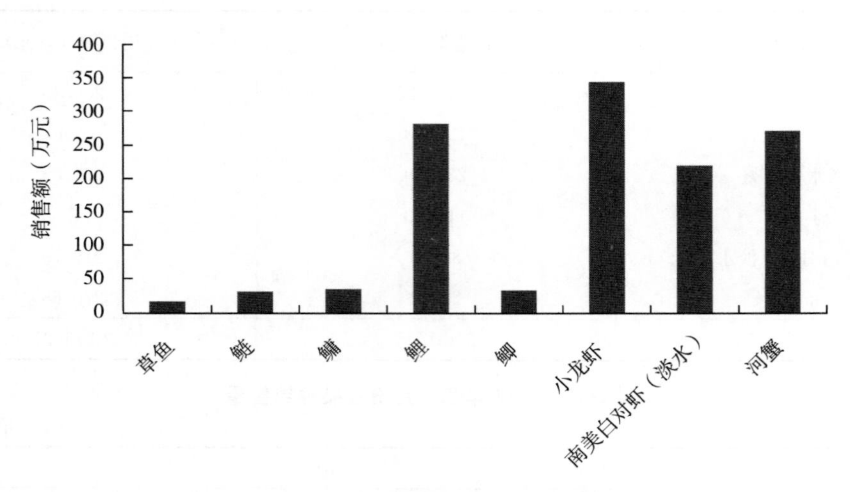

图 2-49　2018 年采集点各品种销售额

（2）出塘价格　2018 年 1～12 月采集点各品种出塘价格见表 2-16。2018 年 1～12 月淡水鱼类出塘价格走势见图 2-50，2018 年 1～12 月淡水甲壳类出塘价格走势见图 2-51。

表 2-16　2018 年每个月份各品种出塘价格走势

单位：元/千克

品质	月份											
	1月	2月	3月	4月	5月	6月	7月	8月	9月	10月	11月	12月
淡水鱼类	9.51	10.84	12.58	15.32	14.9	12.08	15.01	44	10.05	44	44	10.22
草鱼	14.19	9.53	13.25	15.32	20.23	15.34	23.24	44	44	44	44	44
鲢	9.26	3	4	0	0	0	0	0	9.17	0	0	8.1
鳙	15.37	7	7	0	0	0	0	0	13.56	0	0	14
鲤	6.9	11.28	11.6	0	11.6	11.03	10.6	0	9.6	0	0	9.24
鲫	18.55	12.88	17.08	0	0	0	0	0	17.19	0	0	20
淡水甲壳类	0	0	0	20.71	25.95	27.32	31.06	25.49	46.56	58.57	97.49	0
小龙虾	0	0	0	20.71	25.95	27.32	38.8	38.16	41.71	24.23	0	0
南美白对虾（淡水）	0	0	0	0	0	0	22.72	20.67	21.88	46.93	0	0
河蟹	0	0	0	0	0	0	0	0	82.1	105.86	97.49	0

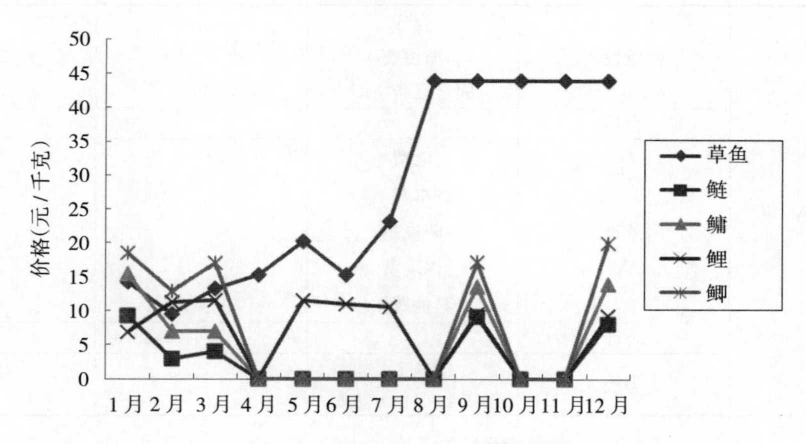

图 2-50　2018 年 1～12 月淡水鱼类出塘价格走势

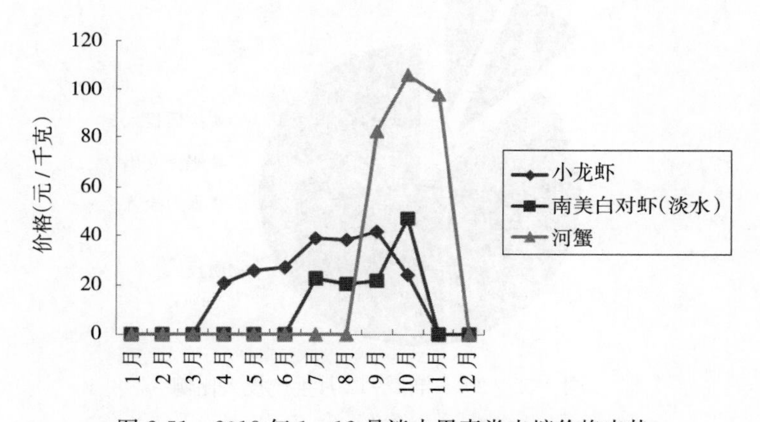

图 2-51　2018 年 1～12 月淡水甲壳类出塘价格走势

(3) 生产投入　1～12 月全省 36 个采集点生产投入总计 2 877.05 万元。其中，物质投入 2 485.92 万元，服务支出 211.79 万元，人力投入 179.35 万元。2018 年 1～12 月采集点生产投入见表 2-17。2018 年 1～12 月采集点生产投入比例见图 2-52。2018 年 1～12 月采集点物质投入比例、服务支出比例、人力投入比例、饲料投入比例分别见图 2-53 至图 2-56。

表 2-17　2018 年 1～12 月采集点生产投入

单位：万元

生产投入	物质投入	苗种投放		305.02
		饲料	原料性饲料	87.07
			配合饲料	1104.94
			其他	24.44
		合计		1216.44
		燃料	柴油	5.67
			其他	3.08

（续）

生产投入	物质投入	合计		8.74
		塘租费		218.78
		固定资产折旧		736.94
	合计			2 485.92
	服务支出	电费		126.10
		水费		5.60
		防疫费		52.11
		保险费		0
		其他费用		27.96
	合计			211.79
	人力投入	雇工		136.74
		本户（单位）人员		42.61

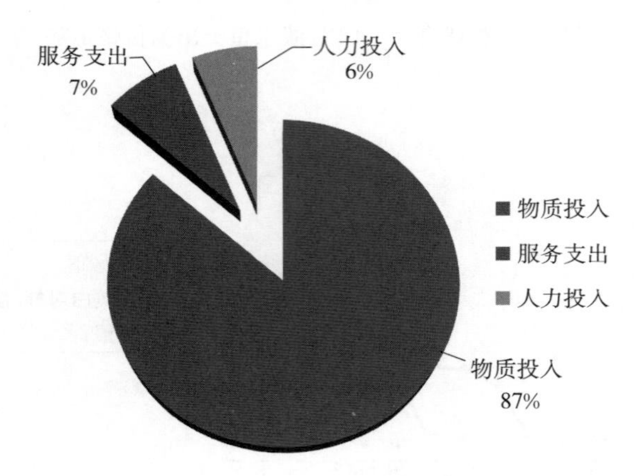

图 2-52　2018 年 1～12 月生产投入比例

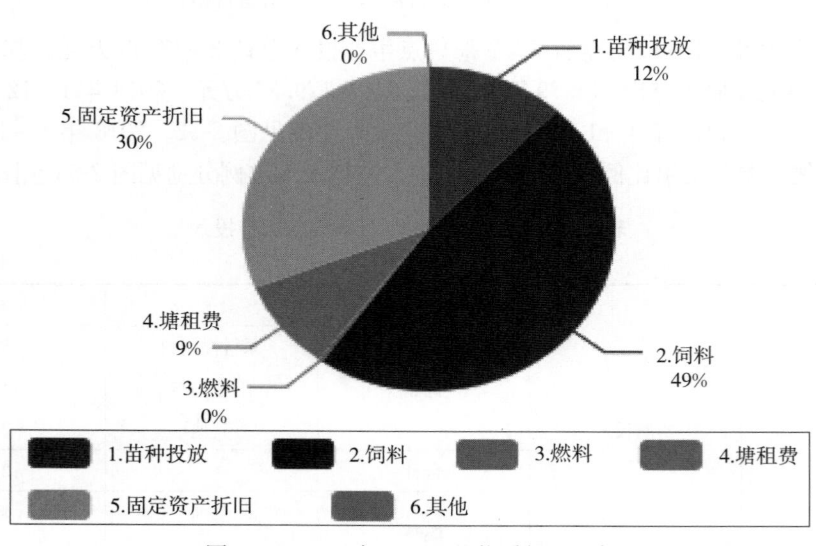

图 2-53　2018 年 1～12 月物质投入比例

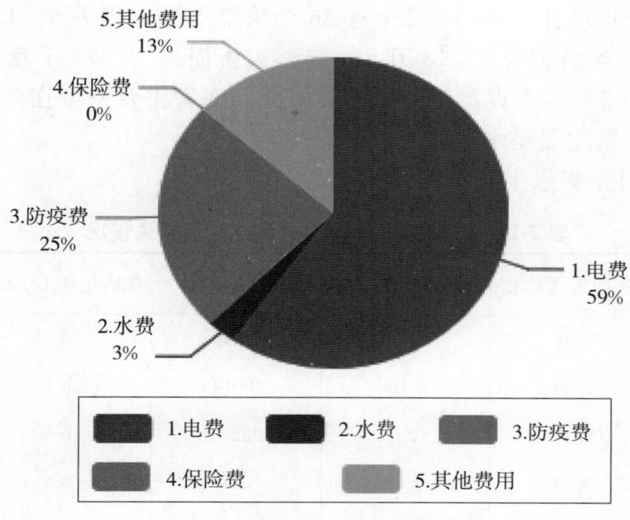

图 2-54　2018 年 1～12 月服务支出比例

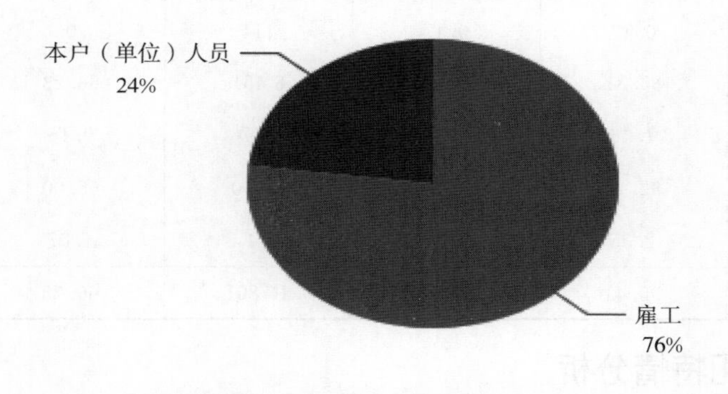

图 2-55　2018 年 1～12 月人力投入比例

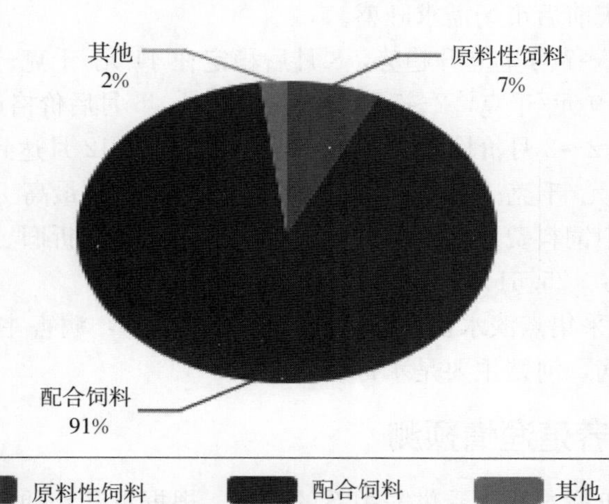

图 2-56　2018 年 1～12 月饲料投入比例

（5）生产损失　据统计，1～12月全省36个采集点受灾损失95.41万元。其中，病害损失15 801千克，经济损失27.18万元；自然灾害损失12 578千克，经济损失66.23万元；其他灾害损失3 223千克，经济损失2万元。病害主要发生在7～9月，鲤、鲢病害主要是烂鳃病，河蟹主要是水霉病。

2018年1～12月采集点生产损失情况见表2-18。

表2-18　2018年1～12月采集点生产损失情况

品种	受灾损失（万元）	病害（万元）	病害（千克）	自然灾害（万元）	自然灾害（千克）
淡水鱼类	9.61	7.61	7 340	0	0
草鱼	2.09	2.09	2 014	0	0
鲢	0.49	0.49	925	0	0
鳙	0.33	0.33	267	0	0
鲤	6.53	4.53	4020	0	0
鲫	0.17	0.17	114	0	0
淡水甲壳类	85.81	19.58	8 461	66.23	12 578
小龙虾	1.46	1.30	347	0.16	28
南美白对虾（淡水）	82.00	1.70	8 100	65.00	12 550
河蟹	2.35	1.28	14	1.07	0
合计	95.41	27.18	15 801	66.23	12 578

二、特点和特情分析

（1）淡水鱼类中草鱼、鲤、鲫出塘量和出塘收入在1月达到最大；鲢、鳙出塘量和出塘收入在12月达到最大。另外，淡水鱼类在9月也有一次显著的销售高峰，主要原因是在元旦、春节、国庆前后市场需求旺盛。

（2）草鱼价格1～7月呈上升趋势，8月后稳定在44元/千克；鲤价格呈阶段性波动趋势，1月价格最低6.9元/千克，2～5月价格稳中有升，6月后价格逐渐下降；鲢、鳙在1月出塘价格达到最高，2～3月价格急剧下降；鲫出塘价格在12月达到最高；小龙虾出塘价格9月达到最高41.71元/千克；南美白对虾出塘价格10月达到最高46.93元/千克。

（3）生产投入中饲料费所占比例最大，其次是固定资产折旧、苗种费和塘租，分别占生产投入的42.28%、25.61%、10.60%、7.60%。

（4）全省36个采集点淡水鱼类病害比去年相对减少，病害主要发生在7～9月。鲤、鲢病害主要是烂鳃病，河蟹主要是水霉病。

三、2019年养殖渔情预测

（1）鲤的销售价格主要是受供需关系的影响，根据近几年的价格变化情况，结合水产养殖总的形势和市场调节因素，预计2019年鲤销售价格将会逐渐回升。

（2）环保养殖的提出让不少网箱被拆除，养殖面积减少，价格自然被抬升。另外，近期一些饲料企业开始降价，一定程度上缓解了养殖户的成本压力。预计2019年草鱼价格还有上涨的可能。

（3）由于各级领导和行政主管部门的重视，渔民的质量安全意识不断提升，水产品质量也将会继续保持较高水平。

（河南省水产技术推广站）

湖北省养殖渔情分析报告

一、2018年养殖渔情分析

2018年，湖北省对10个县、市（区）的51个采集点、12个养殖品种、12 705.3亩养殖面积进行了养殖生产情况监测，从总体看，养殖者生产投入积极性较高，养殖产量比较稳定，但因养殖结构不尽合理，市场需求发生变化，大部分成鱼价格出现了不同程度地下滑，养殖比较效益降低。今后，应根据市场加大对养殖者进行养殖结构调整，合理投喂，降低过度集中养殖风险等方面的技术指导力度，提高养殖的比较效益。

1. 成鱼销售价格涨跌互现，代表品种及部分关注品种销售价格下降幅度较大 从监测品种全年监测情况看，草鱼、鲢、鳙和鲫销售价格全部下降，分别比2017年下降15.91%、19.39%、26.33%和32.85%。名优类的黄颡鱼、小龙虾、鳖等销售价格下降，分别下降18.36%、33.04%和28.11%；黄鳝、鳜、河蟹等销售价格上涨，分别上涨20.31%、16.89%和3.85%（图2-57、图2-58）。分析其原因，一是消费者选择性消费特点增强，优质优价逐步深入人心；二是过度集中养殖，如草鱼、黄颡鱼和鲫，导致供过于求，影响了出塘价格。与2017年比较，草鱼均价下降了1.83元/千克，黄颡鱼下降了3.07元/千克，鲫下降了4.07元/千克。由于这些品种的养殖技术要求不高，苗种容易获得，亩产量高。2016年湖北省发生洪涝灾害后，2017年鱼价出现快速增长，导致2018年养殖产量增长迅速，使增产不增收现象再次出现。

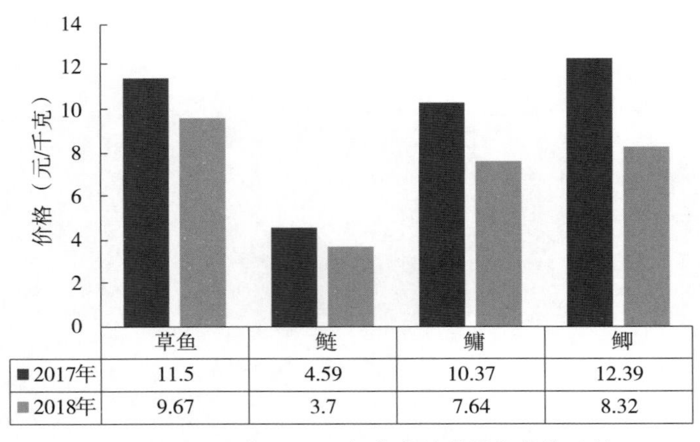

	草鱼	鲢	鳙	鲫
2017年	11.5	4.59	10.37	12.39
2018年	9.67	3.7	7.64	8.32

图2-57 2017年、2018年代表品种销售价格比较

2. 监测品种成鱼总产量下降，但单位面积产量仍较稳定 对照2017年，在有效养殖面积减少的情况下，2018年监测品种和监测点单位面积成鱼出塘量均比较稳定，全年成鱼销售产量1 456 545千克，销售收入47 388 711元（表2-19）。

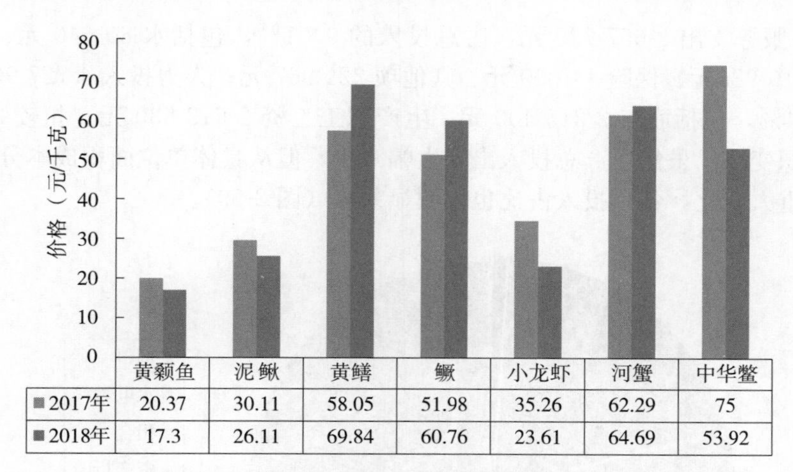

图2-58　2017年、2018年关注品种销售价格比较

表2-19　2018年各监测品种出塘量及占总产量比例

品种名称	有效面积（亩）	出塘量（千克）	亩均产（千克）	销售额（元）	单价（元/千克）	产量占比（%）
1. 常规鱼类	345	287 575	833.55	2 470 785	8.59	19.74
草鱼	345/4	208 545	604.47	2 017 590	9.67	14.31
鲢	345/4	39 425	114.28	145 740	3.70	2.71
鳙	345/4	31 205	90.45	238 305	7.64	2.14
鲫	345/4	8 400	24.35	69 150	8.23	0.58
2. 名优鱼类	1 694.4	621 805	366.98	21 756 561	34.99	42.69
黄颡鱼	72	35 819	497.48	619 630	17.30	2.46
泥鳅	1 412	443 900	314.38	11 589 400	26.11	30.48
黄鳝	92.4	100 669	1 089.49	7 031 191	69.84	6.91
鳜	118	41 417	350.99	2 516 340	60.76	2.84
3. 甲壳类	3 682.9	534 763	266.99	22 492 589	42.06	36.71
小龙虾	1 082.9	292 196	269.83	6 897 506	23.61	20.06
南美白对虾	52	7 479	143.83	387 097	51.76	0.51
河蟹	2 548	235 088	92.26	15 207 984	64.69	16.14
4. 其他类	68	12 402	182.38	668 776	53.92	0.85
中华鳖	68	12 402	183.38	668 776	53.92	0.85
合计	5 790.3	1 456 545	251.55	47 388 711	32.54	100

3. 投入有较大幅度下降，但单位面积各项投入同比无明显差异　2018年，除去苗种外，全年生产总投入29 485 180元。其中，物质投入22 099 521元，占总投入的74.95%，包括饲料11 847 407元、燃料143 113元、租金3 910 069元、固定资产折旧

389 600 元；服务支出 2 657 729 元，占总投入的 9.01%，包括水 80 640 元、电 830 137 元、防疫1 510 985元、保险 14 000 元、其他项 221 967 元；人力投入 4 727 930 元，占总投入的 16.04%，包括雇工 2 215 400 元、生产职工工资 2 512 530 元。相较 2017 年，由于监测总面积变小，虽然生产总投入出现大幅减少，但从具体单位面积成本分析，平均投入没有发生重大变化，各项投入占比也无明显差异（图 2-59）。

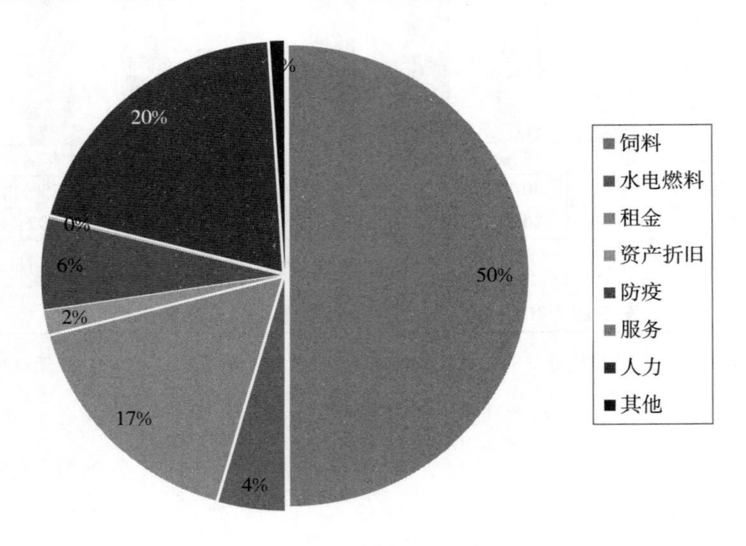

图 2-59　2018 年各项生产投入占比

4. 同一品种在相同或不同养殖模式下，养殖都会存在风险　小龙虾产业虽然热了湖北省，火了全国，但通过对湖北省小龙虾稻田和池塘养殖监测点的成本和效益分析，赢亏均有，养殖风险依然存在，其风险点主要在于养殖技术不规范、管理不到位、成本控制不佳或发生灾害损失等（表 2-20）。

表 2-20　小龙虾养殖效益分析

采集点	有效面积（亩）	总产量（千克）	总收入（元）	总投入（元）	亩产量（千克）	亩收入（元）	亩利润（元）	投入产出比
潜江市	963.9	233 558	5 420 404	1 886 870	242.3	5 623.4	3 665.9	1∶2.87
蔡甸区	24	3 024	63 504	22 213	126	2 646	1 720.5	1∶2.86
监利县	65	9 200	202 500	207 106	141.5	3 115.4	−72.4	1∶0.98
洪湖市（塘）	30	20 500	595 000	634 500	683.3	19 833.3	−1 316.7	1∶0.94

5. 部分监测品种养殖技术仍需进一步提升　湖北省水产资源丰富，水域面积较大，淡水水产品产量多年一直居全国之首。但部分监测品种水产品产量较高主要来源于天然产量，其人工养殖技术和养殖规模并不如产量那样耀眼。如泥鳅，在湖北养殖仍为起步阶段，养殖技术处于试验示范较低水平，产量和效益都不是很稳定；鄂州黄颡鱼养殖监测点，投入虽然很大，但因养殖技术没有把握好，导致成品规格不达标、成活率低，有投入无产量和效益，养殖基本不成功，这些都说明养殖技术仍需进一步提升。

6. 绿水青山就是金山银山理念需要进一步贯彻　随着养殖生态环境压力增大，鱼类养殖密度的逐步下降、养殖成本的逐步提高已为必然，在单位面积产量和效益相对降低的情况下，加大推动成鱼产品优质优价，是目前落实绿水青山就是金山银山理念、促进渔业产业发展的新动力。

二、2019 年养殖渔情预测

根据 2018 年养殖渔情监测数据，结合大规模养殖实际情况，2019 年渔业生产形势谨慎乐观。

（1）湖北省是水产大省，有着厚重的养殖历史，养殖环境较为优越，养殖氛围较为浓厚、渔民养殖经验较为丰富。在许多养殖较为发达地区，如洪湖市、监利县等，渔业仍是地方的重要经济支柱、渔民的主要经济来源，发展养殖业的基本面不会发生变化。

（2）随着社会经济发展，名优鱼类品种深受消费者喜爱，在不过度集中养殖同一品种情况下，水产效益仍是可见可观，养殖者渔业生产投入积极性基本面不会发生变化。

（3）随着绿色高质量渔业发展，政府支持渔业的鼓励政策会进一步激发，政府支持的基本面不会发生变化。

（湖北省水产技术推广总站）

湖南省养殖渔情分析报告

一、2018 年养殖渔情分析

因 2018 年全国养殖渔情信息监测工作改革后，全省监测范围有所变化，同比增加 1 个监测县，减少 16 个监测点，减少 3 个监测品种，统计指标也有所调整，所以相关数据未能与 2017 年进行全面比较。

1. 淡水鱼类出塘销售情况 2018 年，监测点淡水鱼类出塘量 4 615.16 吨，销售额 5 509.70万元，均价 11.94 元/千克。其中，草鱼出塘量 2 170.27 吨，销售额 2 019.61 万元，单价 9.31 元/千克；鲢出塘量 1 049.60 吨，销售额 559.86 万元，单价 5.33 元/千克；鳙出塘量 394.87 吨，销售额 416.76 万元，单价 10.55 元/千克；鲫出塘量 574.01 吨，销售额 564.80 万元；单价 9.84 元/千克；黄颡鱼出塘量 125.10 吨，销售量 217.43 万元，单价 17.38 元/千克；黄鳝出塘量 293.93 吨，销售额 1 655.45 万元，单价 56.32 元/千克；鳜出塘量 6.55 吨，销售额 73.20 万元，单价 111.81 元/千克；乌鳢出塘量 0.83 吨，销售额 2.59 万元，单价 31.43 元/千克。淡水甲壳类出塘量 519.78 吨，销售额 2 721.17 万元，均价 52.35 元/千克。其中，小龙虾出塘量 393.63 吨，销售额 1 622.17 万元，单价 41.21 元/千克；河蟹出塘量 126.16 吨，销售额 1 099 万元，单价 87.12 元/千克（图 2-60 至图 2-62）。

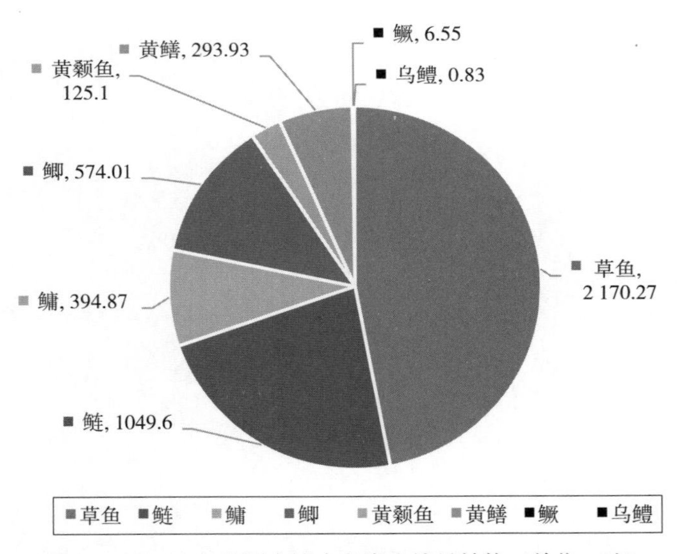

图 2-60 2018 年监测点淡水鱼类出塘量结构（单位：吨）

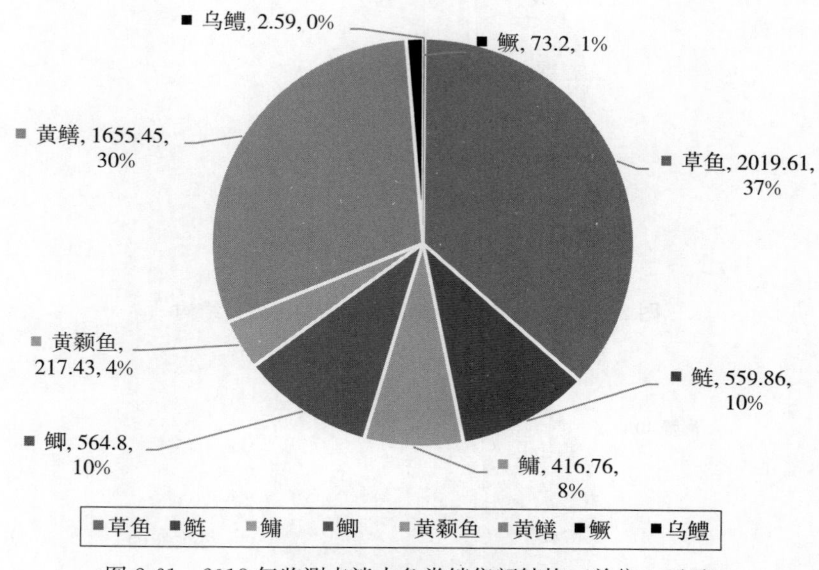

图 2-61　2018 年监测点淡水鱼类销售额结构（单位：万元）

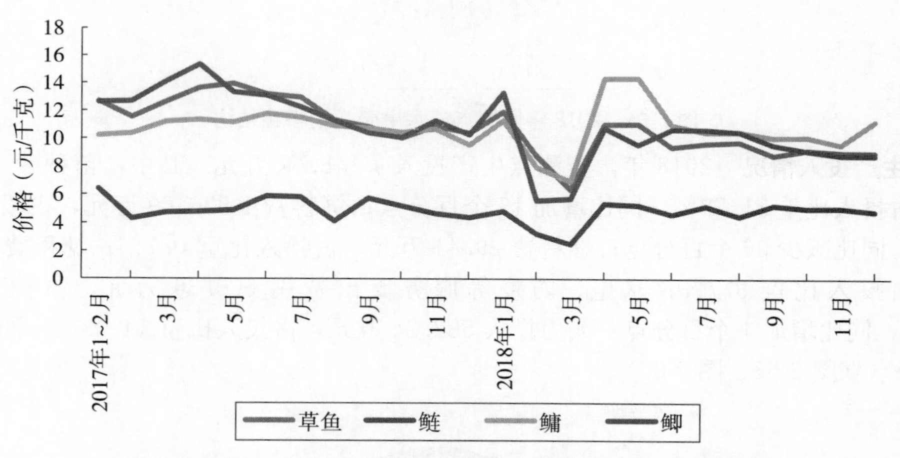

图 2-62　2017 年 1 月至 2018 年 12 月监测点淡水鱼类价格走势

2. 淡水甲壳类出塘销售情况　2018 年，监测点淡水甲壳类销售量 519.78 吨，销售额 2 721.17 万元。其中，小龙虾销售量 393.63 吨，销售额 1 622.17 万元，单价 41.21 元/千克；河蟹销售量 126.16 吨，销售额 1 099 万元，单价 87.12 元/千克（图 2-63、图 2-64）。

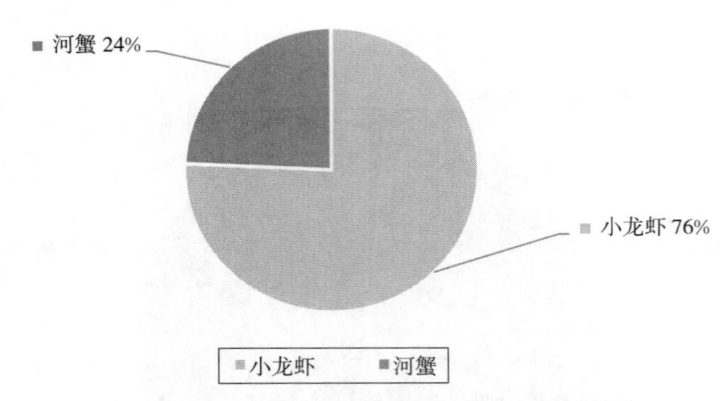

图 2-63　2018 年监测点淡水甲壳类出塘量结构

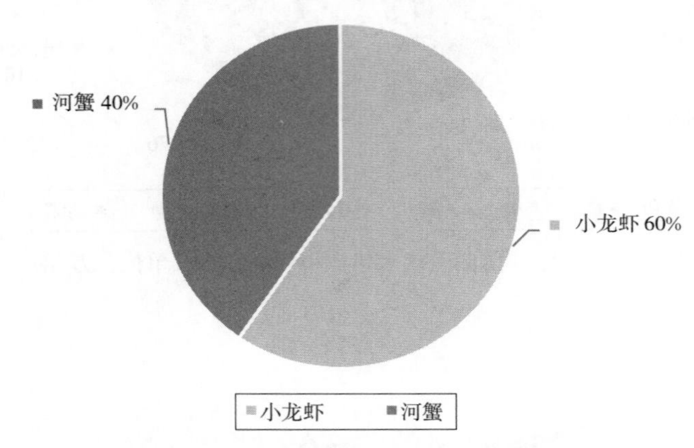

图 2-64　2018 年监测点淡水甲壳类销售额结构

3. 生产投入情况　2018 年，监测点生产投入 4 148.67 万元。其中，苗种费 1 318.3 万元，占投入比重 31.78%，同比增加 13 个百分点；饲料费 1 526.69 万元，占投入比重 36.8%，同比减少 36 个百分点；燃料费 29.41 万元，占投入比重 0.7%；塘租费 401.41 万元、占投入比重 9.7%；水电、防疫等服务支出费用 509.36 万元，占投入比重 12.28%，同比增加 4 个百分点；人力投入 582.24 万元，占投入比重 14.03%，同比增加 2 个百分点（图 2-65、图 2-66）。

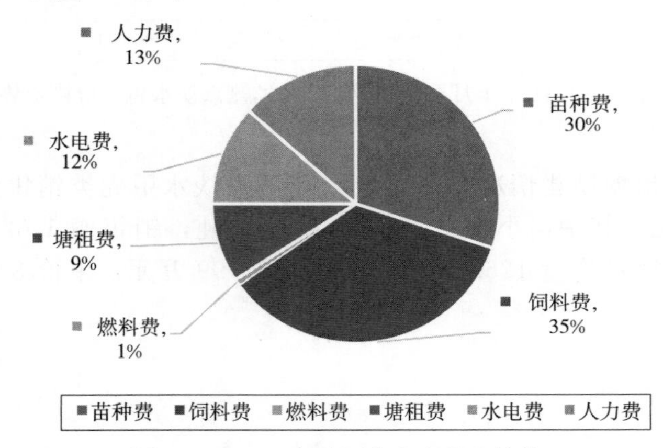

图 2-65　2018 年监测点生产投入结构

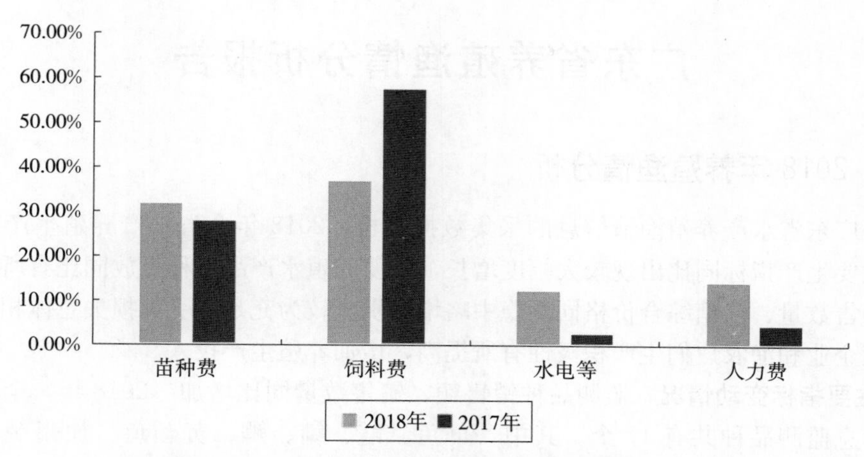

图 2-66　2017 年和 2018 年监测点生产投入对比

4. 受灾损失情况　2018 年，监测点受灾损失 35.34 吨，55.05 万元。其中，病害 34.67 吨，53.58 万元；自然灾害 0.5 吨，1.32 万元；其他灾害 0.17 吨，0.15 万元。

从 2018 年受灾损失构成来看，受灾损失比例大小依次是病害损失、自然灾害损失、其他灾害损失（表 2-21）。说明 2018 年渔业灾害损失主要还是由水产品的病害损失所致，因此，各部门和养殖单位今后要继续加强水产品病害的防控和治疗力度。

表 2-21　2018 年受灾损失构成

受灾损失		病害		自然灾害		其他灾害	
数量（吨）	金额（万元）	数量（吨）	金额（万元）	数量（吨）	金额（万元）	数量（吨）	金额（万元）
35.34	55.05	34.67	53.58	0.5	1.32	0.17	0.15

二、2019 年养殖渔情预测

预计 2019 年全省渔业经济发展态势，总体将是稳中向好。主要基于以下分析：一是产业政策暖风频吹，利好发展。2018 年中央 1 号文件《关于加快推进水产养殖业绿色发展的意见》等文件相继出台，在政策导向、资金投入和要素配置等方面为渔业可持续发展提供了坚实保障。二是结构性改革步伐加快，影响积极。全省继续推进渔业供给侧结构性改革，将制订出台养殖水域滩涂规划，水产养殖将会继续减量、提质、增效。国家实施长江流域重点水域禁捕的重大举措，同时全省禁止天然水域投肥养殖，水产品捕捞产量将会减少，这些都将利于水产品价格保持平稳。三是全产业链逐步完善，支撑有力。在环保整治、消费升级、产业扶贫等综合因素的作用下，各地力推生态健康养殖，力补加工短板，大力发展休闲渔业，注重品牌建设，在一二三产业深度融合上下工夫，推进产品增值、产业增效，推动水产品价稳中有升。

（湖南省畜牧水产技术推广站）

广东省养殖渔情分析报告

一、2018 年养殖渔情分析

根据广东省水产养殖渔情信息的采集数据分析，2018 年全省水产养殖生产总体态势良好，主要生产指标同比出现较大幅度增长，主要养殖水产品苗种投放同比有所增加；销售额、销售数量、出塘综合价格同比稳中略增，供应较为充足；受灾损失总体相对有所下降；养殖企业和渔农户们生产积极性有所提高，增加养殖生产投入。

1. 主要指标变动情况 监测品种销售额、销售数量同比增加 2018 年，全省水产养殖渔情信息监测品种共有 17 个。其中，草鱼、鲢、鳙、鲫、黄颡鱼、加州鲈、鳜、乌鳢、南美白对虾（淡水）、海水鲈、石斑鱼、卵形鲳鲹、青蟹、牡蛎、扇贝 15 个品种销售额和销售数量同比增加，其中增加幅度最大的是鳜，销售额增加 144.33%，销售数量增加 189.58%；只有罗非鱼、南美白对虾（海水）2 个品种销售额和销售数量同比减少，其中，罗非鱼销售额减少 35.58%、南美白对虾（海水）销售额减少 6.08%（表 2-22）。

表 2-22 全省渔情监测品种销售额和销售数量情况

品种	销售额（万元）				销售数量（万千克）			
	2017 年	2018 年	增减值	同比增减率（%）	2017 年	2018 年	增减值	同比增减率（%）
草鱼	268.79	386.03	117.24	43.62	22.61	32.78	10.17	44.96
鲢	17.98	24.52	6.54	36.36	3.88	4.33	0.45	11.65
鳙	89.06	131.78	42.72	47.97	9.57	12.00	2.43	25.42
鲫	73.71	76.83	3.12	4.23	5.70	5.63	−0.06	−1.11
罗非鱼	3 781.69	2 436.23	−1 345.46	−35.58	251.35	249.95	−1.40	−0.56
加州鲈	—	1 871.56	—	—	—	82.16	—	—
黄颡鱼	459.00	526.30	67.30	14.66	19.00	26.32	7.32	38.53
鳜	86.40	211.10	124.70	144.33	1.20	3.48	2.28	189.58
乌鳢	—	6 352.63	—	—	—	330.07	—	—
南美白对虾（淡水）	739.19	2 032.96	1 293.76	175.02	13.27	43.72	30.45	229.39
海水鲈	—	2 489.49	—	—	—	140.27	—	—
石斑鱼	—	2 427.38	—	—	—	31.21	—	—
卵形鲳鲹	—	2 009.98	—	—	—	72.85	—	—
南美白对虾（海水）	7 908.92	7 428.16	−480.76	−6.08	336.19	234.70	−101.50	−30.19
青蟹	1 652.20	2 276.95	624.75	37.81	8.74	10.07	1.33	15.16

（续）

品种	销售额（万元）				销售数量（万千克）			
	2017 年	2018 年	增减值	同比增减率（%）	2017 年	2018 年	增减值	同比增减率（%）
牡蛎	449.45	837.76	388.31	86.40	55.48	84.07	28.59	51.53
扇贝	—	395.57	—	—	—	96.40	—	—

2. 监测品种出塘综合价格涨跌各半　2018 年，鲢、罗非鱼、加州鲈、卵形鲳鲹、南美白对虾（海水）、青蟹、牡蛎、扇贝 8 个品种综合出塘价格同比都有上涨，涨幅在 3.18%～49.11%；草鱼、鳙、鲫、黄颡鱼、鳜、南美白对虾（淡水）、海水鲈、石斑鱼 8 个品种综合出塘价格稍有下跌，跌幅在 3.46%～17.07%（表 2-23）。

表 2-23　全省渔情监测品种综合出塘价格

养殖品种	综合出塘价格（元/千克）			
	2017 年	2018 年	增减值	同比增减率（%）
草鱼	14.94	12.39	−2.55	−17.0
鲢	4.84	5.8	0.96	19.83
鳙	11.52	10.97	−0.55	−4.77
鲫	13.88	13.4	−0.48	−3.46
罗非鱼	9.42	9.72	0.3	3.18
黄颡鱼	20.08	17.46	−2.62	−13.05
加州鲈	21.12	24.61	3.49	16.52
鳜	72	62.39	−9.61	−13.35
乌鳢	—	19.58	—	—
南美白对虾（淡水）	53.38	49.9	−3.48	−6.52
海水鲈	24.36	20.58	−3.78	−15.52
石斑鱼	79.18	73.93	−5.25	−6.63
卵形鲳鲹	19.04	28.39	9.35	49.11
南美白对虾（海水）	35.48	40.35	4.87	13.73
青蟹	145.78	216.6	70.82	48.58
牡蛎	8.44	10.75	2.31	27.37
扇贝	3.92	4.17	0.25	6.38

3. 养殖生产投入同比大幅增加　2018 年，全省渔情监测采集点生产投入 24 750.96 万元，同比增加 113%。其中，物质投入 19 631.76 万元，同比增加 145%，占生产投入 79.32%；服务支出 2 253.71 万元，同比增加 40%，占生产投入 9.10%；人力投入 2 865.48万元，同比增加 44%，占生产投入 11.58%（表 2-24）。

表 2-24　全省渔情监测品种生产投入情况

指标	金额（万元）			
	2017年	2018年	增减值	同比增减率（%）
一、物质投入	8 013.23	19 631.76	11 618.54	145
1. 苗种	1 120.99	2 833.74	1 712.75	153
2. 饲料	5 063.78	13 957.40	8 893.62	176
原料性饲料	412.33	1 400.65	988.32	240
配合饲料	4 622.22	12 490.85	7 868.63	170
其他	29.23	52.70	23.47	80
3. 燃料	7.27	146.63	139.36	1 917
柴油	3.54	77.60	74.06	2 093
其他	3.73	69.04	65.31	1 750
4. 塘租费	1 785.15	2 676.50	891.35	50
5. 固定资产折旧	36.04	17.49	－18.55	－51
二、服务支出	1 606.64	2 253.71	647.07	40
1. 电费	776.65	1 427.86	651.22	84
2. 水费	5.46	40.08	34.62	634
3. 防疫费	200.76	334.19	133.43	66
4. 保险费	27.50	30.18	2.68	10
5. 其他费用	596.27	421.39	－174.89	－29
三、人力投入	1 991.17	2 865.48	874.31	44
1. 雇工	407.57	734.47	326.91	80
2. 本户（单位）人员	1 583.61	2 131.01	547.41	35

4. 生产损失同比增加　2018年，全省养殖渔情监测采集点水产养殖次生灾害多发且损失严重，以病害和其他灾害为主。其中，病害造成经济损失345.11万元，同比增加10%；而原生的自然灾害造成的经济损失只有48.08万元，同比减少81%（表2-25）。

表 2-25　全省渔情监测品种生产损失情况

损失种类	2017年	2018年	同比增减率（%）
病害（万元）	315.00	345.11	10
自然灾害（万元）	250.05	48.08	－81

二、特点和特情分析

1. 传统大宗养殖品种生产正常且市场经营稳健　主要是指以草鱼为代表，其他如鲢、鳙以及鲫等品种，它们是水产尤其是淡水池塘养殖的基础，可以进行单一品种投喂饲料精养，也可以作为混养品种。如在养殖加州鲈、鳜、乌鳢等名特优品种过程中，搭配养殖一定比例的鲢、鳙和鲫可以获得调节水质、调养水体以及改良养殖池塘底部环境的作用。尤其是鲫，它通过其食性能够打破水土之间的淤泥界面，激发水体负荷和土壤承载。这一点在2018年渔情采集数据中表现得十分充分，不论是销售金额、数量还是出塘综合价格都表现得十分稳健，而且该类养殖品种的成本投入也是稳中有升。因为该类品种养殖面积大、产量高、影响广，该运行状况给予整个渔业健康稳定运行以有力的支撑。

2. 名特优品种养殖生产和市场经营量大幅增加　主要是指淡水养殖的加州鲈、鳜、乌鳢、黄颡鱼，海水养殖的海鲈、石斑鱼以及咸淡水养殖的卵形鲳鲹、青蟹等。首先，它们的养殖是随着改革开放和社会经济发展尤其是人们生活水平提高，满足人们由吃得饱到吃得好而发展起来的；其次，它们是建立在传统大宗养殖品种基础上的转型升级，尤其是技术创新，继承传统养殖技术模式中最具生命力的部分，集成了大量现代科技成果及其技术，代表着渔业发展方向和趋势。这一点在2018年渔情采集数据中也表现得淋漓尽致，如在销售额和销售数量同比增加的5个品种中，增加幅度最大的是鳜，销售额增加144.33％，销售数量增加189.58％。

3. 开发型和创汇型水产品种市场运行波动剧烈　主要是指以罗非鱼、南美白对虾以及牡蛎、扇贝等养殖品种。其中，罗非鱼、南美白对虾是引进的外来品种，是内涵式开发型渔业的主导品种。它们的成功驯化和本土化，丰富了广东省水产养殖品种，尤其是构建起一个原种保有、良种选育和苗种繁育体系，直接推动了该类品种的养殖生产，它是质量上的提高；而牡蛎、扇贝等养殖品种则是外延式开发型渔业的代表，它开发利用的是原种以及浅海滩涂资源，它是在数量上的增加。不论是内涵式还是外延式品种养殖，都是以市场供求为导向的商品养殖，尤其是像罗非鱼和南美白对虾拥有国内和国际两大市场。其中，国际市场占主导，而造成该市场波动因素多、波动大。该波动就会传导给该类品种的养殖生产和市场经营上，而且还会得到放大。根据2018年的渔情采集数据，该类品种市场运行波动较大，像罗非鱼、南美白对虾（海水）2个品种销售额和销售量同比减少。其中，罗非鱼销售额减少35.58％、南美白对虾（海水）销售额减少6.08％。

三、2019年养殖渔情预测

根据水产养殖渔情信息的采集数据分析，预测2019年水产养殖渔情走势稳步增长。传统大宗养殖品种、名特优新品种品种还是开发型和创汇型水产养殖品种，三大类品种不论是养殖生产还是市场经营将依然呈现出积极稳健和健康可持续发展的特点。在该过程中，技术创新依然是主流和趋势，人们将在市场供求引导下在两大专业领域推进。一是以工厂化养殖为中心，向工厂化、园区化转型；二是开展养殖基础设施功能化、生态化和景观化改造，推进水产养殖向休闲化升级。

（广东省海洋与渔业技术推广总站）

广西壮族自治区养殖渔情分析报告

一、渔情特点及分析

1. 总体形势特点 根据广西养殖渔情监测系统数据及延伸调查资料显示，2018 年全区水产养殖生产形势特点是：全区水产养殖总体波动较大。由于受到大量网箱养殖鱼类集中上市的影响，市场交易整体活跃，价格上扬，出塘量、出塘收入同比剧增，但局部地区水产品受到鱼贩压价的现象非常严重。池塘养殖户看到未来的养殖利润空间，投苗投种的养殖积极性增高，投苗投种量有所增加，池塘养殖效益一般。但同时也还存在着养殖空间逐渐萎缩、生产成本逐年增加、苗种供应不足、养殖利润空间趋于缩小、抗风险能力不强、疫病防控压力大等问题。建议及时调整品种结构和养殖模式，利用生态养殖技术，促进养殖增长方式由数量增长型向质量效益型转变。重视现代水产种业的发展和病害防控体系建设。加快推进政策性保险制度建设，增强产业抗风险能力。

2. 各项生产指标变动情况

（1）水产品出塘量、出塘收入同比增加　由于水产品市场价格上扬，导致采集点的出塘量 12 053 吨，同比增加 54%，出塘收入 22 645 万元，同比增加 98%。

（2）养殖户投苗投种积极性同比增加　采集点投放苗种 5 172 万元，同比增加 53%，其中，投苗费用 45 291 万元，投种费用 880 万元。

（3）生产成本提升，生产投入同比增加　采集点生产总投入 13 263 万元，同比增加 29%。其中，饲料费用 6 172 万元，同比增加 18%；人员工资 918 万元，同比增加 8%。

（4）生产损失同比减少　主要是病害和灾害造成的损失。其中，数量损失 37 吨，同比减少 79%，经济损失 41 万元，同比减少 80%。

（5）生产效益情况　2018 年，全区采集点生产投入 13 263 万元，总产出 22 645 万元，病害、灾害损失 78 万元，投入产出比约为 1∶1.68。按采集点淡水池塘养殖情况来计算，目前广西池塘的综合平均放养密度亩产草鱼 1 250 千克、鳙 150 千克、鲢 50 千克、鲫 150 千克等来计算利润，利润约为 5 000 元。

3. 分品种表现

（1）大宗淡水鱼类　由于受网箱限时拆除、鱼类集中上市、鱼贩压价的影响，大宗淡水鱼类价格持续下跌。造成池塘养殖的“四大家鱼”出塘量、出塘收入、种苗放养均同比下跌，养殖户惜售心理严重，憧憬和期待这波冲击过后鱼价能高企。全区淡水大宗鱼类均价 10.3 元/千克，比上年同期 10.80 元/千克下跌 0.5 元/千克，同比减少 5%。其中，草鱼 8.2 元/千克，同比减少 47%；鳙 6.32 元/千克，同比减少 22%，鲢 4.1 元/千克，同比减少 23%，鲫 10.31 元/千克，同比减少 26%。同时，受到洪灾的影响，养殖形势比较严峻。

（2）淡水名特优鱼类　广西淡水名特优品种养殖方式大部分是网箱养殖，由于受到网箱拆除的影响，出塘量大幅提升，但价格却整体走弱，品种跌多涨少。广西是全国罗非鱼三大产地之一，2018 年广西罗非鱼行情是整体略有回暖，但价位仍属于在低位徘徊，以内销为主的地区罗非鱼价格比较稳定，如南宁10元/千克（规格0.6千克/尾），以出口为主的罗非鱼受国际形势影响大，前景不明，走加工厂的罗非鱼8.4元/千克（规格0.5千克/尾）。分析原因：一是由于塘租、饲料等投入品价格不断上涨，养殖成本不断上升；二是罗非鱼出口压力大，特别是受到降低关税的影响，罗非鱼价格下跌；三是许多罗非鱼加工厂用其他品种（如巴沙鱼、虾类）来代替罗非鱼，以期维持加工厂正常运转。其他名特优品种，如加州鲈22～24元/千克，同比持平；斑点叉尾鮰12元千克（规格1～1.5千克/尾），同比增加20%；黄颡鱼20元/千克（规格7寸以上），同比稍降；鳜62元/千克（统货），同比增加15%。由于受到饵料鱼紧缺和行情影响，鳜价格大起大落，1～3月迅速飙升80元/千克，4～5月又急速下跌到65元/千克，6月又反弹到73元/千克，9月又跌至62元/千克，一直保持到12月。

（3）海水鱼类金鲳鱼　由于只采集金鲳鱼这个品种，故以此品种为代表分析。2018年金鲳鱼养殖总体情况是上半年触底反弹，价格大幅飙升，涨势喜人；下半年开始鱼价持续平稳，总体形势好于去年。广西的金鲳鱼养殖主要分布在北海、钦州、防城港市3个区域。主要养殖方式有网箱养殖和池塘养殖。其中，网箱养殖集中在北海的铁山港、龙门港、钦州市的钦州港和防城港市白龙村一带，目前铁山港已成为广西最大的金鲳鱼养殖基地。由于去年整年金鲳鱼病害的原因，养殖户亏损严重，2018年年初，随着禁渔期开始，野生水产品捕捞量下降、其他养殖品种上市量减少等因素影响，金鲳鱼需求量增加，价格终于出现回暖。1～3月铁山港区金鲳鱼达到上市规格的存活量约1 000～2 000吨，价格坚挺，0.5千克/尾规格活鲜价格为26.4元/千克，同比增加8%；冰鲜价格为24.2元/千克，同比增加8%。6月成品存塘鱼已不足100吨，0.5千克/尾规格活鲜价格达32元/千克；而冰鲜价格则30元/千克，价格已经连续6个月上涨，同比涨幅达20%。7～9月冰鲜价有所下跌，但还是保持在22～24元/千克，养殖户有利可图，养殖形势优于前两年。2018年金鲳鱼养殖户已没有往年的疯狂，对投苗更加冷静理性，投苗量将比上年要明显下降。除了考虑到病害、台风天灾等因素外，饲料价格上涨是当前最大压力。高投入、高风险、没有高效益，可以用“稀薄”来形容金鲳鱼养殖行业，许多原来养殖金鲳鱼的养殖户也纷纷转养其他品种，量变导致价变，这是2018年养殖金鲳鱼行情回暖的主要原因。

（4）虾类　2018年对虾养殖总体表现为约有50%左右养殖户盈利，20%养殖户保本，亏损的养殖户约占30%。但受虾价下跌的影响，利润水平总体不高。虾苗价格同比持平，单价180～220元/万尾不等。2018年对虾投苗量总体减少了20%左右。早造、中造虾不尽如人意，普遍成功率在20%～30%。钦州、防城港等地早造虾养殖的成功率超过30%，中造回落到20%左右；北海地区，由于早造虾放苗较早，年初低温时间较长，整体养殖成功率仅15%。随着中造虾部分养殖户改用高抗力苗种，成功率小幅上升至20%～30%。相比去年同期，6、7月上市的早造虾，规格在35～60只头的，价格比去年同期下降约10元/千克，售价在24～36元/千克；中晚造虾9月中旬后陆续上市，以50～100只头的小规格居多。受市场供需影响，虾价开始上涨，年末追平去年均价，40只头规格出售价格在50元/千克左右。

（5）贝类　市场需求总体旺盛，价格稳中略涨。随着市场认可度和居民收入水平的不断提高，文蛤、牡蛎等贝类市场呈现出总体需求旺盛的态势，无论是苗种价格还是成品价格都呈现出不同程度的上涨态势，农户、经销商等生产经营主体积极性较高。以牡蛎为代表，由于受气候条件、过度养殖等影响，钦州市茅尾海天然采苗数量连续多年大幅减少。2018年牡蛎采苗总量在5 000万串左右，比2017年同期减少约37.5%，比2016年减少约58.3%。因此，不同规格的牡蛎苗价格比去年同期升高1元/串，供需两旺。优质牡蛎塘边价12.4元/千克，中等牡蛎塘边价9.4元/千克，同比增加15%。由于养殖效益可观，最近几年越来越多有实力的养殖户都选择投资牡蛎养殖。但2018年9月在钦州港保税区至三墩海域约13平方千米的养殖牡蛎发生大面积死亡事件，据国家贝类产业技术研发中心调查，该海域约有362张蚝排出现牡蛎死亡，78.4%蚝排牡蛎死亡率达80%，预计损失达1.2亿元。牡蛎死亡原因是由于赤潮生物大量繁殖及生消过程产生毒素造成的，海水富营养化是赤潮暴发的主要原因。有关纸业企业废水泄露，加剧了养殖海区富营养化程度。此事件对广西下半年后几个月的牡蛎行情影响较大，目前没有事件影响的养殖户已经产生惜售心理，不肯出货，待价而沽，预计未来一段时间牡蛎将会有一轮新的涨幅。

（6）龟鳖类　龟鳖产业目前形势是鳖产业稳定上扬，而龟产业则是继续探底企稳。鳖产业由于前几年来价格一路下跌，而饲料费、人员工资、基础设施、水域租金等却不断上涨，导致放养面积和苗种投放大幅减少，养殖规模不断缩小。2018年随着浙江、江苏等地养鳖温室大棚因环保问题而纷纷拆除后，苗种及成品鳖的价格均大幅上扬，其中，苗种价格由2元/只上涨到5元/只，同比增加150%；成品黄沙鳖价格由90元/千克上涨到130元/千克，同比增加44%；成品中华鳖由30元/千克上涨到45元/千克，同比增加50%。据不完全统计，全区鳖苗产量80吨、800万只，投苗量同比增加50%。龟产业中普通食用龟如草龟、鳄龟、花龟、红耳龟、火焰龟，由于前几年价格长期低迷，养殖量也大幅减少，市场供求发生变化，价格大幅回升。如本地草龟温室养殖的商品龟达70元/千克以上，外塘养殖规格750克/尾以上的160元/千克，同比增加10%。高档宠物名龟近年来除了金钱龟保持价格没有大幅下跌外，其他品种如广西拟水龟、黄喉拟水龟、黑颈乌龟等都呈逐年大幅下跌的趋势。其中，代表品种广西拟水龟2018年开盘价为30元/个，而上年同期为70元/个，同比减少57%；2龄龟种120元/只，3龄成品龟400元/千克，4龄种龟700元/千克，同比减少30%。

（7）冷水性鱼类　2018年，桂北地区养殖的冷水性鱼类全年总体生产形势稳定，苗种投放量同比上升，商品鱼出塘量明显增加。品种以鲟为主，其次为金鳟、红点鲑等。调研点22个，总面积达7万米^2，年养殖产量800吨，产值2 920万元。鲟2018年死亡率较高，主要原因是因为夏季水温过高引起，死亡率约26%，直接经济损失140多万元。鲟主要依靠走外贸，出口量约占总产量的80%。2018年外贸出口量稳定，价格平稳，但出口鱼类要求个体大，鲟要求个体在2.5～5千克，养殖周期长，资金回笼慢。鲟的价格28～30元/千克，近两年仍在低位徘徊；金鳟鱼平均价格48.3元/千克、红点鲑平均价格70元/千克，价格较为稳定，还有一定的利润空间。

二、2019年养殖渔情预测

1. 大宗淡水鱼类　随着环保治理、“河长制”等强力实施，部分水源保护区的水库、河流等列入禁养区，大量网箱拆除，尤其是百色、河池、梧州等以网箱养殖为主地区的草鱼、鲤等大宗淡水鱼类养殖量大幅下降，预计随着这一批集中上市的网箱鱼在市场上消化完备后，全区淡水鱼产品价格快速上扬的可能性会进一步增加，甚至部分地区涨幅会较大。

2. 淡水名优鱼类 受大宗淡水鱼价格预计上涨以及猪瘟的威胁、猪肉消费萎缩的影响，预计淡水名优鱼类价格总体也将呈上涨态势，但是不同品种间将会有所差异。如由于罗非鱼存塘率少，预计加工厂为抢购货源可能会采取提价收购策略，进而导致鱼价上涨；受广东省鱼市影响，预计部分名特优鱼类产品将触底反弹。如斑点叉尾鮰去年行情低迷，养殖户2018年投苗不多，存塘量急剧下降，而现今市场（烤鱼等）需求旺盛，鱼价预计会大幅上扬。

3. 金鲳鱼 由于前二年受海水小瓜虫的影响，养殖形势较差，养殖户普遍赚不到钱，相应降低养殖量，成鱼存塘率下降，市场将由供过于求转为供不应求。随着现代养殖技术的兴起，深水抗风浪网箱开始用于养殖金鲳鱼，养殖区域不再局限于库湾，政府还通过资金和政策不断引导养殖户逐渐把金鲳鱼养殖产业向外海转移，使其能进一步获得发展的空间，预计后期价量波动上涨的可能性大大增加。

4. 南美白对虾 由于新的养殖技术和养殖模式不断出现，露天养殖、冬棚养殖、工厂化养殖齐头并进，新的产业链有效供给将形成，未来的虾价将变得更加稳定，季节性差价将越来越小。而一些拥有自己核心选育技术，真心为虾产业着想的虾苗企业正在逐步形成和成熟，未来成品虾养殖将出现两极分化的格局：散养的更散、精养的更精，将走向更系统的养殖管控模式。未来规格在50～80头的中虾和规格在20～25头的大虾将成为市场的主力，这也预示新的养殖模式和利益观念的改变。

5. 牡蛎 牡蛎由于市场需求持续旺盛，预计未来商品牡蛎将继续保持稳定上涨的态势。

6. 龟鳖类 鳖类市场行情继续呈现良好的发展态势；而龟类的行情则还需要一个继续在底部缓慢消化、调节、企稳的过程。

7. 冷水性鱼类 冷水鱼类内地市场逐步趋于饱和迹象，需要打破目前销售局面，依赖外贸出口是必由之路。同时，要做好市场预测、调整规划，与常规品种交错上市。预计未来冷水鱼类继续保持稳定局面。

（广西壮族自治区水产技术推广总站）

海南省养殖渔情分析报告

一、采集点基本情况

2018 年，海南省根据全国水产技术推广总站养殖渔情监测品种及布点要求，从原来的 5 个采集县增加到 15 个。监测品种和往年不同，采集点也相应地做出调整，设置点达到了 35 个。

2018 年，海南省养殖渔情信息采集新设置的采集县，分别是定安县、澄迈县、屯昌县、保亭县、白沙县、琼中县、海口市、文昌市、琼海市、乐东县、儋州市、万宁市、临高县、陵水县和三亚市共 15 个县（市、区），相应更换设置了 35 个采集点，采集面积 17 524 亩。其中，海、淡水养殖采集县各有 9 个，采集点分别是淡水 22 个、海水 13 个；海、淡水养殖的采集面积分别为 7 865 亩和 9 659 亩；采集的养殖品种主要有海水鱼类卵形鲳鲹（金鲳鱼）、石斑鱼，虾蟹类有南美白对虾、青蟹，大宗淡水鱼类鲢、鳙、鲫，淡水名特优鱼罗非鱼和淡水的南美白对虾。养殖方式以池塘养殖和网箱养殖为主。面对新形势、新任务，对出现的问题也同样不可忽视，现根据全省 15 个采集县（市、区）、35 个采集点 1～12 月渔情采集数据，结合调研情况，主要对 2018 年养殖渔情信息采集主要指标变动情况分析如下。

1. 主要指标变动情况

（1）生产和销售情况　2018 年，全省水产养殖渔情信息采集点出塘量 18 976.92 吨，销售量 18 089.60 吨，销售收入 31 081.66 万元（表 2-26）。

表 2-26　全省渔情采集点水产品出塘量、销售量和销售收入情况

监测类型	监测品种	一、生产与销售		
		出塘量（吨）	销售情况（合计）	
			销售数量（吨）	收入金额（万元）
关注品	罗非鱼	6 170.63	5 737.96	4 605.42
关注品	南美白对虾（海水）	28.15	27.62	98.81
关注品	南美白对虾（淡水）	17.99	17.84	68.76
监测品	鲫	24.02	23.25	423.73
监测品	鲢	38.27	36.44	20.08
监测品	鳙	72.39	72.37	61.92
监测品	卵形鲳鲹	12 424	11 973.5	23 602.1
监测品	石斑鱼	126.41	125.54	1 696.04
监测品	青蟹	75	75	886.16
合计		18 976.86	18 089.52	31 463.02

（2）出塘综合价格　2018 年，全省淡水鱼、虾类综合出塘价格分别为 8.10 元/千克、39 元/千克；海水鱼类、南美白对虾和青蟹综合出塘单价分别为 42.85 元/千克、37.87 元/千克和 145 元/千克。

从图 2-67 至图 2-69 可看出，大宗淡水鲫出塘单价波动较大，主要是因为品种的原因。全省鲫采集点有 3 个，其中，琼中县金掌这个采集点主要是养殖本土品种“银鲫鱼”，该品种相对其他采集点养殖的外来品种价格略高 20 元/千克；虾蟹类价格波动较大的是青蟹，1～5 月价格比较可观，清明节过后慢慢回落，主要的原因是生长慢、产量低，8 月中秋节开始价格又开始有所回升，11～12 月又开始走低，原因是冬天气温下降、生长更加缓慢导致；海水养殖石斑鱼价格波动较大，原因是春节前后销售量较大，价格较高，平均 270 元/千克；销售以东星斑为主，春节过后销售量略又有所下降，260 元/千克。

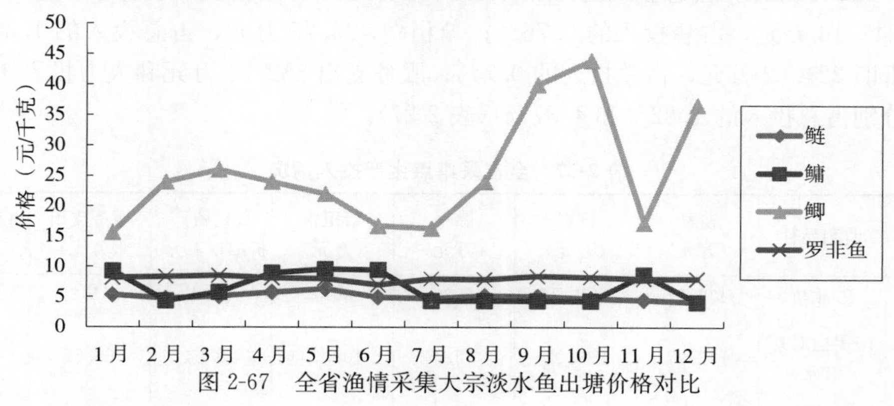

图 2-67　全省渔情采集大宗淡水鱼出塘价格对比

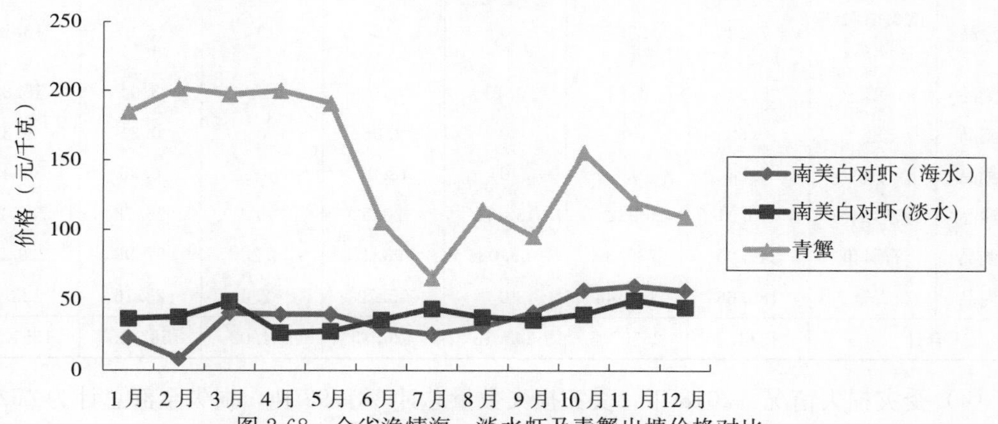

图 2-68　全省渔情海、淡水虾及青蟹出塘价格对比

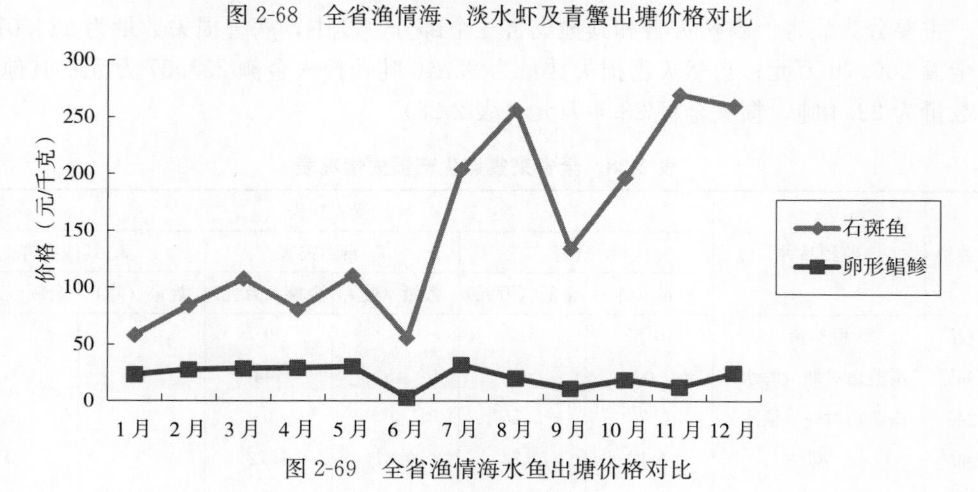

图 2-69　全省渔情海水鱼出塘价格对比

由于寒潮的影响，对鱼苗有所影响，但总体情况较稳定，应继续做好鱼苗病害预防措施。6月时因水温不适合，导致生长不好，损失较大，销售情况比较低迷。1月天气冷未投苗种，石斑鱼价格不是很好，养殖户出售意愿不强。

（3）养殖生产投入　2018年，全省渔情采集占生产总投入的31 854.83万元。其中，苗种费1 314.7万元，占总投入的4.16%；饲料费26 502.5万元，占总投入的83.91%；燃料费243.16万元，占总投入的0.76%；塘租费436.75万元，占总投入的1.37%；固定资产折旧224.02万元，占总投入的0.7%；服务支出582.55万元和人力投入1 551.15万元，分别占总投入的1.82%和4.87%（表2-27）。

表2-27　全省采集点生产投入情况

监测类型	监测品种	苗种（万元）	饲料（万元）	燃料（万元）	塘租费（万元）	固定资产折旧（万元）	服务支出（万元）	人力投入（万元）
关注品	罗非鱼	179.77	4425.45	2.76	49.2	74.4	315.72	317.68
关注品	南美白对虾（海水）	173.27	233.91	15.4	108.03	78.94	69.57	85.16
关注品	南美白对虾（淡水）	7.22	28.7	0	18	0	15.67	13.14
监测品	鲫	5.84	4.61	0.13	51	0	3.04	15.85
监测品	鲢	0.62	0	0	2.85	0	0.31	9.3
监测品	鳙	5.26	0.3	0	18.05	0	0.36	33.48
监测品	卵形鲳鲹	510.01	20 932.7	155.79	20.5	0	56.73	738.25
监测品	石斑鱼	246.05	735.39	69.08	93.4	8.28	97.99	209.59
监测品	青蟹	186.66	141.44	0	75.72	62.4	23.16	128.7
合计		1314.7	26502.5	243.16	436.75	224.02	582.55	1551.15

（4）受灾损失情况　2018年，受灾损失数量总计331.93吨，损失金额总计为462.76万元。主要分为病害、自然灾害和其他灾害三个部分。其中，病害损失数量为224.07吨，损失金额200.79万元；自然灾害损失数量为85.46吨，损失金额233.57万元；其他灾害损失数量为22.4吨，损失金额28.4万元（表2-28）。

表2-28　全省采集点生产损失情况表

监测类型	监测品种	受灾损失					
		1. 病害		2. 自然灾害		3. 其他灾害	
		数量（吨）	金额（万元）	数量（吨）	金额（万元）	数量（吨）	金额（万元）
关注品	罗非鱼	10.82	6.7	0	0	0	0
关注品	南美白对虾（海水）	0	0	45	144	0	0
关注品	南美白对虾（淡水）	0.28	0.55	0	0	0	0
监测品	鲫	4.16	0.34	0.81	1.72	0	0
监测品	鲢	0.11	0.04	0	0	0.1	0

（续）

监测类型	监测品种	受灾损失					
		1. 病害		2. 自然灾害		3. 其他灾害	
		数量（吨）	金额（万元）	数量（吨）	金额（万元）	数量（吨）	金额（万元）
监测品	鳙	0.16	0.06	0	0	0	0
监测品	卵形鲳鲹	199.55	101.56	30	36	22	26.4
监测品	石斑鱼	2.39	45.34	0	0	0.3	2
监测品	青蟹	6.6	46.2	9.65	51.85	0	0
合计		224.07	200.79	85.46	233.57	22.4	28.4

由此可见，影响较大的是病害造成的损失，损失数量占比为67.51%，损失金额占比为43.22%。尤其是深水网箱养殖卵形鲳鲹，损失数量为199.55吨，损失金额为101.56万元。主要原因为海水小瓜虫（刺激隐核虫）引发，正好遇到台风过后，养殖区域水体环境不稳定，养殖鱼类免疫力进一步下降，应激性增强，耗氧量加大，病情加重，最终表现为缺氧死亡。对于罗非鱼，2018年的损失除自然灾害外，大多也是由病害造成的损失，损失数量为10.82吨，损失金额为6.7万元。2018年罗非鱼的生产损失，与去年同比明显减少。

2. 特点特情分析

（1）海水鱼类　2018年，石斑鱼养殖过程中病害有所增加，养殖难度增大，成活率大概有4成，相比上年同期低2～3成。入冬以来，养殖情况整体还算可以，但随着气温下降，有个别鱼塘吃料减少明显，有些死鱼的现象。现阶段，珍珠龙胆石斑鱼整体存塘规格均比往年偏小，主要集中在只有0.4～0.5千克/尾，也有部分规格达到1～2千克/尾。规格为0.5～0.8千克/尾的珍珠龙胆石斑鱼价格为66～68元/千克，规格为1～1.5千克/尾的价格为40～42元/千克，规格为1.5～2千克/尾的价格为50元/千克，呈平稳状态。卵形鲳鲹养殖密度比较高，生产速度快，2018年主要是受小瓜虫病害的影响，损失比较严重。

（2）虾蟹类　南美白对虾海、淡水养殖面积1 513亩。2018年7月，主要是因为政府部门要求停止海水兑淡水养殖模式，养殖面积逐步减少。虾苗质量偏差，生长速度缓慢，这是2018年对虾养殖遭遇最大的问题，造成养殖成本增加。病害日趋严重，养殖风险加大。青蟹养殖产量和往年持平，生产情况比较平稳。

（3）淡水鱼类　罗非鱼养殖面积正在逐年下降。2018年，养殖面积约3 440亩，塘口价稳定在7.6～8元/千克（每条0.5千克以上），每千克鱼成本约7元，苗种成本为0.1～0.15元/尾，优良苗种不易购买。由于近两年罗非鱼饲料厂家控制要求，饲料回款率较高，饲料经销商也不赊料给养殖户，导致很多小农户无本投苗。淡水养殖鲢、鳙大多是混养模式，鲫养殖价格比较稳定。2018年主要是遭遇大雨、水灾引起的山洪，淹没池塘造成损失。病害方面主要是高温引发的车轮虫，但经及时处理，并没有出现大面积暴发现象。

二、2019 年养殖渔情预测

（1）2019 年全省采集点水产养殖面积及投放量有一定幅度的增长，预计全省 2019 年渔业产量将出现上升的趋势。但水产品总体价格会出现下滑，石斑鱼成品鱼价格会回到 2016 年的出塘单价 46 元/千克左右。在政府“一带一路”政策影响下，东南亚海、淡水鱼类养殖业大量流入，形成水产品供过于求，进入相对低迷状态。

（2）海、淡水苗种、商品鱼价格将会呈现下降状态，养殖效益不容乐观，同时，恶劣气候条件也会加大病害发生的风险。

（海南省海洋与渔业科学院）

四川省养殖渔情分析报告

一、生产情况

1. 采集点面积组成 27个养殖渔情采集点共3 605亩，但由于部分品种为混养，实际采集品种累积面积为4 150亩，具体组成如表2-29。

表2-29 分品种采集面积统计

品种	鲫	草鱼	鲤	加州鲈	黄颡鱼	泥鳅	鲢	鳙	鲑鳟	合计（亩）
采集面积（亩）	275	528	296	373	290	110	1 050	1 050	178	4 150

2. 销售情况 采集点全年总销售量1 107.9吨，销售额2 118万元，分品种销售量和全年综合单价见表2-30。

表2-30 分品种销售情况统计

品种名称	出塘量（千克）	销售额（元）	单价（元/千克）	亩均销售额（元/亩）
草鱼	123 182	1 313 031	10.66	2 486.80
鲢	89 050	512 500	5.76	488.10
鳙	53 850	648 850	12.05	617.95
鲤	22 005	289 710	13.17	978.75
鲫	36 810	626 930	17.03	2 279.75
黄颡鱼	302 000	5 459 700	18.08	18 826.55
泥鳅	99 300	1 776 160	17.89	16 146.91
加州鲈	89 960	3 070 870	34.14	8 232.90
鲑鳟	291 742	7 482 361	25.64	42 035.74
合计	1 107 899	21 180 112	19.12	5 875.20

重点关注品种中，加州鲈全年平均单价最高，34.14元/千克，重点关注品种全年综合单价1～2月、9月相对较高（表2-31，图2-70）。

表2-31 重点关注品种销售情况统计

月份	黄颡鱼		泥鳅		加州鲈		鲑鳟		合计		综合单价（元/千克）
	销售量（千克）	销售额（元）	销售量（千克）	销售额（元）	销售量（千克）	销售额（元）	销售量（千克）	销售额（元）	销售量（千克）	销售额（元）	
1月	0	0	0	0	120	3 360	13 280	372 089	13 400	375 449	28.02

（续）

月份	黄颡鱼		泥鳅		加州鲈		鲑鳟		合计		综合单价（元/千克）
	销售量（千克）	销售额（元）	销售量（千克）	销售额（元）	销售量（千克）	销售额（元）	销售量（千克）	销售额（元）	销售量（千克）	销售额（元）	
2月	0	0	0	0	0	0	19 764	554 222	19 764	554 222	28.04
3月	0	0	0	0	0	0	31 216	465 807	31 216	465 807	14.92
4月	16 000	304 000	7 500	150 000	2 770	77 560	12 542	382 737	38 812	914 297	23.56
5月	17 700	324 200	8 900	213 600	4 160	68 040	19 864	540 708	50 624	1 146 548	22.65
6月	18 100	302 800	9 000	180 000	5 900	221 800	21 610	648 907	54 610	1 353 507	24.78
7月	85 100	1 446 700	14 500	276 000	9 636	374 576	12 914	296 272	122 150	2 393 548	19.60
8月	56 100	1 009 800	14 000	238 000	15 265	574 590	45 317	1 263 136	130 682	3 085 526	23.61
9月	39 000	722 000	10 700	166 920	28 720	1 071 320	35 639	959 801	114 059	2 920 041	25.60
10月	30 200	553 600	11 300	177 240	6 555	249 090	43 133	1 006 037	91 188	1 985 967	21.78
11月	19 600	372 400	11 800	188 800	8 934	224 033	21 254	588 083	61 588	1 373 316	22.30
12月	20 200	424 200	11 600	185 600	7 900	206 501	15 209	404 562	54 909	1 220 863	22.23
合计	302 000	5 459 700	99 300	1 776 160	89 960	3 070 870	291 742	7 482 361	783 002	17 789 091	22.72

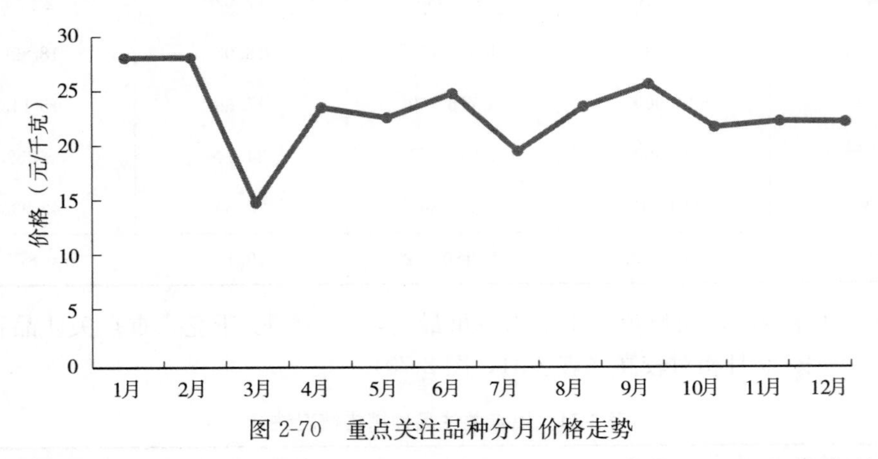

图 2-70 重点关注品种分月价格走势

代表品种中，鲫全年平均单价最高，17.03 元/千克，代表品种全年综合单价 10.44 元/千克（表 2-32）。

表 2-32　代表品种销售情况统计

月份	草鱼		鲢		鳙		鲤		鲫		合计		综合单价（元/千克）
	销售量（千克）	销售额（元）	销售量（千克）	销售额（元）	销售量（千克）	销售额（元）	销售量（千克）	销售额（元）	销售量（千克）	销售额（元）	销售量（千克）	销售额（元）	
1月	120	560	30 300	169 800	15 200	197 000	3 350	49 950	10 410	144 600	59 380	561 910	9.46
2月	0	0	0	0		0	1 350	20 200	2 930	58 280	4 280	78 480	18.34
3月	520	6 240	9 000	49 200	9 150	101 650	1 375	17 700	1 625	36 450	21 670	211 240	9.75
4月	7 173	86 076	5 000	30 000	2 000	23 200	1 330	15 960	3 000	58 400	18 503	213 636	11.55
5月	25 070	287 342	2 500	15 000	9 000	117 000	0	0	3 080	76 400	39 650	495 742	12.50
6月	32 206	343 094	0	0	0	0	0	0	3 830	73 900	36 036	416 994	11.57
7月	19 752	217 282	0	0	0	0	0	0	2 150	46 500	21 902	263 782	12.04
8月	3 413	37 645	0	0	0	0	100	1 200	1 200	21 600	4 713	60 445	12.83
9月	11 929	128 318	0	0	0	0	0	0	1 200	15 100	13 129	143 418	10.92
10月	8 544	85 996	0	0	0	0	0	0	1 950	23 400	10 494	109 396	10.42
11月	8 602	89 458	0	0	0	0	5 100	64 500	3 850	53 000	17 552	206 958	11.79
12月	5 853	31 020	42 250	248 500	18 500	210 000	9 400	120 200	1 585	19 300	77 588	629 020	8.11
合计	123 182	1 313 031	89 050	512 500	53 850	648 850	22 005	289 710	36 810	626 930	324 897	3 391 021	10.44

将各品种全年综合单价与2017年综合单价相比，除鲫和鲤价格上涨外，其余各采集品种均不同幅度价格下跌（表2-33，图2-71）。

表2-33 分品种价格对比

品　　种	2018年单价（元/千克）	2017年单价（元/千克）	价格变化（元/千克）	价格变化百分比（%）
草鱼	10.66	12.28	−1.62	−13.19
鲢	5.76	6.96	−1.2	−17.24
鳙	12.05	12.49	−0.44	−3.52
鲤	13.17	11.42	1.75	15.32
鲫	17.03	14.15	2.88	20.35
黄颡鱼	18.08	20.56	−2.48	−12.06
泥鳅	17.89	20.14	−2.25	−11.17
加州鲈	34.14	37.11	−2.97	−8.00

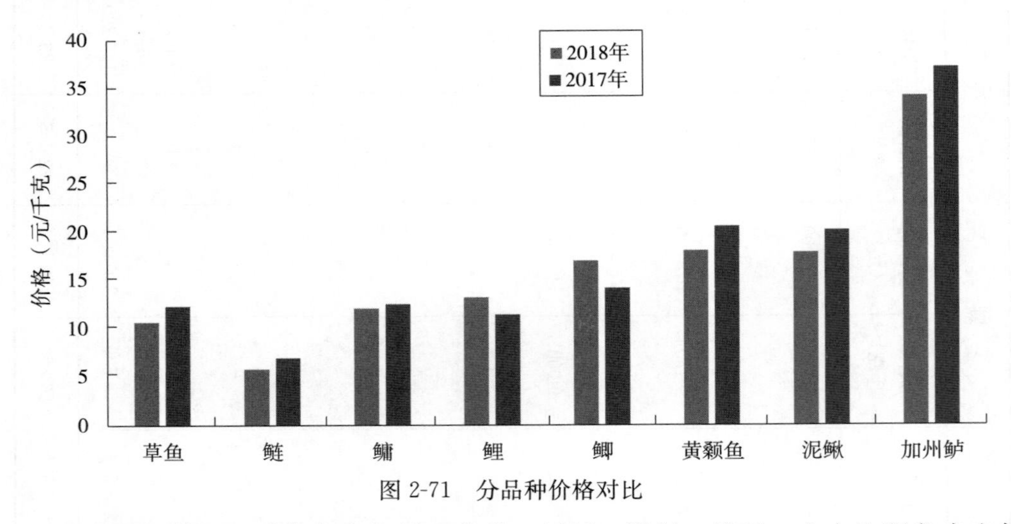

图2-71 分品种价格对比

3. 生产投入情况 采集点全年投入苗种、饲料、燃料、塘租、人力和服务支出等共1 985.99万元。其中，物质投入占总投入的80%，其中饲料和苗种投入占物质投入的95%；人力投入占总投入的11%，其中雇工费用占人力投入的20%；服务支出占总投入的9%，其中电费、保险费和防疫费用占服务支出的80%（表2-34，图2-72至图2-75）。

表2-34 分品种生产投入情况统计

品种	物质投入（元）	服务支出（元）	人力投入（元）	合计（元）
草鱼	1 971 742	112 747	144 950	2 229 439
鲢	8 440	0	0	8 440
鳙	10 228	0	0	10 228

（续）

品种	物质投入（元）	服务支出（元）	人力投入（元）	合计（元）
鲤	221 348	4 507	4 280	230 135
鲫	488 085	16 700	26 440	531 225
黄颡鱼	3 241 100	401 800	196 300	3 839 200
泥鳅	973 580	117 750	54 600	1 145 930
加州鲈	1 570 550	30 385	84 820	1 685 755
鲑鳟	7 455 175	1 063 882	1 660 450	10 179 507
合计	15 940 248	1 747 771	2 171 840	19 859 859

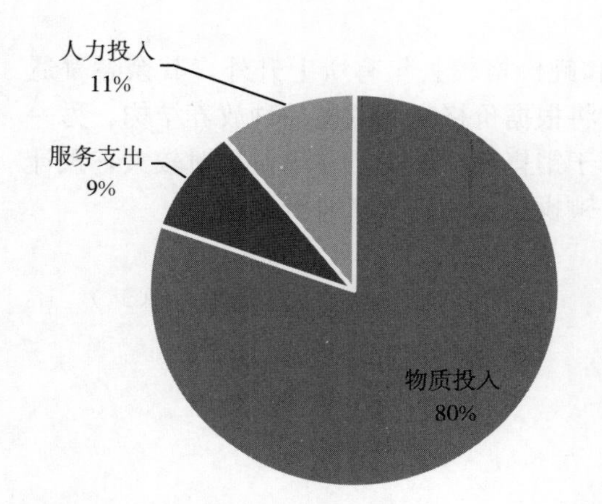

图 2-72　生产投入组成

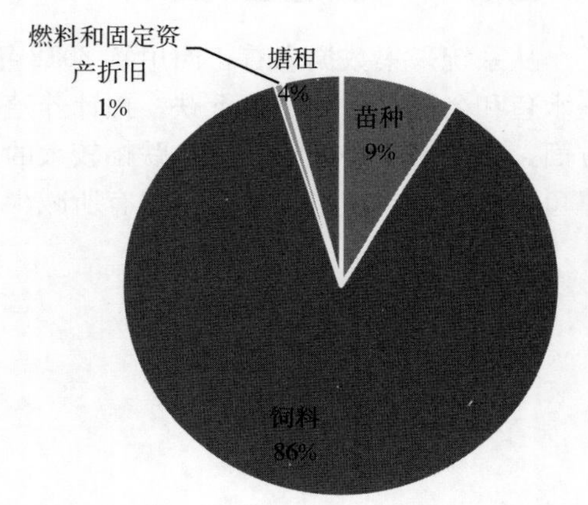

图 2-73　物质投入组成

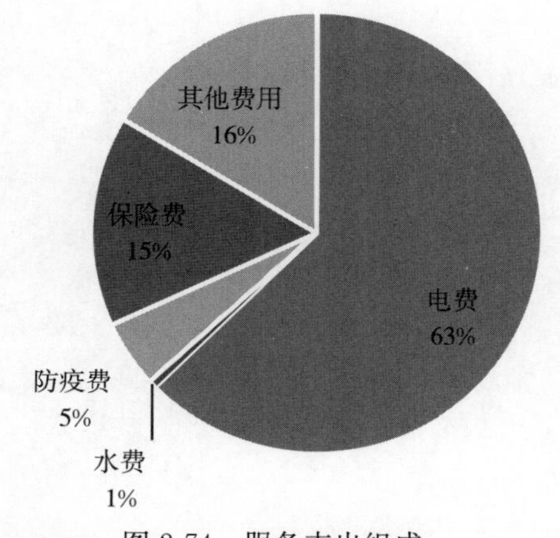

图 2-74　服务支出组成

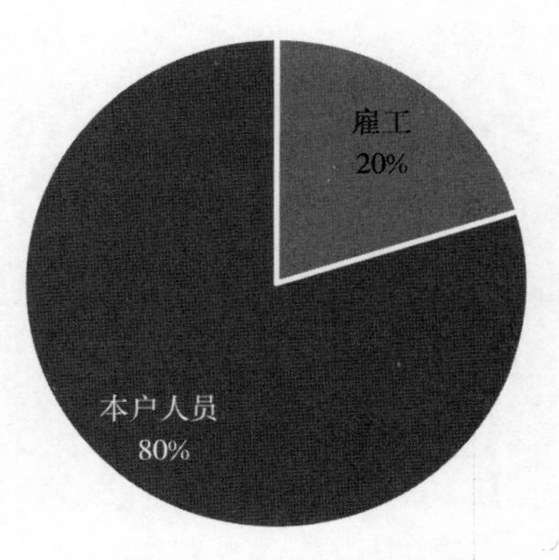

图 2-75　人力投入组成

4. 受灾损失情况　2018年，采集点全年受灾损失共计35.26万元，病害损失占总损失的94.72%，鲑鳟损失占总损失的73.7%（表2-35）。

表 2-35 受灾损失情况统计

品种	病害（元）	自然灾害（元）	其他灾害（元）
草鱼	61 925	17 000	1 600
加州鲈	25 950	0	0
鲑鳟	246 118	0	0
合计	333 993	17 000	1 600

二、收益情况

由于部分养殖品种为混养，所报生产投入数据均为塘总投入，且系统中全年存塘数据不全，导致无法准确分析收益情况。

三、2019 养殖渔情分析

从系统采集数据来看，四川省 2018 年除鲫和鲤价格较去年有所上升外，其余各普通淡水鱼和名优品种均价格下跌，预计养殖生产者将根据价格走势调整品种放养结构。另一方面，受价格走势影响，价格跌幅较大的品种由于销售热情低迷，存塘量相对较大，预计草鱼、黄颡鱼投苗量和投种量将有所减少，鲤、鲫投苗量和投种量将有所增加。

（四川省水产技术推广总站）

第三章　2018 年主要养殖品种渔情分析报告

草鱼专题报告

一、草鱼主产区分布及总体情况

我国草鱼生产主要在湖北、广东、湖南、安徽、四川等省份，主产区分布在湖北省荆州、黄冈、鄂州、孝感、天门、仙桃、潜江、武汉、咸宁、襄阳，安徽省合肥、池州、蚌埠、安庆、马鞍山、六安，湖南省长沙、岳阳、衡阳、永州、益阳、常德，四川省泸州、绵阳、自贡，广东省肇庆、中山、阳江、惠州、清远、韶关。

由于草鱼养殖范围较广，其苗种和商品鱼价格变动不大，因此，全国草鱼养殖面积总体稳定。但近年来，由于消费习惯改变、消费单元变小等因素影响，草鱼市场有所萎缩，再加上饲料价格不断攀升、劳动力成本日益增加，我国草鱼生产规模有逐年缓慢下降的趋势。

二、采集点基本情况

2018 年，全国水产技术推广总站在湖北、广东、湖南等 15 个省份开展了草鱼渔情信息采集工作，共设置采集点 110 个。采集点共投放了价值 27 051 481 元的苗种，累计生产投入 173 035 688 元；出塘量 14 203 655 千克，收入 155 688 983 元；出塘综合价格全国平均为 10.96 元/千克；采集点养殖方式主要以池塘套养为主。由于 2018 年草鱼采集点省份、数量、地点和采集数据的项目均发生了变化，无法与 2017 年的情况做对比分析，因此，只能就 2018 年采集数据的情况，结合 2018 年春季草鱼生产形势专题调研情况做简要分析。

三、2018 年生产形势分析

1. 生产投入情况　2018 年，全国采集点累计生产投入 173 035 688 元。其中，物质投入 153 473 955 元，占比 88.7%；服务支出 9 386 691 元，占比 5.42%；人力投入 10 175 042元，占比 5.88%（图 3-1）。在物质投入中，苗种投入27 051 481元，占比 17.6%；饲料投入110 436 310元，占比 71.83%；燃料投入1 227 596元，占比 0.8%；塘租费10 938 243元，占比 7.11%；固定资产折旧4 088 706元，占比 2.66%（图 3-2）。在饲料投入方面，原料性饲料投入27 051 481元，占比 17.6%，配合饲料投入 110 436 310 元，占比 71.83%，其他投入 1 227 596 元，占比 0.8%（图 3-3）。在服务支出中，电费 4 661 379元，占比 49.53%；水费 212 901 元，占比 2.26%；防疫费 2 953 328 元，占比

31.38%；保险费 27 570 元，占比 0.29%；其他服务支出 1 557 082 元，占比 16.54%（图 3-4）。人力投入中，雇工费 4 234 804 元，占比 41.7%；本户人员费用 5 920 038 元，占比 58.3%（图 3-5）。

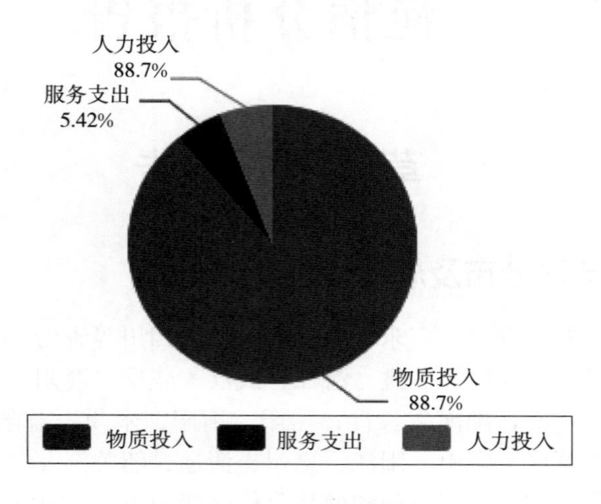

图 3-1 生产投入情况

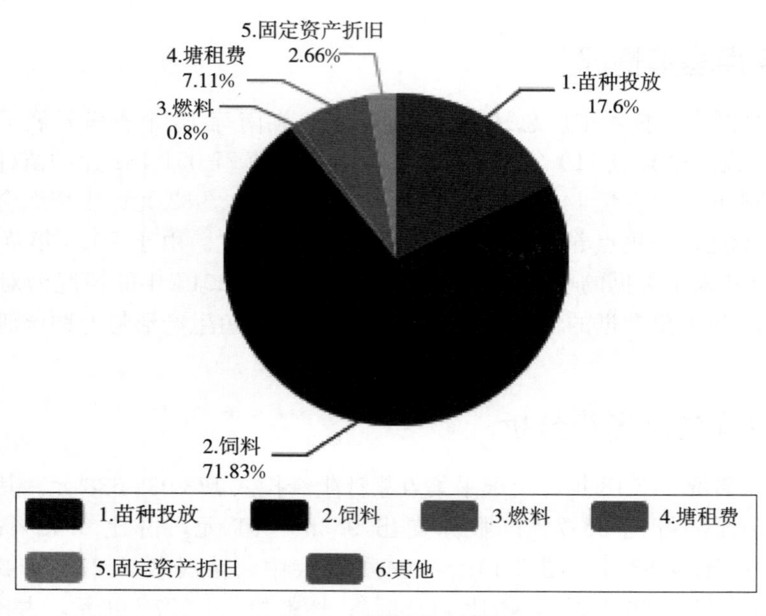

图 3-2 物质投入情况

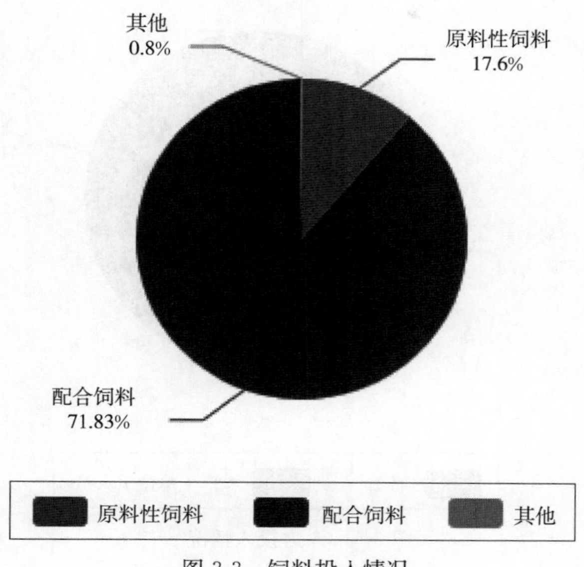

图 3-3　饲料投入情况

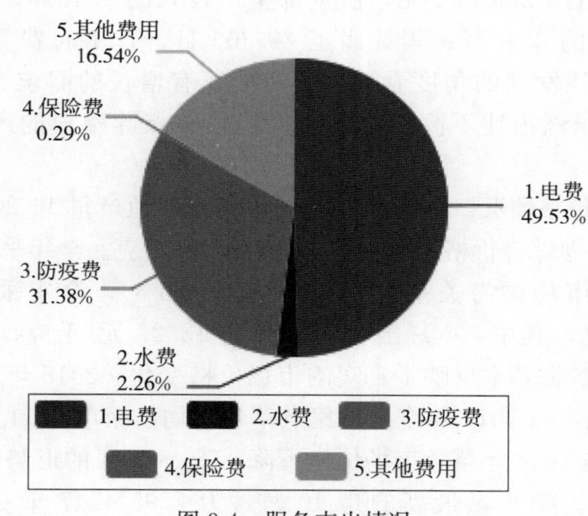

图 3-4　服务支出情况

从以上数据分析可知：一是在生产投入中，物质投入占比最大，达到 88.7%；其次是人力投入，占比 5.88%，两项合计占全部投入的 94.58%。二是在物质投入中，饲料占比最大，达到 71.83%；其次是苗种投放，占比 17.6%，两项合计占全部投入的 89.43%。三是在服务支出方面，电费投入占比最大，达到 49.53%；其次是防疫费，占比 31.38%，两项合计占全部投入的 80.91%。四是防疫费偏高，防疫费（主要是药品费

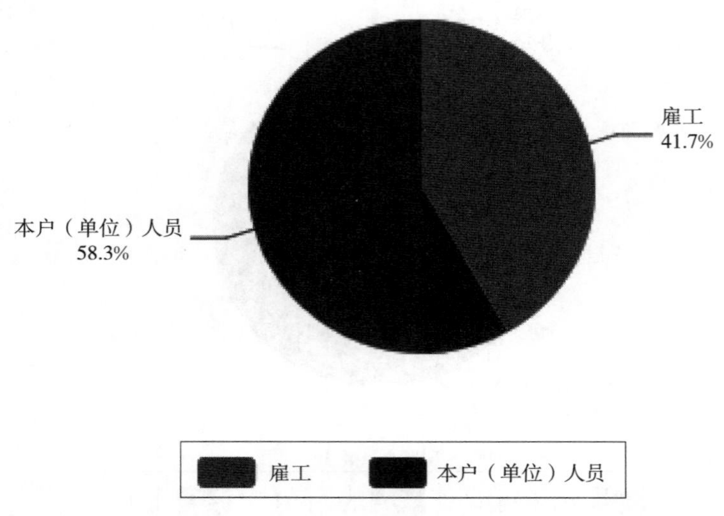

图 3-5　人力投入情况

和水质改良剂）占全部投入的31.38%，与大宗水产品平均防疫费3%相比偏高太多，说明采集点草鱼的病害还是比较严重的，对生产的影响也比较大。五是人员经费上升较快，人力投入中，雇工4 234 804元，占全部生产投入的2.45%；本户人员5 920 038元，占全部生产投入的3.42%；累计雇工29 206日，日工时费为145元，较去年的120元上涨了20%。从发展的角度看，日工时费还有增长的需求。另外，采集点共投入保险费27 570元，虽然占比不高，但也能说明采集点养殖户的风险防范意识进一步增强。

2. 产量、收入及价格情况　2018年，全国采集点草鱼产量14 203 655千克，出塘收入155 688 983元，出塘综合价格全国平均为10.96元/千克。全年采集点草鱼的价格运行情况，基本上反映了市场供需关系的变化规律（图3-6）。全年采集点的价格运行在10.29～13.27元/千克，其中，4月出塘价最高为13.27元/千克，11月出塘价最高为10.29元/千克，统计数据基本反映了真实的市场价格变化。2018年，全国出塘综合价格平均为10.96元/千克，与2017年全国采集点草鱼平均出塘单价11.50元/千克相比，小幅下降了4.7%。这与2018年草鱼市场价格下降15%～20%的形势不太吻合，估计是信息采集方面出现偏差。销售量最高的是10月，为2 951 247千克；其次是9月，为2 427 086千克；最低的是5月，为255 250千克（图3-7）。销售额最高的是10月，为30 533 619元；其次是9月，为25 038 903元；最低的是5月，为3 256 151元（图3-8）。销售量与销售额的变化规律，与草鱼一般在秋季集中上市的生产特点完全相符。

3. 草鱼生产情况分析

（1）草鱼鱼种投放情况分析

①草鱼鱼种放养量稳中有升：调研结果显示，2018年草鱼种平均投放密度为435.6尾/亩，较2017年上涨了7.3%，鱼种放养量增加。湖北省2017年、2018年放

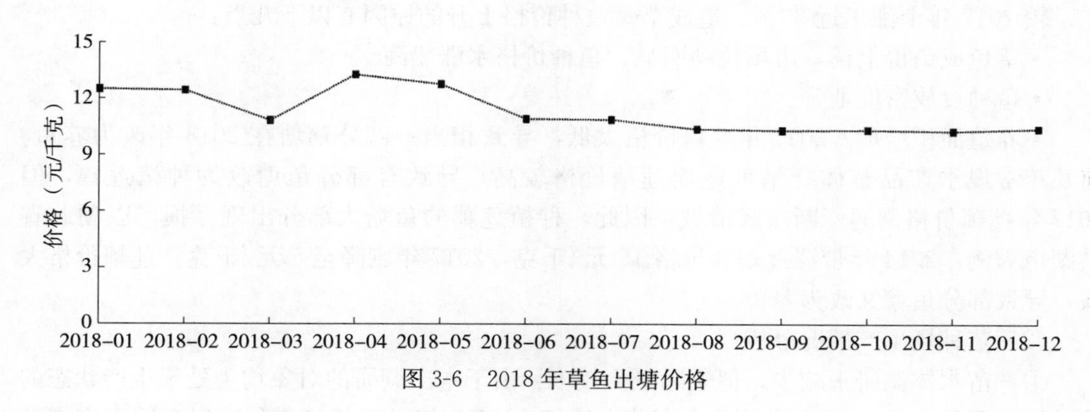

图 3-6　2018 年草鱼出塘价格

图 3-7　2018 年草鱼销售量

图 3-8　2018 年草鱼销售额

养密度分别为 246 尾/亩和 294 尾/亩，湖南省分别为 753 尾/亩和 808 尾/亩。这种较大的差异，主要是由于养殖模式和鱼种规格不同造成的。草鱼鱼种投放密度上升的原因有以下几点：

• 2017 年草鱼鱼价出现了明显上扬；较 2016 年增长 20%以上，市场拉动很明显。

• 渔民对大宗淡水鱼的养殖热情明显提升。2017 年大宗淡水鱼价格普遍上涨，养殖户大都赚钱。

②草鱼鱼种价格明显提升：调研结果显示，2018 年草鱼鱼种平均价格为 13.18 元/千

克，较2017年上涨了近30%。造成草鱼鱼种价格上升的原因有以下几点：

• 草鱼成鱼价上扬，市场拉动明显，鱼种价格水涨船高。

• 鱼种投放密度上升。

• 养殖面积增加。2017年莲藕价格太低，导致相当一部分藕塘在2018年改为养鱼。前几年常规水产品整体行情低迷而莲藕价格较高，导致有部分鱼塘改为种植莲藕，但2017年莲藕价格遭遇了断崖式滑坡，因此，种植莲藕的鱼塘大部分出现亏损。以湖北省洪湖市为例：2014年带泥莲藕的价格15元/千克，2017年剧降至5元/千克。莲藕价格大跌，导致部分鱼塘又改为养鱼。

（2）苗种场生产情况分析

①育苗水体调研未减少，但实际减少较多：由于本次调研的对象均为处于生产状态的苗种场，因此，2018年5个省草鱼育苗水体相比2017年没有任何变化，但全国真实育苗水体变化和调研情况则完全不同。专家组会商结果表明，全国范围内近几年四大家鱼育苗水体表现出显著减少的趋势。以湖北省为例：应城市四大家鱼育苗场由4家减少为1家；洪湖市由30多家减少为18家；武汉市黄陂区由4家减少为1家。四大家鱼育苗场减少的最主要原因，在于比较效益太低：近30年人员工资上涨了近100倍，各种生产资料价格上涨了几十倍，但四大家鱼鱼苗价格却几十年如一日，没有明显变化。

②人工育苗数量调研减少，实际可能变化不大：根据调研结果，2018年草鱼人工育苗数量较2017年显著减少，如草鱼2017年育苗数为27.45亿尾，2018年为18.95亿尾，下降幅度为31%。由于进行本次生产调研时草鱼人工育苗尚未正式开始，因此2018年的人工育苗数量仅是各苗种场的预测数据。2018年年初，鱼种价格较2017年年底大幅上涨，自然培育鱼种的养殖户会显著增加，带动鱼苗需求量增加，因此各苗种场肯定会想办法增加产量，但由于亲本数量的限制，产量增加的能力有限，所以2018年人工育苗数量实际可能变化不大。

③鱼苗价格稳中有升：2018年，草鱼鱼苗价格较2017年普遍小幅上涨。如草鱼苗2017年均价为10.28元/万尾，2018年为10.48元/万尾，上升幅度为1.9%；鱼苗价格小幅上涨，与2018年鱼种价格上升有紧密联系，更深层的原因在于2018年养殖面积略有上升，导致苗种需求量增加。在以草鱼为代表的常规水产养殖品种市场消费逐渐趋于饱和的前提下，鱼苗价格上升空间相对较小。

四、2019年生产形势预测

1. 草鱼养殖面积明显减少 2019年草鱼养殖面积和2018年预计会明显减少，主要原因在于2018年草鱼价格低迷，导致大部分养殖户经济效益不佳，相当一部分鱼塘在2019年会改变养殖品种。

2. 草鱼鱼种放养量明显下降 草鱼鱼种投放密度下降的原因有两点：①消费者生活水平提高，导致草鱼市场需求量减少；②2018年草鱼价格下降15%～20%，大部分养殖户经济效益不佳；③饲料、人工价格上涨，养殖成本增加。

3. 草鱼市场价格不容乐观 近几年，以青鱼、草鱼、鲢、鳙为代表的常规水产养殖品种有市场消费逐渐趋于饱和的趋势，鱼价上涨速度远低于社会物价平均上涨速度即是明证。2018 年由于大部分养殖常规水产养殖品种的渔民经济效益不佳，因此 2019 年产量将会下降是必然现象。尤其是近年，由于消费习惯改变、消费单元变小等因素影响，草鱼消费市场逐渐萎缩也是大势所趋，因此成鱼出售价格不容乐观。

（程咸立）

鲤 专 题 报 告

一、采集点基本情况

2018 年，全国池塘养殖渔情信息采集系统重新调整，调整后全国共有 16 个省、227 个县、680 个养殖渔情信息采集点。在调整后的 16 个养殖渔情信息采集省（自治区）中，有 8 个省份采集了鲤养殖信息，分别是河北、辽宁、吉林、江苏、浙江、山东、河南和四川，安徽、福建、江西、湖北、湖南、广东、广西、海南 8 个省份没有采集鲤养殖数据。

二、2018 年鲤养殖渔情分析

1. 采集指标变化情况

（1）出塘量及出塘收入　2018 年 1～12 月，采集点共售出商品鲤 6 952.35 吨，销售收入 6 589.18 万元。

近 3 年鲤出塘量和出塘收入见表 3-1。对比图见图 3-9、图 3-10。

表 3-1　2018 年 1～12 月、2017 年 1～12 月、2016 年 1～12 月鲤出塘量和出塘收入

月份	2018 年		2017 年		2016 年	
	出塘量（吨）	出塘收入（万元）	出塘量（吨）	出塘收入（万元）	出塘量（吨）	出塘收入（万元）
1	634.24	500.99	2 709.63	2 252.96	3 312.62	3 417.54
2	1 732.06	1 839.10	915.66	704.40	1 178.04	1 095.05
3	200.12	216.94	670.13	580.79	467.53	458.52
4	300.19	276.00	678.2	702.04	643.75	646.5
5	112.96	93.07	740.1	785.76	598.63	675.84
6	147.32	156.77	574.21	613.62	786.89	861.03
7	69.55	51.67	565.66	605.08	755.41	825.10
8	91.84	94.61	736.30	759.71	581.91	639.13
9	624.35	622.23	1 172.52	1 135.47	1 057.95	1 057.05
10	2 315.33	2 033.37	2 565.63	2 174.74	2 744.39	2 340.33
11	364.83	370.61	1 055.92	979.48	1 128.20	1 044.91
12	359.58	333.82	3 164.49	2 942.32	1 829.93	1 702.67
合计	6 952.37	6 589.18	15 548.47	14 236.36	15 085.25	14 763.67

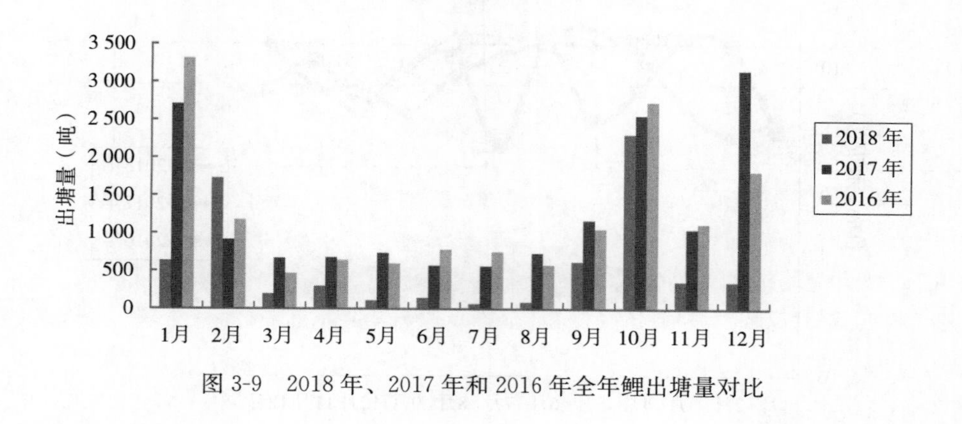

图 3-9　2018 年、2017 年和 2016 年全年鲤出塘量对比

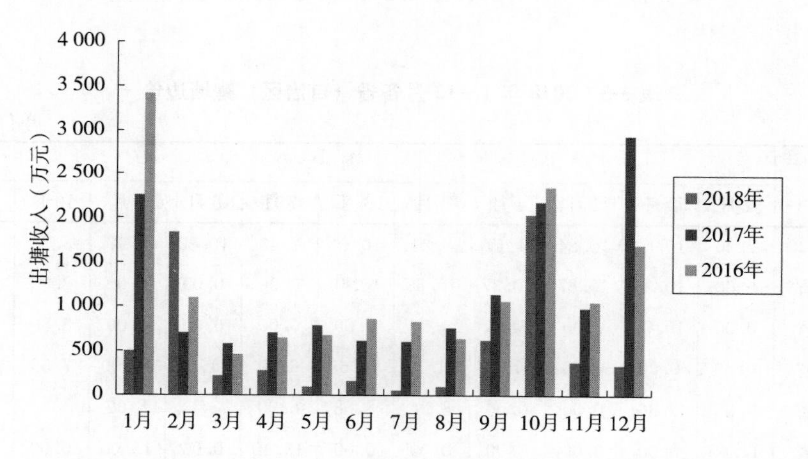

图 3-10　2018 年、2017 年和 2016 年全年鲤出塘收入对比

（2）出塘价格　近 3 年鲤月度塘边价对比见表 3-2。近 3 年鲤价格走势曲线图见图 3-11。2018 年 1～12 月，各省鲤塘边价见表 3-3。

表 3-2　2018 年、2017 年和 2016 年 1～12 月月度塘边价

单位：元/千克

鲤	月份											
	1 月	2 月	3 月	4 月	5 月	6 月	7 月	8 月	9 月	10 月	11 月	12 月
2018 年	7.90	10.62	10.84	9.19	8.24	10.64	7.43	10.30	9.97	8.78	10.16	9.28
2017 年	8.31	7.69	8.67	10.35	10.62	10.70	10.32	9.68	8.48	9.28	9.30	10.70
2016 年	10.32	9.30	9.81	10.04	11.29	10.94	10.92	10.98	9.99	8.53	9.26	9.30

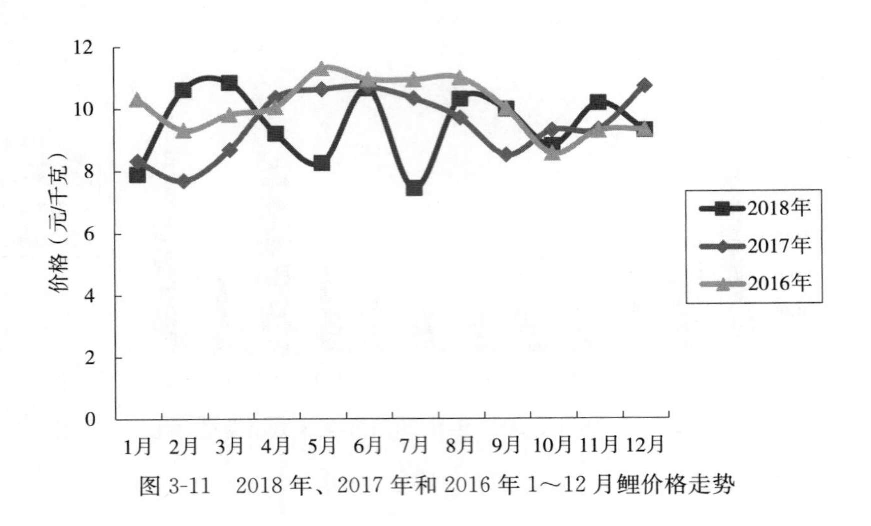

图 3-11　2018 年、2017 年和 2016 年 1～12 月鲤价格走势

表 3-3　2018 年 1～12 月各省（自治区）鲤塘边价

单位：元/千克

序号	鲤	月份											
		1 月	2 月	3 月	4 月	5 月	6 月	7 月	8 月	9 月	10 月	11 月	12 月
	全国平均	7.90	10.62	10.84	9.19	8.24	10.64	7.43	10.30	9.97	8.78	10.16	9.28
1	河北省	0.00	10.39	10.87	10.37	10.60	10.40	0.00	0.00	0.00	8.60	8.98	0.00
2	辽宁省	0.00	10.71	0.00	5.66	0.00	0.00	0.00	0.00	0.00	8.80	11.00	0.00
3	吉林省	0.00	0.00	0.00	11.91	11.19	14.68	6.00	11.08	10.00	7.59	0.00	0.00
4	江苏省	9.93	9.96	0.00	0.00	8.34	8.68	6.00		8.00			9.93
5	浙江省	11.00	0.00	0.00	0.00	0.00	0.00	13.40	0.00	13.00	0.00	0.00	0.00
6	山东省	10.18	10.40	10.28	0.00	5.29	10.84	5.02	9.87	8.90	9.76	10.00	8.88
7	河南省	6.90	11.28	11.60	0.00	11.60	11.03	10.60	0.00	9.60	0.00	0.00	9.24
8	四川省	14.91	14.96	12.87	12.00	0.00	0.00	0.00	12.00	0.00	0.00	12.65	12.79

（3）生产投入情况　2018 年 1～12 月，采集点鲤生产投入 7 601.41 万元，苗种费 920.40 万元，饲料费 5 092.78 万元。

2018 年 1～12 月，鲤生产投入情况见表 3-4。

表 3-4　2018 年 1～12 月鲤生产投入采集数据

月份	生产投入（元）	物质投入（元）	苗种（元）	饲料（元）	塘租费（元）
1	150.37	134.63	0.00	0.00	106.92
2	59.59	35.01	0.45	0.00	6.86
3	177.41	148.47	109.02	5.22	6.53
4	944.78	863.81	629.03	111.25	23.18
5	781.54	686.25	171.25	455.45	19.13

（续）

月份	生产投入（元）	物质投入（元）	苗种（元）	饲料（元）	塘租费（元）
6	934.99	831.16	5.58	774.96	19.77
7	1 158.59	1 032.04	3.36	989.77	10.53
8	1 436.82	1 311.56	0.00	1 254.45	18.73
9	1 413.05	1 284.41	1.45	1 225.92	18.66
10	365.52	287.51	0.12	237.87	19.09
11	108.70	71.78	0.00	34.31	9.09
12	70.05	41.06	0.14	3.56	8.98
合计	7 601.41	6 727.69	920.40	5 092.76	267.47

（4）生产损失情况　2018年1～12月，采集点鲤受灾损失61.72万元。其中，病害损失54.07吨，经济损失59.38万元，自然灾害0.32吨，经济损失0.35万元。2018年1～12月，鲤生产损失采集数据见表3-5。

表3-5　2018年1～12月鲤生产损失采集数据

月份	受灾损失（元）	病害（元）	病害（千克）	自然灾害（元）	自然灾害（千克）	其他灾害（元）
1	0	0	0			
2	0	0	0			
3	0	0	0			
4	82 500	82 500	7 500			
5	0	0	0			
6	125 056	121 600	11 000	3 456	320	
7	263 230	243 230	22 150			20 000
8	131 608	131 608	11 920			
9	14 800	14 800	1 500			
10	0	0	0		0	0
11	0	0	0		0	0
12	0	0	0		0	0
合计	617 194	593 738	54 070	3 456	320	20 000

由于2018年系统重新调整，所以出塘量、出塘收入、生产投入及损失情况无法做同比分析。2018年全国养殖渔情监测系统还没有做出鲤全国平均出塘指数、价格指数、收入指数。

2. 结果与分析　近8年鲤的平均出塘价格走势及预测。2011—2018年1～12月鲤月度塘边平均出塘价格对比表见表3-6。2011—2017年鲤季度及全年塘边价见表3-7。

表3-6　2011—2018年1～12月鲤月度塘边平均出塘价格对比

单位：元/千克

鲤	月份											
	1月	2月	3月	4月	5月	6月	7月	8月	9月	10月	11月	12月
2018年	7.90	10.62	10.84	9.19	8.24	10.64	7.43	10.30	9.97	8.78	10.16	9.28
2017年	8.31	7.69	8.67	10.35	10.62	10.69	10.70	10.32	9.68	8.48	9.28	9.30
2016年	10.32	9.30	9.80	10.04	11.28	10.94	10.92	10.98	10.00	8.52	9.26	9.36
2015年	10.28	10.56	11.27	12.33	12.94	11.70	12.08	10.86	10.04	9.42	9.21	9.56
2014年	8.95	8.82	8.23	8.29	11.25	11.00	11.44	10.99	10.68	8.99	9.61	9.82
2013年	8.78	8.81	8.31	8.17	9.48	9.25	9.44	9.50	9.64	8.73	8.36	9.15
2012年	10.09	11.30	10.56	13.36	13.27	11.97	11.31	9.91	9.41	9.62	9.10	8.76
2011年	9.63	9.95	9.96	10.21	12.47	12.82	12.97	11.59	10.68	10.53	9.98	9.87

表3-7　2011—2017年鲤季度及全年塘边价

单位：元/千克

鲤	第一季度	第二季度	第三季度	第四季度	全年
2017年	8.24	10.54	10.10	8.98	9.16
2016年	10.02	10.76	10.52	8.94	9.80
2015年	10.58	12.46	10.70	9.40	10.28
2014年	8.78	9.76	10.94	9.32	9.46
2013年	8.70	8.80	9.56	8.66	8.80
2012年	10.48	12.96	9.98	9.18	10.12
2011年	9.78	12.04	11.40	10.12	10.38

2011—2018年1～12月，鲤价格走势曲线见图3-12。

2011—2017年，鲤季度及全年塘边价走势曲线见图3-13。

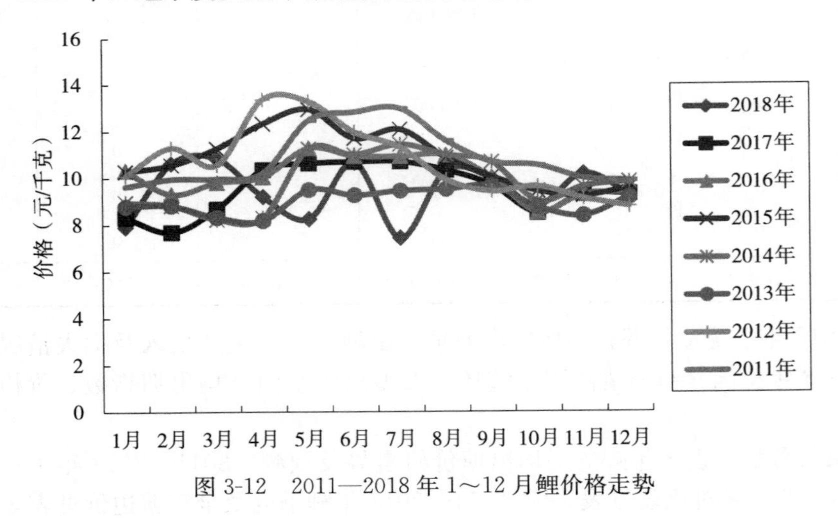

图3-12　2011—2018年1～12月鲤价格走势

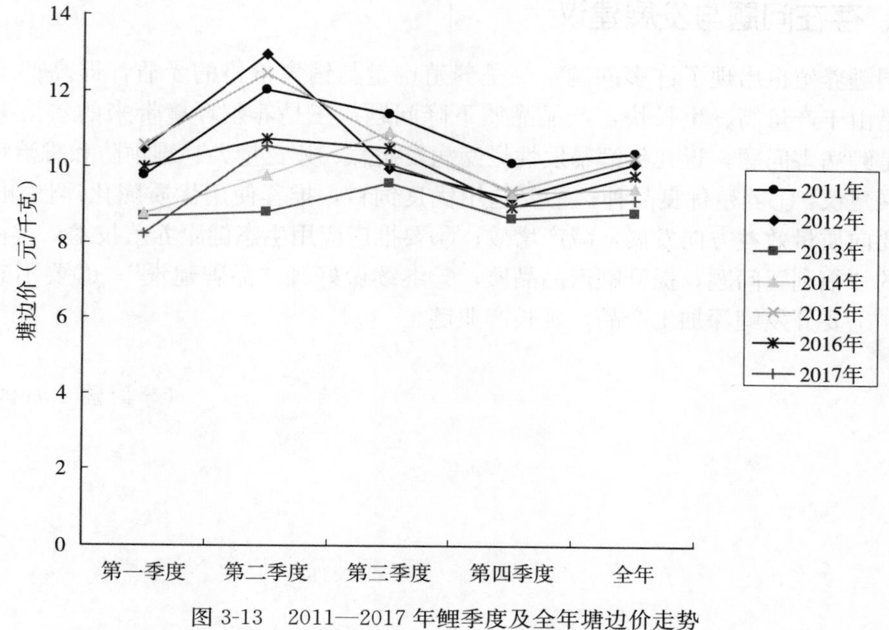

图 3-13　2011—2017 年鲤季度及全年塘边价走势

从表 3-7 和图 3-12、图 3-13 可见，2011 年、2012 年鲤销售价格较好；2013 年、2014 年鲤销售价格偏低；2015 年鲤销售价格较好；2016 年、2017 年和 2018 年鲤销售价格又偏低。鲤平均销售价格较高的月份，在平均售价偏低的 2013 年和 2014 年出现在第三季度 7、8 月；其他年份均出现在当年第二季度的 5 月左右。

鲤的销售价格主要是受供需关系的影响，根据近几年的价格变化情况，结合水产养殖总的形势和市场调节因素，预计 2019 年鲤销售价格将会逐渐回升。

三、鲤养殖前景

作为大宗淡水鱼主要品种的鲤，由于苗种来源容易、抗病力强、食性广、生长快、耐低氧、获得高产容易、产品运输方便等优点，特别适合淡水池塘养殖。目前，在我国鲤养殖仍然有一定的发展地位，主要原因：

（1）由于我国鲤养殖历史悠久，技术成熟，鲤在国内市场还很大。

（2）“鲤鱼跳龙门”“无鲤不成席”等，鲤文化深厚。

（3）鲤的地标产品和无公害、有机及绿色“三品”建设开展得很多。

（4）鲤的品牌打造最好，如河南的黄河金、黄河贡等品牌鲤就有 20 多个。

（5）我国的鲤育种工作做得最多，已经培育出建鲤、福瑞鲤、津新鲤、豫选黄河鲤、全雌鲤、红鲤、松浦镜鲤、易捕鲤等很多个生产性能好，抗逆能力强的优良品种。

（6）全球对鲤营养需要和饲料配方的研究是最深入、最全面的。

（7）新技术、新品种、新模式的不断创新，加上悠久的养殖历史和丰富的养殖经验，将为提高鲤养殖水平和效益创造条件。

四、存在问题与发展建议

我国鲤养殖也出现了许多问题：一是养殖产量与销售价格的矛盾，即高产不高效问题；二是由于产量高、生长快，产品品质下降问题；三是养殖环境带来的水污染压力问题；四是鲤病害问题，近几年鲤暴发性烂鳃病发病急、死亡量大、难预防和难治疗。

发展建议：①养殖优良品种；②要选用优良饲料，推荐使用优质膨化浮性颗粒饲料；③养殖要向质量效益方向发展，减产增效；④要推广应用生态健康养殖技术，重视养殖过程中鲤的“福利”问题，提升鲤产品品质；⑤继续做好鲤“品牌建设”；⑥要不断探索销售模式；⑦要开发鲤深加工产品，延长产业链。

（李同国　郭林英）

鲫专题报告

一、生产情况

1. 采集点出塘量、收入同比减少　全国采集点鲫出塘总量为8 566.999吨，同比减少44.32%；出塘收入9 593.72万元，同比减少48.47%。大幅减少原因为采集点及采集面积有较大幅度的调整（表3-8）。

表3-8　2017年、2018年1～12月出塘量和收入情况

地区	出塘量（千克）			出塘收入（元）		
	2017年	2018年	增减率（%）	2017年	2018年	增减率（%）
全国	15 386 438	8 566 999	−44.32	186 183 782	95 937 171	−48.47
河北省	426 426	32 672	−92.33	4 592 279	321 060	−93
辽宁省	644 722	285 658	−55.6	7 919 600	3 459 780	−56.31
吉林省	7 000	28 800	311.42	112 000	343 800	206.9
江苏省	7 592 284	6 040 581	−20.43	89 251 577	64 960 545	−27.22
浙江省	349 004.5	144 459	−58.6	4 466 381	1 844 727	−58.69
安徽省	584 524.3	310 433	−48.69	8 697 667.5	4 024 433	−53.73
福建省	165 154.5	60 225	−63.53	2 438 907	866 231	−64.48
江西省	315 856	222 900	−29.42	3 674 500	2 565 640	−30.18
山东省	71 202	162 423	128.11	817 997.5	2 309 939	182.38
河南省	85 750	127 480	48.66	1 506 700	2 115 800	40.42
湖北省	1 617 735	8 400	−99.48	20 051 032	69 150	−99.65
广东省	280 200	56 341	−79.89	3 888 996.2	768 294	−80.24
广西壮族自治区	190 055.5	520 137	173.6	2 586 312	6 197 398	139.62
海南省	0	23 252	—	0	423 730	—
四川省	511 472.5	36 810	−92.8	7 238 607.4	626 930	−91.34
湖南省	2 545 052	506 428	−80.1	28 941 226	5 039 714	−82.58

2. 苗种生产形势良好，投放量稳中有增　从春季苗种生产抽样调查情况来看，四川省绵阳市调查点鲫夏花出塘量同比20%增幅，但价格与去年基本持平，四川省内江市调查点鲫大规格鱼种出塘量及价格保持稳定；江苏大丰区调查点鲫水花早苗出塘量及价格与去年同比保持稳定；河南西平县2个调查点鲫出塘量同比有较大增幅，最高达28.5%，苗种综合价格同比增长10%。各地苗种主要销往本地及周边地区（表3-9）。

表3-9　苗种生产情况调查

省份	苗种场名称	规格（厘米）	单位	出塘量		苗种价格（元/单位）		苗种主要销售区域
				数量				
				1～4月合计	同比（%）	1～4月平均	1～4月平均同比（%）	
四川	绵阳市大昊特种水产专业合作社	3	万尾	14 000	20	30元/千克	0	本地及德阳、成都等地
	内江市东兴区新江苗种场	5	万尾	23	2	0.85元/尾	0	内江本地、安岳
	内江市东兴区桐子湾鱼场	6	万尾	3	0	0.7元/尾	0	内江本地

（续）

省份	苗种场名称	规格（厘米）	单位	出塘量		苗种价格（元/单位）		苗种主要销售区域
				数量		1～4 月平均	1～4 月平均同比（%）	
				1～4 月合计	同比（%）			
河南	西平县鱼跃养殖专业合作社	1～5	千克	4 500	28.5	16 元/千克	10	西平县周边县市养殖场
河南	西平县顺意水产养殖有限公司	1～5	千克	3 000	20	16 元/千克	10	西平县周边县市养殖场
江苏	大丰区林松养殖场	鱼苗	万尾	15 000	0	50 元/万尾	0	大丰区境内

春季鲫苗种投放情况抽样调查情况分析，四川绵阳市安州区调查点及河南调查点投苗量同比增加 10%以上，河南西平县柏国种养殖有限公司、西平县双河水产养殖有限公司 2 个调查点最高，同比增加 30%，四川绵阳市安州区菩提新富水产养殖专业合作社同比增加 25%；四川内江市东兴区科利养殖专业合作社同比减少 10%；江苏、湖北等调查点基本持平。

3. 成鱼销售价格持续低迷，同比下降明显 采集点数据显示，鲫 1～12 月全国综合出塘价格 11.2 元/千克，同比下降 7.9%。从全国采集数据分析，河北、湖北、湖南 3 省单价最低，分别为 9.83 元/千克、8.23 元/千克、9.95 元/千克；吉林、湖北 2 省降幅最大，分别为 25.38%、33.6%（表 3-10，图 3-14）。

表 3-10 2017 年、2018 年 1～12 月出塘价格情况

地区	出塘价格（元/千克）		
	2017 年	2018 年	增减率（%）
全国	12.16	11.2	−7.9
河北省	10.76	9.83	−8.64
辽宁省	12.28	12.11	−1.38
吉林省	16	11.94	−25.38
江苏省	11.76	10.75	−8.58
浙江省	12.8	12.77	−0.23
安徽省	14.88	12.96	−12.9
福建省	14.76	14.38	−2.57
江西省	11.64	11.51	−1.12
山东省	11.48	11.22	−2.26
河南省	17.58	16.6	−5.57
湖北省	12.4	8.23	−33.6
广东省	13.88	13.64	−1.73
广西壮族自治区	13.6	11.91	−12.4
海南省	0	18.22	—
四川省	14.16	12.3	−13.13
湖南省	11.38	9.95	−12.57

全年鲫在销售量和市场价格上呈现出了低位徘徊态势。分析原因：一是随着养殖池塘的富营养化，各地养殖水体蓝藻普遍发生，影响了鲫的口味品质；二是消费者消费结构的巨大变化及市场大环境的影响，随着生活水平提高和生活节奏加快，名特优水产品不断受追捧，年轻消费群体也不喜食用肌间刺多的鱼类。

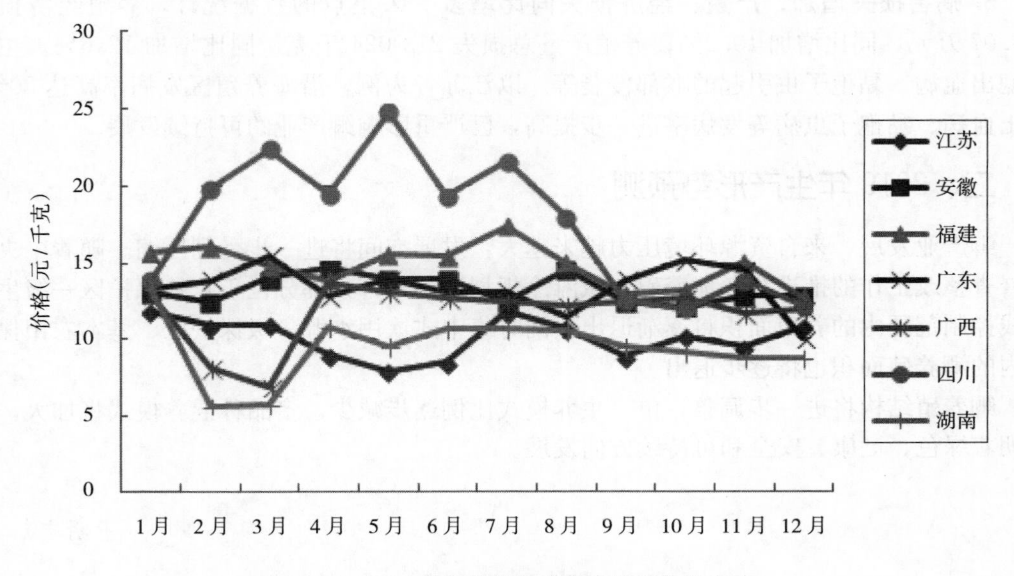

图 3-14　2018 年部分省份采集点出塘价格走势

4. 养殖成本略有上升，养殖压力加大　2018 年 1～12 月全国采集点显示，鲫养殖成本 8 709.83 万元。其中，占比较大的养殖成本为饲料费 6 114.73 万元，苗种费 896.87 万元，人力投入 550.47 万元，塘租费 341.74 万元，固定资产折旧费 362.88 万元（图 3-15）。

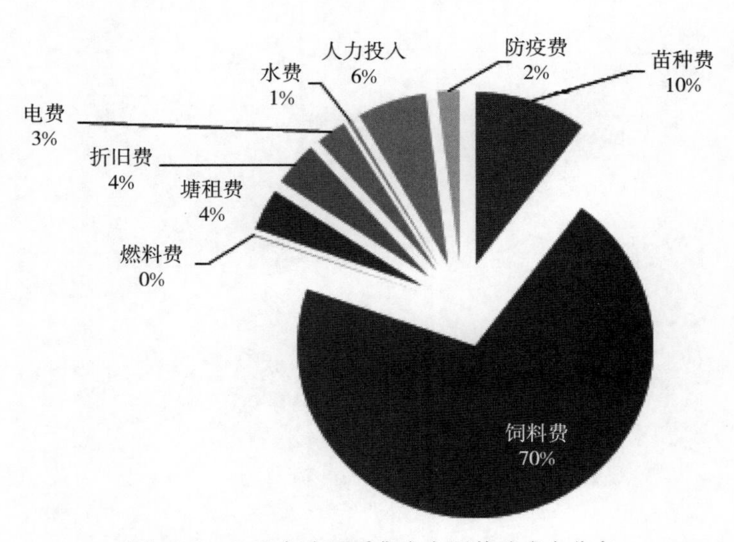

图 3-15　2018 年全国采集点主要养殖成本分布

根据调查，鲫主要生产成本构成因子中，池塘租金、人工、水电费等与去年相比变化不大，饲料的成本略有上涨，每吨配合颗粒饵料的涨幅在150元/吨左右；病害防治成本随着病害发生程度的加重，平均增加20～50元/亩，总成本略有上涨。随着鲫成鱼价格持续走低，养殖成本不断上涨，带来养殖压力加大。

5. 病害损失增加，产量、经济损失同比增多 采集点的数据统计，养殖经济损失201.07万元，同比增加10.2%；养殖产量总损失213 024千克，同比增加12.6%。主要是鳃出血病、黏孢子虫引起的喉部侵袭等。以江苏省为例，沿海养殖区发病率高达80%。鳃出血病、黏孢子虫病等发病率进一步提高，已严重影响鲫产业的可持续发展。

二、2019年生产形势预测

鲫产业发展，来自资源环境压力越来越大，发展空间将进一步受到压缩。随着中央环保督查整改工作的推进和各地养殖水域滩涂规划的制定，大部分位于自然保护区一级生态红线控制范围内的养殖面积将逐渐退出，同时集中式饮用水源一级保护区、基本农田保护区内的鲫养殖面积也将逐步退出。

鲫养殖结构将进一步调整，单一主养模式比例逐步减少，多品种混养模式将加大，继续朝着绿色、健康、安全和可持续方向发展。

（王明宝）

鳜和加州鲈专题报告

一、鳜2018年生产形势分析

1. 鳜春季苗种投放与生产形势

（1）全国鳜不同主养区投苗量有增有减，鳜养殖规模平稳发展　2016年和2017年鳜商品鱼市场销售价格较高，除去鳜养殖关键技术掌握不好的养殖户，前两年从事鳜养殖的生产者均获得不错的经济收入，拉动鳜养殖生产企业，改进养殖技术，扩大生产规模；但在一些病害发生严重的地区，受资金和心理因素限制，鳜养殖规模有所缩小。

（2）鳜苗种培育技术不断提高，2018年鳜苗种价格呈现前高后低态势　鳜苗种主产区广东、湖北、江西、安徽、湖南、浙江等省份，2016—2017年鳜早苗寸苗价格为0.2～0.3元/尾，4～5厘米/尾规格为1.2～1.5元/尾。2018年鳜苗种前期价格稳定，但由于很多人都加入了鳜鱼苗孵化行业，鳜鱼苗供大于求，后期价格降幅明显；由于鳜早苗价格高，苗种场纷纷扩大生产，5月中旬以后，鳜鱼苗价从0.4元/厘米迅速跌至0.10元/厘米，略高于成本。根据调查和不完全统计，鳜苗种投放数量略有增加。

（3）2018年上半年鳜苗种投放的规格与密度　鱼苗规格在3～10厘米，早茬鳜鱼苗0.2～0.25元/厘米，中、晚茬鳜鱼苗0.12～0.15元/厘米，上市规格为0.4～0.75千克，称之为标鳜。一般在广东、湖南等地区，早茬鳜在4月初放苗，养殖周期4～5个月，密度为2 000尾/亩左右，当年9～10月即可上市，价格多在48～60元/千克；中、晚茬鳜多在5、6月放苗，养殖周期一般4～6个月不等，密度为3 000～4 500尾/亩，一般在春节前后上市，价格一般在40～50元/千克。

2. 2018年鳜苗种放养与选择　选择优质的苗种很关键：选择花纹够大，大小均匀，无病、无畸形的翘嘴鳜鱼种；起捕、过秤等过程，应避免鳜苗种受伤。选择鳜鱼苗时经常考虑的3个主要因素。第一：价格。当面对很多苗场提供鳜苗种的时候，如何判断鳜的苗种质量，价格将是一个主要的因素。一般优质的苗种定位在中高档的价格，特别便宜的苗种不宜选择购买。第二：质量的鉴别。鳜苗种质量是最关键的，同时也是最难判断的，质量好的苗种生长速度较快，如选择健康鳜亲本繁育的杂交种，鱼苗培育阶段少用抗生素，这样培育出的鳜鱼苗质量较好，生长速度快。第三：苗种场的技术服务。买鳜苗种不单单买苗种本身还应该买的是它背后育苗场的技术服务。对于鳜养殖新手或者养殖水平不高的客户，应与一个有良好技术服务的鳜苗种场合作，这样成鱼养殖容易获得成功。

3. 鳜秋、冬季生产形势

（1）总结以往经验，提出鳜养殖严把“五关”　2018年，鳜主要养殖区域在总结前几年养殖经验的基础上，提出鳜成鱼养殖要重点把握好以下“五关”。主养鳜想取得较好的效益，预防重大病害的发生，必须把好以下“五关”：一是严把池塘养殖条件关。鳜主养池塘要求底质平坦，淤泥要少于15厘米，沙底塘和新挖塘养殖鳜效果更佳。池塘多以3～5亩为宜，池塘面积过大，不利鳜捕食；面积过小，池塘水质不易控制，易造成缺氧、泛塘，风险较大。由于鳜喜欢清新且溶氧量高的水质，故主养池塘其水源要充足。进、排水方便，正常蓄水深不能小于2米。二是严把池塘鱼种放养关，鱼种放养应根据水质、饵料鱼的丰歉、气候、管理水平，来决定放养密度。最好可通过20～25天的集中强化培育，将4～5厘米的鳜鱼苗养至10厘米左右后投放于池塘。此种规格的苗种放养500～800尾/亩，可大大提高养殖成活率。三是严把饵料鱼投喂关。鳜终生以鱼、虾为食，饵料鱼的种类、大小和数量对鳜生长均有很大影响。对不同种类、同种规格的饵料鱼，鳜最喜捕食麦穗鱼、鲮；其次是鳊、草鱼；再次是鲫、鳙、鲢等。一般所投饵料鱼规格以鳜体长的1/3～1/2为好。饵料鱼过小，不利鳜生长；饵料鱼过大，鳜在饥饿摄食后可能卡死鳜，也可能使鳜消化道受伤，引发感染。为确保饵料鱼供应，鳜主养池与饵料鱼池的面积要1∶3配套。四严把水质管理关。鳜对养殖水体要求较高，要勤注水、勤换水、勤增氧。若鳜主养池已培育了前期饵料鱼，在鳜鱼苗下塘前，要换掉部分老水，以改善因培育饵料鱼水质过肥这一现状。一般而言，鳜主养前期水位要浅，大概70～80厘米，有利于鳜捕食，可提高养殖成活率，养殖1周后开始注水，而后每隔5～7天注水1次，每次20～30厘米。7～9月高温季节，每3～5天冲水1次，每15天左右换水1次，换水量为池水的20%～30%。为提高水体中的溶氧量，降低饵料系数，加快水环境中的物质循环，要适时开启增氧机，通常晴天中午开、阴天清晨开、阴雨连绵天半夜开。做到炎热开机时间长、凉爽开机时间短；半夜开机时间长、中午开机时间短。此外，鳜对酸性水体较敏感，每隔20天左右．每亩水面要泼洒生石灰15千克。五是严把病害防治关。要坚持“以防为主、防治结合”，最大限度地消除致病隐患。

（2）鳜主要养殖省份情况　广东省是全国鳜苗种主产区，其鳜鱼苗占全国鳜鱼苗生产的80%；商品鳜养殖量大，商品鳜占全国的30%；其显著特点是：产量高、技术好、产业配套成熟、养殖周期长，但池塘、饵料鱼、人工等综合成本偏高，养殖获利风险大。广东省养殖周期长，通过养殖早茬鳜和晚茬鳜来增效；工厂化和饲料鳜养殖是未来的趋势，但技术有待成熟。

湖北地区养殖量较大，2018年投苗量近3 000万尾，成功率偏低，精养产量500千克/亩左右，养殖技术和产业配套日趋成熟；整体养殖水面大，塘租便宜，资源廉价，冬季饵料鱼多而廉价，甲壳类鳜-生态养殖面积大，阶段性产量大。

江西地区土塘精养鳜发展相对落后，技术和配套逐步成熟，但湖泊与水库众多，野杂鱼资源丰富。

湖南地区鳜发展后来居上，十分迅速，野杂鱼资源较为丰富，另衡阳地区靠近广东，有天时地利优势。发展机会：喂冰鲜鱼养殖鳜，池塘活饵精养，可参考湖北、学习广东。

安徽地区养殖技术有待提高，养殖规模有扩大空间，塘租便宜，有安徽臭鳜加工厂，鳜卖价较高。发展机会：提高养殖技术，做好饵料鱼配套，先行先试，前景广阔。

（3）主要省份鳜生产形势　鳜由于受虹彩病毒病等病害暴发的影响，不少鳜主产区发病情况严重，有的塘口鳜产量大幅度下降。鳜总体产量和上市量与2017年相比均呈下降趋势，塘口批发价与去年同期相比上涨明显。

二、鳜市场前景分析

鳜是淡水鱼中的高档品种，属鲈形目。常见养殖品种有翘嘴鳜、大眼鳜和斑鳜。翘嘴鳜的幽门盲囊数量最多，对食物的消化吸收能力最强，因而生长最快，个体相对也较大。目前，开展人工养殖最多的也是翘嘴鳜，对优质翘嘴鳜苗种需求量很大。

从消费市场定位和分析来看，鳜在消费市场的位置：属于能够走进千家万户的中高档鱼品种，在内陆淡水养殖区域，鳜是长盛不衰的代表性品种。到目前为止，还没有其他淡水品种超过鳜所达到的高度，如一度很红火的鲟、淡水石斑、大菱鲆等。这些品种在上市初期数量不多时，销售价格非常高，随着苗种繁育和养殖技术的普及，不久价格就快速回落，只有鳜价格一直较为稳定。总体来讲，鳜是我国淡水鱼品种中最有发展前途的品种之一。

三、加州鲈2018年生产形势分析

1. 加州鲈春季苗种投放与生产形势　加州鲈全国产量2016年36万吨，2017年37万吨。加州鲈主要养殖区域在广东省佛山市、江苏省苏州市和南京市、浙江省湖州市，湖南、湖北、江西、安徽、福建、河南、四川等地也有一定的规模。2018年，广东佛山7万亩，江苏6万亩，浙江湖州2万亩养殖，福建漳州地区也在养殖。2018年，加州鲈养殖形势总体看好。

加州鲈作为近几年来发展最快的养殖品种之一，自饲料驯化养殖商品鱼破题后，冰鲜鱼已不再是限制其养殖区域的因素了。加州鲈较高的养殖效益和广泛的适应性，也让以养殖鲤为主河南的养殖户们跃跃欲试。河南不少鲤养殖户开始尝试转养加州鲈，河南加州鲈产业经过2016年和2017年的大力发展，目前全省养殖面积达4 000亩左右。

根据问卷调查、电话访谈和现场走访结合，2018年上半年加州鲈鱼苗种投放量有望增长5%左右。

2. 加州鲈苗种面临的问题

（1）苗种培育成活率低　广东等南方地区最早一批苗经常出现排塘现象，几乎没有成活率，培育较好的成活率达到20%；4月以后，苗种成活率可达到25%左右。

（2）驯食摄食率低　一般在水花下塘20～25天后，鱼苗规格在2～3厘米时开始驯食，采用池塘边加水泵冲水引鱼顶水的方式驯食。受池塘面积大小、水体中浮游动物数量的影响较大，驯食到5～6厘米时，摄食率普遍在35%左右。

（3）苗种阶段饲料驯化技术不成熟　很多苗种培育单位驯化几天后，发现摄食率不高，往往选择放弃。另一方面，部分苗种驯化率不好，僵苗闭口比重大，影响成鱼养殖出池产量。养殖户拿到不好的苗种，养殖设施和饲料等投入是一样的，产值和效益会大打折扣，养殖风险很大。

（4）盲目扩大养殖规模　目前，除广东和浙江加州鲈苗种体系比较完善，其他省份苗种体系的建立和完善还需要一个较长的时间过程，不宜盲目扩大养殖规模。否则养殖不确定因素及风险将会增多，尤其对跨界、跨行的养殖新手需要慎重进入。

3. 加州鲈秋、冬季生产形势

（1）加州鲈主养省——广东省颗粒饲料使用有突破　作为全国加州鲈主产区的广东省，除了海大，2018年上半年其他饲料企业的加州鲈饲料销量也出现了暴发性增长。据业内人士估计，2018年广东省加州鲈饲料销量将达15万吨，同比增长50%。去年鱼价行情持续利好的助推下，2018 年广东省加州鲈放苗量增加了 20%左右，养殖量大幅增加。同时，随着饲料技术逐渐完善，投喂饲料在抢头箍鱼、出“炮头”及性价比方面均比冰鲜鱼更有优势，饲料养殖加州鲈在广东省市场已得到普遍认可。对于饲料企业来说，2018 年是加州鲈全饲料养殖推广的黄金机会，饲料用量呈现暴发式增长。2017 年，广东省加州鲈饲料销量超过 10 万吨，2018 年广东省加州鲈饲料销量达 15 万吨，同比增长 50%。

（2）湖南省华容加州鲈养殖有起色　2018 年 7 月每天早晨，华容县治河渡镇月亮湖村 2 000 亩鲈养殖基地内的大路小道，就已经被全国各地赶来的水产收购运输车挤了个满满当当。由于坚持发展生态化养殖，严把品质关，“华容鲈鱼”迅速打响了市场品牌。这个销售季，日均出水鲜鱼达 2 万余尾、9 000 余千克，远销云、贵、川、陕、渝等 10 多个省、市。

月亮湖渔业合作社发起人之一的养殖大户王科军告诉我们，以前当地养殖户大多是“散兵游勇”，成立合作社后，采取“公司＋基地＋农户”的管理模式运行。在生产销售过程中，合作社为养殖户提供鱼苗、饵料、捕捞设备、冰鲜氧气、冷链物流以及技术指导等“一条龙”服务，并进行全程质量跟踪，对成品鱼实行订单先行、保价收购，切实保证养殖户的利益。

（3）加州鲈秋季养殖形势　2018 年，加州鲈总体产量和上市量与 2017 年相比，均呈上升趋势，塘口批发价与去年同期相比下降明显。

四、加州鲈冰鲜鱼转为颗粒饲料投喂的建议

（1）加州鲈饲料生产厂家根据营养需求，做好产品定位。目前，参与加州鲈饲料推广的企业较多，由于成本设计和营养配方的矛盾，产品定位参差不齐。不少企业对加州鲈的营养需求掌握不够全面，选择仿制的方式定位产品。仿制的饲料产品会存在较多问题，如造成加州鲈摄食不理想，从而影响生长速度、引起肝脏病变等一系列问题。这些问题一方面有损企业形象，另一方面阻碍加州鲈饲料的全面推广。所以，产品定位是饲料推广的根基，建议缺乏科研实力的饲料企业可以借助外力，如与权威高校或者研发实力强的企业合作，掌握营养需求，做好产品定位。

（2）加州鲈饲料厂家严控产品品质，定位适宜的加州鲈饲料很关键，但产品的最终效果不单单是定位好就能表现出来的。还需在原料把控、生产监控、成品掌控上严格把关，掌控好成品饲料的营养水平、物理外观，并长期保持稳定。唯有这样，才能保证让加州鲈吃到更合适的日粮，从而逐步增强养殖户的信心，饲料品牌才能慢慢建立起来。

（3）加大颗粒饲料投喂的技术服务、普及推广。由于加州鲈饲料还存在不完善的地方，需要饲料企业不断去发现并解决问题。饲料企业应增派服务人员对养殖过程密集跟踪，对存在的问题及时发现、及时调整，保障养殖成功。并采取以点带面的方式加大宣传推广。

（4）近年来，加州鲈的养殖密度越来越大，而冰鲜鱼携带细菌引起的水质污染、病害暴发也日益严重，严重阻碍了加州鲈产业的可持续健康发展。随着养殖技术的进步、饲料配方技术的优化、加工工艺的完善，投喂饲料的操作优势和成本优势必定凸显。未来即将进入养殖户的新老交替时代，新生代年轻养殖户更看重便利和易操作性，更有预判的眼

光，更容易接受新鲜事物。所以，有理由相信加州鲈投喂颗粒饲料将成为主要养殖模式，并将在以后的2～3年内呈现爆发式增长。加州鲈即将与乌鳢一样，走上饲料代替冰鲜鱼的不可逆转之路。

（奚业文）

罗非鱼专题报告

一、罗非鱼主产区分布及总体情况

2018年调整养殖渔情测报采集点，减少了采集省份和采集点的数量，采集点明显缩小，测报面积明显减少。2017年，全国罗非鱼养殖渔情测报在9个省设置了143个采集点。2018年，全国罗非鱼渔情测报点仅在广东省、广西壮族自治区、海南省共设置了16个采集点，调整幅度大。

罗非鱼养殖主要分布在南方，作为加工出口原料鱼，养殖采用投喂人工配合饲料的精养方式。养殖模式主要有普通池塘精养、大水面池塘精养、水库网箱养殖和水库大水面精养4种。

目前，我国罗非鱼产业链长，涉及苗种生产、成鱼养殖、贮存加工、捕鱼运销、饲料生产、渔医渔药、设计施工和给排水、金融信贷、科技、信息和经营管理等，对促进渔业产业结构调整、带动区域经济发展、解决农村剩余劳动力就业、推进社会主义新农村经济发展具有重大意义。罗非鱼经济已成为我国渔业经济新的增长点。

二、罗非鱼生产形势分析及特点

1. 总体特点分析

（1）苗种投放　鱼苗和鱼种的投放量均比去年明显减少，鱼苗和鱼种价格比去年明显下降。2018年，全国罗非鱼16个采集点投放苗种金额295.2万元。2018年，投放苗种量最多的是海南省，采集点投放苗种金额179.8万元；其次是广东省，投放苗种金额106万元；最后是广西壮族自治区，投放苗种金额9.5万元。

（2）生产投入　2018年，全国采集点罗非鱼生产投入费用为7 492.18万元。2018年，全国采集点罗非鱼苗种投入费用最多的是海南省，为5 364.97万元；其次是广东省，为1930.51万元；最后是广西壮族自治区，为196.71万元。

（3）出塘量、收入和平均单价（表3-11、表3-12，图3-16）　全国罗非鱼苗种出塘量均减少，成鱼出塘量也减少，出塘价格还是很低迷。2018年，全国采集点罗非鱼养殖出塘数量、收入和平均出塘单价分别为838.8吨、7197.1万元和8.58元/千克。2017年，全国采集点罗非鱼养殖出塘数量、收入和平均出塘单价分别为12 485.8吨、11 831.6万元和9.47元/千克。2018年与2017年平均出塘单价同期相比，减少9.4%。2018年，全国采集点罗非鱼成鱼出塘收入最多的是海南省，为4 605.4万元；其次是广东省，为2 436.2万元；最后是广西壮族自治区，为155.4万元；2018年，全国采集点罗非鱼成鱼出塘价格最高的是广西壮族自治区，为10.29元/千克；其次是广东省，为9.74元/千克；最低是海南省，为8.03元/千克。

表 3-11　2017—2018 年全国养殖渔情罗非鱼单价

单位：元/千克

养殖品种	1月	2月	3月	4月	5月	6月	7月	8月	9月	10月	11月	12月
2017 年	8.57	8.91	8.81	9.02	9.37	8.42	9.25	9.21	10.66	10.3	9.02	7.85
2018 年	8.56	9.03	8.88	8.49	8.31	7.81	8.66	8.57	8.93	9.17	8.74	8.26

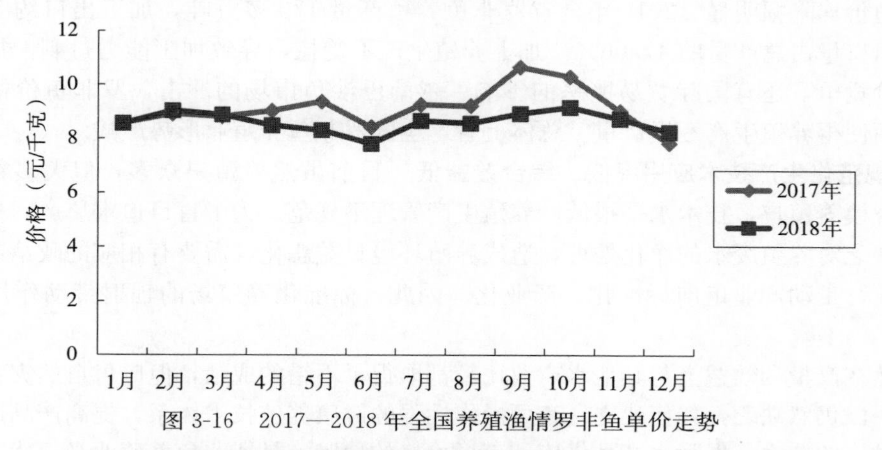

图 3-16　2017—2018 年全国养殖渔情罗非鱼单价走势

表 3-12　2018 年全国罗非鱼成鱼综合出塘价格情况与 2017 年比较分析

地区	综合出塘价格（元/千克）			
	2017 年	2018 年	增减值	增减率（%）
全国	9.48	8.58	−0.9	−9
广东省	9.42	9.74	0.32	3
广西壮族自治区	8.84	10.29	1.45	16
海南省	8.5	8.03	−0.47	−5.5

（4）养殖损失　2018 年，全国采集点罗非鱼产量损失合计 15.5 吨，经济损失合计 11.4 万元。采集点均病害造成损失，其他灾害损失数量为零。

2. 专项情况分析

（1）罗非鱼价格整体明显下降，投苗量同比减少　供求关系不平衡，供大于求，导致出塘单价明显下降，出塘总额也明显下降。此外，由于国际贸易壁垒、增收关税的原因，造成国外订单数量下降，部分罗非鱼加工厂加工数量明显减少，这些是导致 2018 年罗非鱼行业价格走低的关键原因。

（2）科学管理，提高罗非鱼养成率，合理降低养殖成本，提高竞争力　放养大规格鱼种，提高养成率。在放养鱼苗前，先培养藻类调节水质。根据不同的养殖方式，选择不同的鱼种混养，或者实行鱼菜共生，改善养殖环境，减少病害。使用安全的生物防控技术，推广生态健康养殖模式。

三、存在的主要问题

全国罗非鱼养殖主要以农户为单位，分散，渔业设备落后，技术水平低，生产的随意性大，尾水排放是目前养殖池塘中比较突出的问题。与此同时，由于池塘布局不合理、高密度集中，使得养殖用水成为产业发展的一大难题；养殖生产行为并不规范，为了盲目追求单位面积产量，放养密度偏大，缺乏对养殖废水的净化处理，造成养殖环境的日益恶化，养殖病害时有发生。

1. 产品供需结构性矛盾突显 供求关系严重失衡，供大于求，导致出塘量、出塘总额和塘边价均降幅明显。2017 年全省罗非鱼养殖产量 170 多万吨，加工出口约 80 万吨，罗非鱼出口量占总产量的 47.06%。加上养殖生产不受控，导致加工能力过剩，加工企业相互低价竞争，还有国际贸易壁垒的影响、越南巴沙鱼市场的冲击，罗非鱼价格一直走低，从而使得养殖生产亏损严重。总体上看，全国罗非鱼养殖业形势严峻。

2. 规范化生产技术应用率低、综合效益低 目前虽然养殖户众多，但大多数都是分散的小规模养殖户，技术水平很低，养殖生产管理不规范。为了盲目追求单产，提高放养密度，缺乏对养殖废水的净化处理，造成养殖环境日益恶化，需要有相应的政策或是企业挺身而出，带动产业走向标准化、产业化。因此，标准化养殖场的辐射带动作用仍有待加强。

虽然在产量和效益上与其他水产业比较都取得了不错的成绩，但应付自然灾害、市场风险的手段仍然缺乏，如何建立一套可操作性强的健康养殖技术体系，提高产品质量，提高应急供应的能力，保障水产品供应和市场价格的稳定，是罗非鱼养殖业必须优先解决的课题之一。

3. 养殖废水处理率低，养殖病害的频发是产业发展的瓶颈 目前，由于养殖废水处理设施建设滞后，养殖废水处理池、生态池等设施匮乏，在投入严重不足及在利益的双重驱动下，养殖废水处理率很低，不仅严重影响了自然生态平衡，还制约了循环水养殖技术的普及和推广。另外由于养殖技术落后，养殖用水不经过处理或处理不得当便排到自然水域，对水环境造成负面影响。这种现象亟须企业发挥示范作用的同时推广循环水养殖技术，并组织对农户进行培训、宣传，才能得以缓解。

近几年来，罗非鱼产业病害呈现多样、多发、耐药性的发展态势。罗非鱼链球菌疾病发生严重，主要危害大规格个体，高温、高密度、低溶氧为发病流行的条件。进入 4 月中旬直至 10 月底均为高发期，不受水温、密度、个体规格限制，且对小规格苗种的危害更大。最近罗非鱼又检测到罗湖病毒病害，可谓罗非鱼病害的防控难上加难。

4. 政府对产业发展的规划统筹不够重视 罗非鱼滞销事件值得业界深思，长期被出口绑架的罗非鱼产业多年来受美国强势打压，鱼价疲软，养殖户如履薄冰，艰难维护。如今遇上最严格的环保督查，部分加工厂却选择减产压价的方式应对，把养殖户推向亏损的边缘。养殖户是最受伤的群体，也是最弱势的群体，他们的利益应该得到政府和行业更多的保护与帮助。

四、2019 年生产形势预测

1. 价格下滑，投苗量降低，渔民增收形势不容乐观 由于价格下跌问题，罗非鱼养殖户积极性普遍下降。预计 2019 年，投苗量、养殖规模全国各省份均继续减少，会造成罗非鱼养殖产量明显下滑。

2. 病害将严重影响罗非鱼的产量　由于罗非鱼细菌性病害防治技术依然不完善，2019 年受细菌性和病毒性病害影响，罗非鱼养殖出塘产量上升空间较小，预计开春罗非鱼价格会有所回升。

五、几点思考与建议

1. 科学调整产业布局及打造品牌，创新经营模式

（1）在引进先进设备的同时，还应建立多元的农业产业化体系和组织，推进标准化生产和产品安全质量监控体系，加强罗非鱼市场信息网络的建设。

（2）努力开发科技含量高、附加值高的优质产品，提高精、深加工产品的比重，进一步优化产品结构。加强对传统优秀品牌的挖掘，培育一批在国内外市场上具有明显竞争优势的民族特色品牌，借以提升传统产品的吸引力和竞争力。

2. 引导消费，创造市场（一带一路沿线国家的消费市场）　挖掘罗非鱼国内市场的消费能力。出口企业引入产品可追溯体系平台，推动认证，导入标准化管理，提高品质，走产品差异化战略，突出区域特色，关注农业农村部渔业渔政管理局提出的营养餐计划，引入电子商务新的商业模式，以国家倡导的一带一路沿线国家经济共同体，扩展非洲、南美洲国际市场，创造消费能力。

3. 调整放养结构，提倡生态、优质生产方式　优质的生态环境是最具有竞争力的核心资源，是我国“绿色崛起，科学发展”的必要基础和重要保障。《我国渔业规划纲要》提出，大力发展生态经济和循环经济，努力构建资源节约型社会，依托生态环境和资源优势，加快生态产业发展，大力发展绿色农业、循环农业，走出一条有特色的小康之路。

目前，我国罗非鱼养殖仍较传统、分散，养殖总量较大，传统的养殖方式既对环境造成不利影响，也不利于资源的有效利用。本着遵循“减量化、资源化、再利用”的循环经济理念，采用“生态循环水”设施化养殖技术，既可以高效利用资源，又实现了粪污等养殖废弃物的资源化利用，“三废”排放完全达到环境保护的要求，不存在有害物质排放，达到建设我国新时代的目标。

4. 加强政府的监管与引导，提高养殖者的自律行为　推进食品安全生产示范基地和健康示范场的建设，为我国水产品质量监控提供了依据。

影响水产品质量安全的因素有很多，其中，最主要的原因是源头管理薄弱。为了加强源头管理，各地渔业主管部门大力推行“公司＋基地＋标准化”的生产管理模式，狠抓出口水产品基地和养殖健康示范场建设，以保障水产品的质量安全。在基地建设过程中，对于出口水产品集中的地区，探索实施区域化管理，开展出口食品农产品质量安全示范区建设，取得了初步成效。如海南省（市、县）示范区建设的经验和实践证明，在目前的水产生产水平和生产力条件下，推行示范区、健康示范场建设，是确保水产品质量安全、促进水产品扩大出口的科学之举。

5. 提高政府的服务能力，增强产业政策和资金扶持力度　贯彻绿色、循环、低碳发展的主线，选择在养殖业水平高、基础条件好的地区，因地制宜的发展。在集中连片养殖区进行示范，以传统养鱼塘、常规罗非鱼池塘改造建设为主，系统建设要以新型材料、组合式结构为主，养鱼功能区集约养殖品种以地方特色、成熟品种为主，养水功能区以生态环境构建与调控为主。同时，可结合稻（水生蔬菜）渔综合种养、休闲渔业等规划建设池塘工业化生态养殖系统，打造具有本地区特色的发展模式。

（邱名毅）

鲑鳟专题报告

一、鲑鳟采集点基本情况

全国鲑鳟养殖信息采集点主要集中在辽宁、吉林两个省，共设置 5 个鲑鳟采集点。根据 2018 年 1～12 月各采集点上报的采集数据进行分析对比如下。

二、鲑鳟生产形势

（1）两个省 5 个采集点，2018 年苗种投放共 78 万尾，与上年投放的 65 万尾相比，同比增加了 20%。当前苗种平均价格 1.75 元/尾，较同比上涨了 25%。大部分生产场家都是自繁自育的苗种。

（2）2018 年 5 个采集点共出塘销售苗种 3 万尾，与上年同期出塘 6.7 亿尾相比，同比下降幅度较大。主要原因是上年度一个采集点出塘苗数过高，出塘苗种价格 2018 年较上年上涨 25%～30%。商品鱼出塘量同上年持平，出塘价格同比上升 10%左右。

（3）2018 年 1～12 月鲑鳟饲料总成本 344 万元，同比增加 20%。主要原因是上年度养殖规模的扩大导致。

（4）2018 年 1～12 月人员工资投入 162 万元，同上年的人员工资投入基本持平略有上升，提升了 10%；水电燃料投入 41.2 万元，同上年的 33.8 万元相比上升了 22%。人员工资上升原因主要是，这两年人员工资都在上涨，这也是目前养殖业共同面临的局面。

（5）2018 年 1～12 月，病害损失较上年相比略有下降。主要原因是各养殖场加大了病害的防控措施。

从上述数据分析，2018 年同 2017 年相比，鲑鳟的鱼苗、苗种放养量同比大幅度提升。主要原因是受苗种和成鱼价格上升的影响，各项投入和产出都呈现提升的趋势，商品鱼出塘量和出塘收入双增长，而且销售价格有所上升。

三、2019 年生产形势预测

从 2018 年的数据综合分析，2018 年各信息采集点的鲑鳟养殖形势平稳，虽然苗种投放大幅度增加，而且受价格上升的影响，养殖户的养殖热情有所提升，对今后扩大养殖规模、加大养殖投入有一定的促进作用。

（孙占胜）

大黄鱼专题报告

一、养殖生产概况

我国大黄鱼养殖主产区为福建省、广东省和浙江省。据中国渔业年鉴统计，2017年我国大黄鱼产量为177 640吨。其中，福建省150 542吨、广东省12 516吨、浙江省14 582吨，分别占84.7%、7.0%、8.3%（表3-13）。

表3-13 2008—2017年大黄鱼主要养殖地区产量

单位：吨

年份	全国	福建省	广东省	浙江省
2008	65 977	59 580	2 866	3 317
2009	66 021	58 622	3 844	3 365
2010	85 808	71 710	10 838	3 090
2011	80 212	73 214	4 773	2 225
2012	95 118	83 505	8 278	3 260
2013	105 230	92 289	9 594	3 275
2014	127 917	114 502	9 590	3 745
2015	148 616	131 242	10 582	6 512
2016	165 496	146 514	9 809	9 173
2017	177 640	150 542	12 516	14 582

数据来源：2009—2018年《中国渔业年鉴》。

2018年，全国大黄鱼养殖渔情信息采集点共13个。其中，福建省采集点8个，分布在福鼎市、蕉城区和霞浦县，均为海上浮筏式网箱养殖；浙江省采集点5个，分布在苍南县、椒江区和象山县，均为海上浮筏式网箱养殖。

二、2018年生产形势分析

1. 主要养殖模式发展 目前，大黄鱼养殖模式有传统网箱养殖、深水大网箱养殖、围栏养殖和池塘养殖等。以网箱养殖为最主要养殖模式，围栏养殖和池塘养殖作为大黄鱼的特色养殖，其发展目前受一定条件限制。深水抗风浪大网箱养殖的大黄鱼，体型、色泽、肉质均好，但因水流急，大黄鱼生长缓慢，养殖成本过高而难以普及。同时，在绿色发展的大背景下，为缓解超饱和养殖和海面白色泡沫污染现状，改变"泡沫+木板"的传统渔排养殖模式，政府提出环保型"塑胶渔排"升级改造模式。

2. 商品鱼出塘价 2018年，大黄鱼商品鱼出塘价以福建省霞浦县采集点为例。从3个采集点的采集数据显示，2018年大黄鱼总销售量同比上年增加30.44吨，增幅10.3%；收入同比上年增加59.78万元，增幅7%；2018年大黄鱼（350～500克）销售单价28.05元/千克、2017年销售单价28.92元/千克，销售价格同比上年下降0.87元/千克，降幅

3%。其中，2018 年 1～6 月价格同比上年有所下降；7～9 月基本持平；10～12 月价格同比上年略有上涨。

3. 采集点养殖成本　2018 年，大黄鱼养殖成本分析以福建霞浦县采集点为例，分别选定在具有一定代表性的溪南镇东安海区、下浒镇小雷江和三洲海区，3 个点所在乡镇（区域）大黄鱼养殖量占全县大黄鱼养殖总量的 70%以上。霞浦县采集点大黄鱼养殖总成本 930.57 万元。其中，饲料支出 789.22 万元，占 84.8%；苗种支出 43.95 万元，占 4.7%；人员工资 37.28 万元，占 4.0%；水电燃料 4.73 万元，占 0.5%；水域租金 4.20 万元，占 0.5%；固定资产折旧 36.00 万元，占 3.9%；渔药 11.04 万元，占 1.2%（图 3-17）。

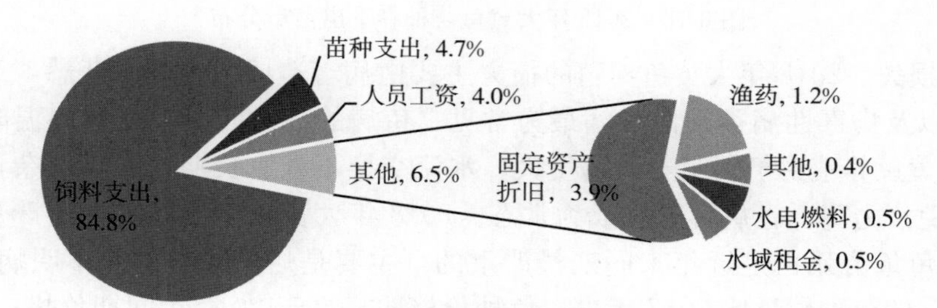

图 3-17　2018 年福建霞浦大黄鱼养殖成本分布

4. 鱼苗投放　大黄鱼每年有两次投苗时间，一次在春季，另一次在秋季。养殖户投放春苗时间一般在 2～5 月，投放秋苗在 9～11 月。大部分养殖户通常只投放 1 次春苗，少部分投放 2 次苗种。

本次春季大黄鱼苗种生产调研共设调查点 32 个。福建省 28 个，其中，福鼎 14 个，分布在元�、秦屿等乡镇；蕉城 8 个，分布在飞鸾、礁溪、碗窑；霞浦 3 个，分布在溪南、长春；罗源 3 个，分布在松山。浙江省 4 个，分布在苍南。根据收集的调研资料汇总统计，2018 年全长 4 厘米以上的春季大黄鱼苗种生产量约 32 亿尾。其中，福建福鼎 12 亿尾、蕉城 15 亿尾、罗源 2.7 亿尾，浙江苍南、象山 1.8 亿尾（表 3-14，图 3-18）。由于下海暂养时间延长，淘汰量较大，养殖投苗量不足 25 亿尾。2018 年春苗成活率比 2017 年低，导致目前鱼种存量比 2017 年少，目前鱼种价格明显高于 2017 年。

表 3-14　2018 年大黄鱼苗种生产统计

地区	苗种场数（个）	育苗数量（万尾）	育苗池面积（米²）	规格（厘米）	增减率（%）
蕉城	48	150 000	96 000	4.5～6	20
福鼎	33	120 000	36 000	4.5～6	0
霞浦	1	3 000	2 800	3～4	－50
罗源	16	29 000	13 500	4.5～6	－20
苍南	4	10 000	8 500	5～8	30
象山	2	8 000	4 000	5～8	0
合计	104	320 000	131 600	4.5～6	10

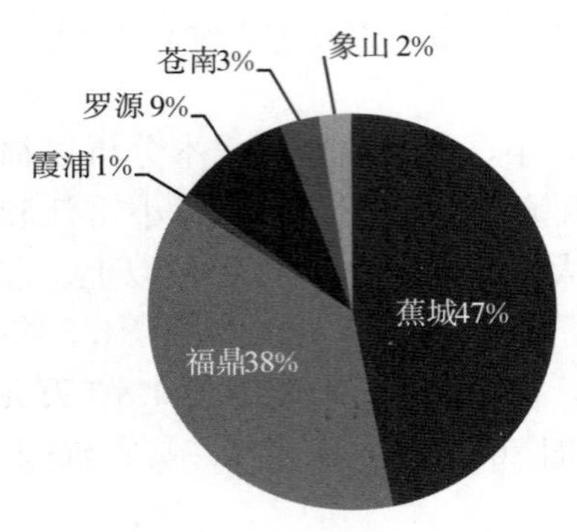

图 3-18　2018 年大黄鱼苗种春季出苗量分布

5. 病害损失　2018 年大黄鱼养殖的损失主要由病害造成。经调查获悉，隶属细菌病类的白点病以及病毒性病类的白鳃病最为常见。鱼病的高发阶段处夏季高温时期，多为 6～9 月。大黄鱼养殖由于网箱养殖密度大、水流交换不畅、长期投喂冰鲜杂鱼为主，鱼的抗病力和免疫力降低，病害频发成为常态。2018 年大黄鱼病害同比上年严重，尤其是 5～6 月大黄鱼鱼苗死亡是近年来同期最严重的，主要是烂尾、烂皮及不明病因的死亡。导致目前留存的苗种数量比 2017 年少，鱼种价格明显高于 2017 年同期价格；另外，大、中鱼死亡率最高是 8～9 月的白鳃症，其次为 7～8 月的刺激隐核虫病（俗称“白点病”）、3～4 月的内脏白点、10～11 月的继发性细菌感染的溃烂病（包括烂头、烂尾）等；且刺激隐核虫呈现耐高温迹象，发生期长（5～11 月均有），期间还伴有严重的白鳃症。以福建省霞浦县采集点为例，2018 年病害损失约 34 885 千克，损失金额约 139.54 万元（2017 年病害损失量约 21 250 千克，损失金额约 85 万元）。

三、2019 年生产形势预测

2018 年大黄鱼养殖盈利、保本、亏本三者均有存在。养殖户的病害防控意识也有一定的提高，能够掌握适宜的收成时间。特别是在病害高发期，一旦发现鱼的活力及摄食量明显下降时，达到商品规格鱼及时抢收，以减少因病害造成的损失，总体情况是略有盈利。因此，大部分养殖户仍有一定的积极性，但鉴于目前无序无度的养殖趋势，政府已下决心整治（2018—2020 年），全面转型升级（环保型塑胶渔排），根据海洋功能区划，缩减网箱、腾出航道和禁养区水域。预计 2019 年大黄鱼普通网箱稳中有降，由于量的减少，预计 2019 年下半年大黄鱼价格同比 2018 年会稳中有升。

四、建议与对策

1. 合理规划，推进科学养殖　由于缺乏合理规划，网箱养殖密度过高，近海港湾水体交换能力差，共享一大片海域的养殖户并不会主动降低养殖密度，适合大黄鱼养殖的海域越来越少。为避免大黄鱼网箱滥建，政府有关部门依法管理养殖区渔排建设。首先，承建的单位和个人应依法取得海域使用证和养殖证，对违建行为实行“零容忍”；其次，渔业行政部门根据海域功能区划的禁止养殖区、限制养殖区和可养区等核准养殖渔排的建造与布局。传统的网箱养殖模式，大量使用冰鲜鱼类动物性饵料，沉入水底腐烂后造成养殖区底质污染，导致病害频发，成活率低。因此，鼓励养殖户使用配合饲料替代冰鲜鱼，科学养殖是大黄鱼可持续发展的方向。

2. 大力推进协会发展，协调产业发展　行业协会对产业的发展至关重要，是产业支撑体系中不可或缺的组成部分。既要鼓励散户渔民加入行业协会、渔业合作社等组织，也要通过扶持规模化标准化的养殖企业来吸纳接收散户渔民。通过升级转型、协会带头等方式，帮助养殖户走上可持续养殖的道路，这样才能避免传统养殖污染死灰复燃。

3. 加快大黄鱼原良种体系建设，加强种质管理　大黄鱼原良种是国家的宝贵财富，如何管理好大黄鱼原良种是社会各界共同关注的问题。相关部门和评审机构要把好良种的评审关，以多代稳定的优良性状作为审定良种的主要依据。无论是满足消费者，还是满足国际水产品贸易需求，大黄鱼养殖者都应该加快养殖结构调整步伐，满足日益变化的多元市场需求。

4. 发掘大黄鱼历史文化，提升大黄鱼文化内涵　大黄鱼体色金黄，象征着财富、吉祥和高贵，具有独特的文化内涵。如举办大黄鱼节，传承大黄鱼文化，举办大型推介活动，吸引大众关注，拓展国内外市场，实现大黄鱼产品增值。

（康建平）

大菱鲆专题报告

一、养殖生产概况

1. 苗种投放 2018 年大菱鲆苗种年产量接近 2.9 亿尾，产地主要集中在山东省，占全国苗种生产总量的 90%以上。全国苗种生产厂家约 160 余家。育苗水体达 27.91 万米^2。苗种主要以“多宝 1 号”“丹法鲆”为主。2018 年大菱鲆投苗主要呈现以下几个特点：

（1）苗种生产量增加 由于受去年价格上涨影响，2018 年苗种产量有所上升。以山东省莱州市为例，一季度大菱鲆苗种生产规模达 8 000 米^2，产量达 750 万尾；销售 150 万尾，同比显著增加。

（2）苗种价格基本稳定 5 厘米/尾以下的大菱鲆苗种价格维持在 1.5 元/尾，5 厘米/尾以上的在 1.8 元/尾，苗种价格同比去年基本稳定。

（3）苗种投放稳定 根据相关数据及实地调查，目前大菱鲆生产趋于理性，年投苗量将稳定在 0.9 亿～1.2 亿尾。出现 2012 年迅速扩张现象的概率较低，大菱鲆养殖业已进入平稳发展期。

2. 价格变化 大菱鲆整体情况稳中有升，采集点销售量 362.31 吨，主要以条重≥600 克的标鱼和统货为主，销售收入 1 736.57 万元，综合销售价格为 47.93 元/千克，同比上涨 11.57%。2018 年大菱鲆价格相对较高且走势平稳，在春季、暑期旅游及国庆中秋双节三个时段的价格有一定幅度的上涨，节假日后的回落幅度并不明显，没有出现大起大落的情况。从需求侧看，大菱鲆的消费主体主要集中在北方沿海地区，其市场潜力尚未完全挖掘，导致并未出现价格的大幅上涨；从供给侧看，近年来由于饲料成本的不断上涨，加之环保要求日益严格，弃养、转养大菱鲆的经营主体增多，整体养殖量萎缩严重，商品鱼存量较少，导致 2018 年价格维持在近几年的较高水平（图 3-19）。

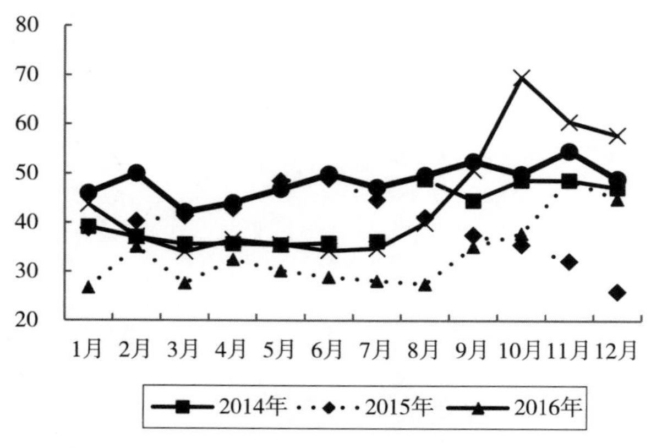

图 3-19 2014—2018 年 1～12 月大菱鲆价格走势

3. 生产成本 采集点生产投入共 1 686.96 万元，主要包括物质投入、服务支出和人力投入三大类，分别为 1 071.87 万元、341.35 万元和 273.74 万元，分别占比为 63.54%、20.23%和 16.23%。在物质投入大类中，苗种、饲料、燃料、塘租费、固定资产折旧分别占比10.21%、50.29%、0.06%、1.33%、1.65%；服务支出大类中，电费、水费、防疫费及其他费用分别占比16.37%、2.01%、0.70%和1.16%。各生产成本比例如图3-20。

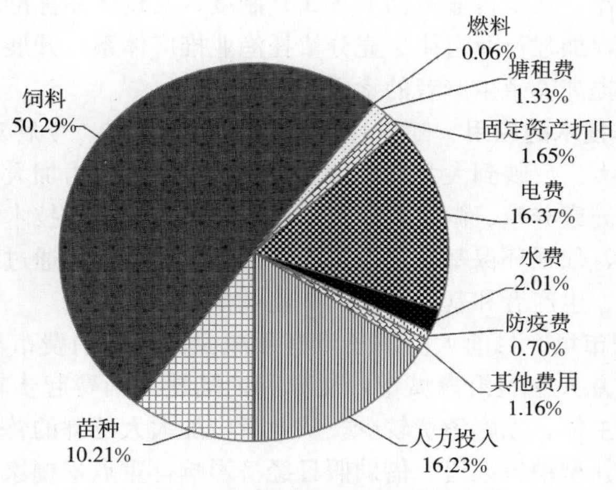

图3-20　大菱鲆生产投入要素比例

4. 生产损失　从采集点数据看，大菱鲆全年产量损失5 620千克，占销售量的1.55%；直接经济损失18.31万元，占销售收入的1.05%。从区域上看，辽宁省的损失量达到了5 275千克，损失额16.61万元。从总体上看，大菱鲆的生产损失较小，目前处于可控范围内。

二、2019年生产形势预测

2018年是自2012年以来大菱鲆价格最为稳定、波动幅度最小的一年。从大菱鲆生产周期特点、国内宏观经济形势及供需关系等方面看，在接下来一段时间内，大菱鲆行业将保持相对稳定。从投苗量看，全国年投苗量将稳定在0.9亿～1.2亿尾，生产规模迅速扩张的概率较小。从价格上看，大菱鲆价格将维持在40～60元/千克，五一、国庆及中秋期间，受节假日效益影响可能会持续走高；1～2月，大部分养殖区水温逐渐降低至全年最低，生长速度降低或停滞生长。在鱼价稳步上升期，选择合适鱼价适时出鱼。同时，根据自己的养殖条件和养殖节奏，提前规划好进苗时间和进苗规格，确保2019年高效安全生产。总体来讲，2019年大菱鲆生产及市场将保持平稳。

三、建议与对策

1. 加强疾病预防及检测体系建设　从采集点数据看，大菱鲆病害造成的生产损失依然不容忽视。目前，我国养殖大菱鲆已有10余种明显的疾病流行，其中，以细菌性疾病对产业的危害尤为突出。在日常生产中，根据水质条件、换水量、苗种规格、饵料质量等因素合理确定养殖密度，保持优良的养殖水环境，科学使用微生态制剂等。在此基础上，应装备必要的水质测定、疾病诊断仪器设备和工具等，建立疾病检测实验室，为健康养殖和疾病监控提供条件。

2. 推进标准化生产 全面推行健康、安全养殖的操作规范，重点加强对养殖生产行为的管理，建立养殖生产档案管理制度，对苗种、饲料、渔药等投入品和水质环境实行监控，促使产品生产经营的各个环节都要遵循相应的标准。还要依据ISO 9000质量标准体系，推行质量认证工作。在全行业贯彻HACCP制度，实现产品标准化。探索建立大菱鲆相关团体标准的制定，加强行业自律。充分依托渔业推广体系，开展大菱鲆健康养殖技术的指导和培训，不断提高养殖生产者的素质。

3. 重视节能减排技术的应用 随着环保督查工作的开展，今后对养殖水域污染的防御和治理力度逐年增大。反映到大菱鲆养殖上，其环保成本压力加大。为此应开展工厂化循环水、多品种生态健康养殖、微生态制剂水质调控等节能减排技术的推广，有效减少养殖生产的污染物排放，加强环保基础建设投资，加强宣传引导，通过报刊、网络和培训等各种形式增强管理者、生产者和基层渔民的节能减排意识。

4. 着力挖掘消费市场 目前大菱鲆还没有形成全国性的消费市场，从地域上看，消费市场主要集中在南方大中型沿海城市，北方和内陆地区消费起步较晚。从消费主体上看，酒店消费仍然是主体，家庭消费较少。从业者应加大大菱鲆的营销宣传，积极拓展电子商务、生鲜超市等新型销售渠道。借助假日经济影响，重点挖掘家庭消费潜力，为大菱鲆增添新的发展动能。

（李鲁晶）

石斑鱼专题报告

一、石斑鱼主产区分布及采集点基本情况

石斑鱼是名贵的海产鱼类，自然分布于热带、亚热带海域。我国石斑鱼养殖主产区在广东、海南、福建和广西等省份，浙江、山东、天津等省份有少量养殖。据《2018 中国渔业统计年鉴》记载，2017 年全国海水养殖石斑鱼产量为 131 536 吨，较 2016 年增长 21.43 %；主产区产量合计 130 756 吨，占全国总产量的 99.41%。其中，海南海水养殖石斑鱼产量为 43971 吨，约占 33.43%，广东 54 873 吨、福建 29 061 吨、广西 2851 吨，分别占 41.72%、22.09%和 2.17%（图 3-21）；同比 2016 年，广东、福建、广西分别增长 21.39%、0.80%和 31.81%。主产区产量均增加，其中，海南增幅最大达到 33.43%，其次为广西（31.81%）。从 2010—2017 年，我国海水养殖石斑鱼产量逐年上升，年均增长率为 15.03%（图 3-22）。

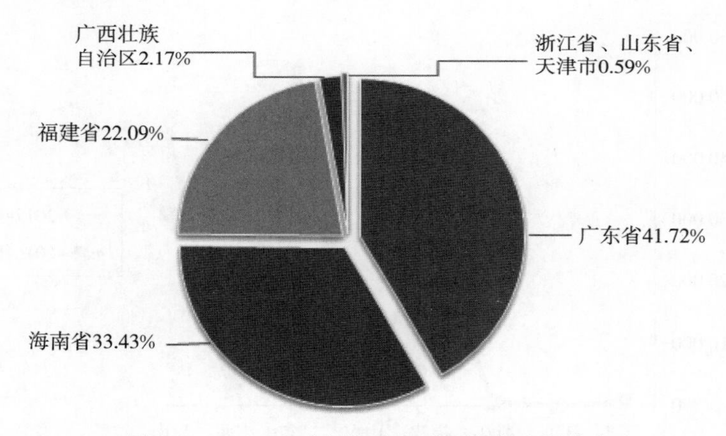

图 3-21　2017 年全国海水养殖石斑鱼产量分布

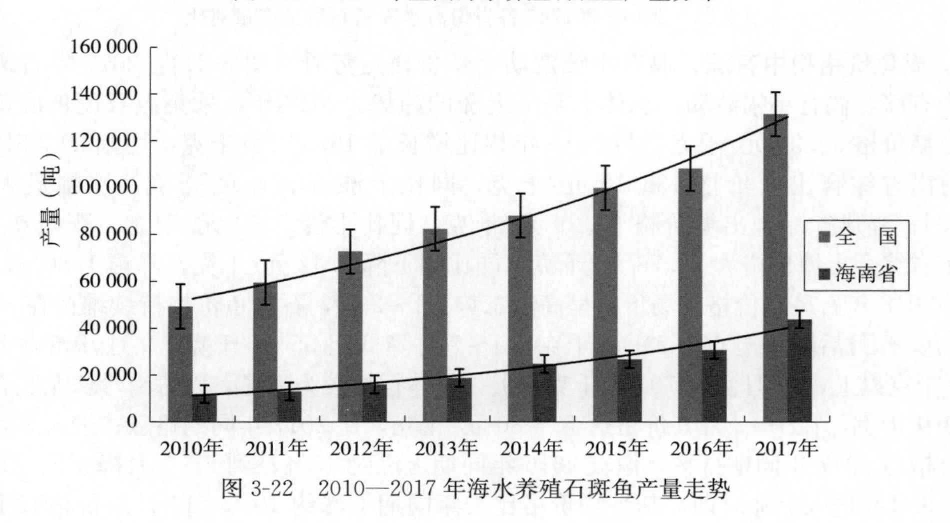

图 3-22　2010—2017 年海水养殖石斑鱼产量走势

全国石斑鱼养殖信息采集点主要集中在广东、海南和福建 3 个省，共设有 10 个采集点。其中，海南省有 3 个点分布于 3 个市县，广东省有 4 个点分布于 2 个市县，福建省为 3 个点均在 1 个县。目前，石斑鱼的养殖品种主要有青石斑鱼（包括斜带石斑鱼和点带石斑鱼）、珍珠龙胆石斑鱼、鞍带石斑鱼，以及豹纹鳃棘鲈（东星斑）、老鼠斑等。石斑鱼养殖模式主要有池塘养殖、网箱养殖和工厂化养殖 3 种。工厂化养殖模式因不受天气与海域变化等因素的影响，近年来在浙江省、山东省、天津市悄然兴起，全国工厂化养殖规模在逐渐扩大。

二、2018 年生产形势分析

1. 养殖规模和产量增幅明显 2016 年石斑鱼市场较为低迷，2017 年起开始回升，2018 年持续向好，石斑鱼价格稳中有增，养殖户积极性提高，总体养殖规模和产量增幅明显。据了解，广东、海南、福建、广西石斑鱼养殖主产区大力发展石斑鱼养殖业，养殖规模较上年增幅较大。此外，浙江省、山东省、天津市也兴起了工厂化养殖石斑鱼，全国石斑鱼养殖规模和产量均比去年明显增加（图 3-23）。

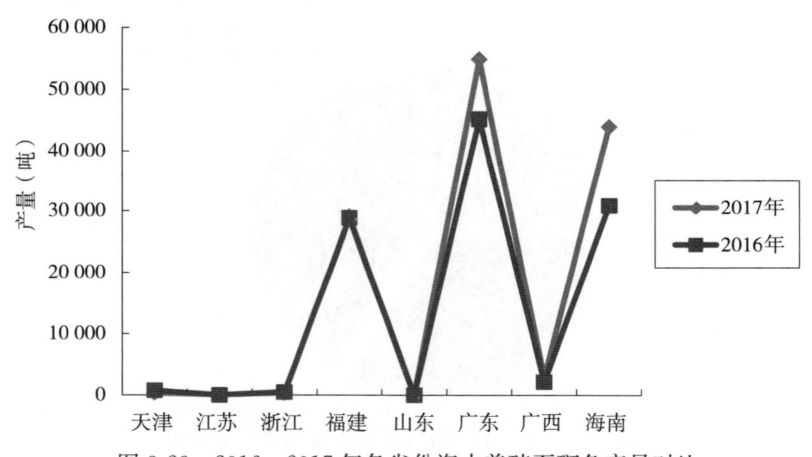

图 3-23 2016—2017 年各省份海水养殖石斑鱼产量对比

2. 成鱼价格稳中有涨，偶有小幅波动 从价格走势看（图 3-24），2018 年石斑鱼价格稳中有涨，偶有小幅波动，总体上是呈上涨的趋势。2018 年，采集点石斑鱼成鱼平均综合出塘价格 92.36 元/千克，与 2017 年相比增长了 16.56 元/千克，增幅 21.85%。其中，海南省综合出塘价格 135.10 元/千克，同比上涨 64.74 元/千克，涨幅最大达到 92.01%；福建省综合出塘价格 67.29 元/千克，同比上涨 5.59 元/千克，涨幅 9.06%。而广东省综合出塘价格为 77.76 元/千克，同比则下降 1.42 元/千克，降幅 1.80%。总体来看，2018 年石斑鱼价格市场价格呈高走态势：1～2 月，石斑鱼价格持续维持在 80～90 元/千克，4 月后降落至 60～70 元/千克，5～7 月降低至 55 元/千克，9 月开始则上涨至 60 元/千克以上，12 月涨至 70 元/千克以上，整体行情较为平稳。以海南珍珠龙胆石斑鱼价格变化为例，在 1～2 月其价格达 70～80 元/千克，比 2017 年同期略涨；进入 3 月，其平均价格与 2017 年同期持平，但较 2016 年同期上涨约 15%；到 6～7 月降至56～60 元/千克，9 月起进入上涨时期，其平均价格比去年同期上涨约 10%，10 月后价格有小幅上涨至66～70元/千克（图3-25）。而养殖量较少的石斑鱼品种如东星斑、老鼠斑、金钱斑等价格较高，也相对较为稳定。

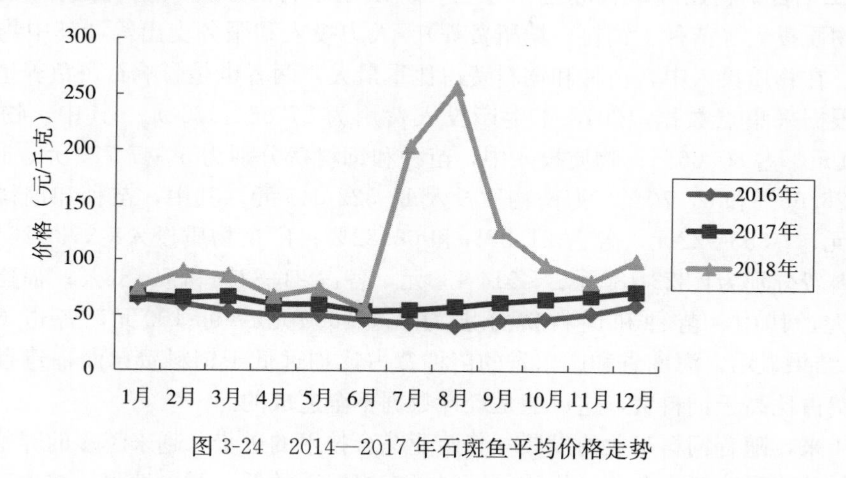

图3-24　2014—2017年石斑鱼平均价格走势

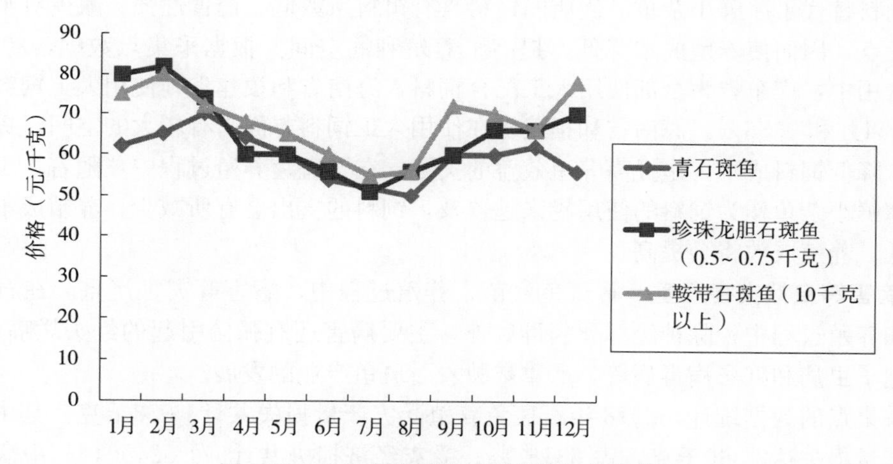

图3-25　2018年海南省石斑鱼塘头价格走势

3. 苗种投放稳中有增，苗价略涨　2018年石斑鱼市场行情看好，成鱼价格高企，养殖户投苗积极性提高，苗种投放量比去年有所增加。根据采集点的数据，2018年投入苗种费5 947 720元，与去年同比增加4 096 851元，增长221.34%。其中，海南省苗种费2 460 540元，增幅最大达175%；广东省和福建省苗种费分别为1 822 180元、1 665 000元。据了解，由于石斑鱼价格高企，而对虾养殖成功率低，广东、广西等省（自治区）由对虾转养石斑鱼的养殖户越来越多，因此，投入苗种费用也比上年增长了约15%。

鱼苗单价与去年同比稳中有涨，苗种支出费用同比也略有上涨。由于受黑身、烂身等病害，以及天气的影响，苗种成活率偏低，鱼苗未能稳定供应，导致一段时间苗种有较大的缺口，苗价较2017年同期高约10%、较2016年同期高出30%以上。在海南省，2～3厘米规格的珍珠龙胆石斑鱼苗平均价格为1.3～1.8元/尾，5～6厘米规格的苗平均价格0.9元，10厘米以上的苗平均价格为0.8元。进入3月后，海南天气稳定，雨水少，石斑鱼苗孵化、育苗进入高峰期；9～10月后石斑鱼育苗进入淡季；到了冬季，大多数育苗场已经停止生产。

4. 人工配合饲料逐渐取代冰鱼小杂鱼，养殖成本有所下降 石斑鱼养殖生产投入，主要包括物质投入（苗种、饲料、塘租费等）、人力投入和服务支出等，其中物质投入占比重最大。在物质投入中，苗种和饲料费占比重最大，两者也是影响石斑鱼养殖利润的主要因素。根据采集点数据，2018 年生产投入费用为 27 864 923 元，其中，物质投入为 22 307 871元，占 80.06%；物质投入中，苗种和饲料费分别为 5 947 720 元、13 763 452 元，各占 26.66%和 61.70%。海南物质投入 11 522 045 元，其中，苗种和饲料费分别为 2 460 540元、7 353 922元，各占 21.36%和 63.82%；广东物质投入8 351 726元，其中，苗种和饲料费分别为1 822 180元、5 914 430元，各占 21.82%和 70.82%；福建物质投入 2 434 100元，其中，苗种和饲料费分别为1 665 000元、495 100元，各占 68.40%和 20.34%。结果显示，海南省和广东省的苗种费占比均远低于饲料费；而福建省则是反过来，苗种费占比高于饲料费，这可能是统计数据不全造成的。

近两年来，随着饲料工业的发展，养殖业综合技术的进步，越来越多的养殖户使用人工合成饲料替代了冰鲜小杂鱼。优质的饲料具有饵料系数低、诱食性强、减少对水质环境污染等优点，因而使养殖成本降低，提高了养殖利润空间。根据采集点数据，2018 年饲料投入费用中，广东省为全部使用人工配合饲料，海南省和福建省则使用人工饲料占比分别为 48.54%和 0.88%，海南省和福建省在使用人工饲料方面尚有较大的空间。提高饲料利用率，降低饲料成本，是提高养鱼效益的关键。在石斑鱼养殖过程中，随着人工配合饲料替代冰鲜小杂鱼作为饲料的使用越来越普及，饲料的支出会有所减少，养殖成本相应会有所降低，养殖成效将会提高。

5. 病害等自然灾害严重 石斑鱼育苗、养殖过程中，病害等灾害严重。在石斑鱼苗种繁育和养殖过程中，除神经坏死病毒病外，主要病害还有弧菌引起的红头烂嘴或肠炎，以及微孢子虫病和虹彩病毒病等，严重威胁着石斑鱼产业的发展。

据采集点的数据统计，2018 年石斑鱼养殖受灾产量损失共计4 033千克。其中，病害造成的产量损失达2 566千克，占 63.63%；受灾经济损失共计571 524元，其中病害造成经济损失464 104元，占 81.20%，比上年多损失71 594元，减幅达 18.24 %。其中，海南省因病害造成经济损失最重达到453 400元，广东省和福建省因病害造成的损失也较上年增多（图 3-26）。

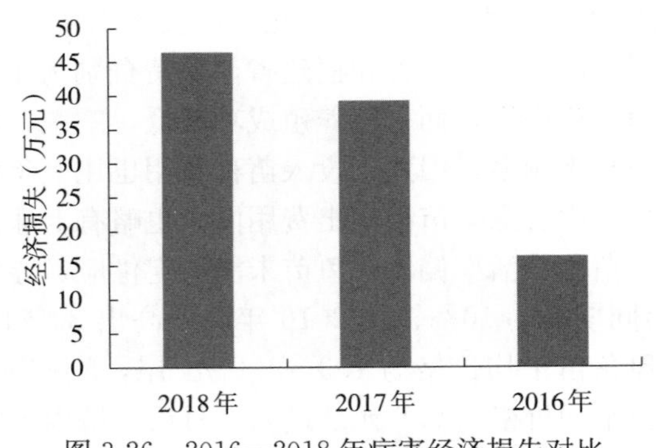

图 3-26 2016—2018 年病害经济损失对比

三、2019年生产形势预测

石斑鱼消费市场潜力巨大，随着石斑鱼苗种繁育、养殖等技术的不断进步，以及饲料加工、市场销售等产业链各环节的发展越来越健全，石斑鱼养殖产业将进入一个平稳运转的轨道。根据2018年采集点的数据以及目前全国的养殖情况来分析，2019年石斑鱼的养殖生产情况基本平稳，苗种投放量总体增加10%以上，养殖规模和产量将稳中有增，预计产量将比2018年增加约10%，总体价格将与2018年相当或略涨。

四、问题及建议

石斑鱼养殖生产中存在的比较突出问题是：一是苗种生产不规范，育苗成活率低；二是病害严重影响石斑鱼产业健康发展，其中，广东省、海南省是石斑鱼养殖区中病害高发的地区，部分地区的养殖场发病率高达60%；三是销售渠道较狭窄，主要靠鲜活运输销售，这也是当下石斑鱼养殖业面临的困境。

建议：①加强石斑鱼良种培育，提高良种覆盖率，加强对石斑鱼苗种培育技术的研究，提高苗种成活率；②提高养殖技术水平，大力推广应用绿色生态养殖技术；②加强病害综合防控，加强对种苗的检疫与管理；④开发高效、优质的人工饲料，推广应用；⑤提高石斑鱼加工技术，拓宽消费市场。

（赵志英）

南美白对虾专题报告

一、监测品种设置有关情况

2018 年，全国淡水养殖南美白对虾养殖渔情监测在河北、辽宁、江苏、浙江、安徽、山东、河南、湖北、广东、海南 10 个省份设置监测面积 927.73 公顷。

2018 年，全国海水养殖南美白对虾养殖渔情监测在河北、浙江、福建、山东、广东、广西、海南 7 个省份设置监测面积 2 009.8 公顷。

二、生产形势的特点分析

从全国渔情采集点数据看出，2018 年南美白对虾监测省份和养殖面积有所增加，养殖生产同比都增加，包括销售额、销售数量、生产投入、养殖受灾损失等；而综合出塘价格同比略有下降。主要指标变动情况分析如下：

1. 销售额、销售数量、综合销售价格　2018 年，全国淡水养殖南美白对虾监测点养殖销售数量、销售额、综合单价分别为 246.11 万千克、9 592.29 万元和 38.98 元/千克，与去年同期相比，销售额、销售数量同比都有增加；综合销售价格同比有所下降。

全国海水养殖南美白对虾监测点养殖销售数量、销售额、综合单价分别为 448.93 万千克、16 350.47 万元和 36.42 元/千克，与去年同期相比，销售额、销售数量同比都有增加；综合销售价格同比有所下降。

原因分析：表 3-15、表 3-16 是淡水养殖南美白对虾的情况比较。从表 3-15 看，增加养殖省份有辽宁、江苏、浙江、安徽、山东、河南、湖北、海南等；从表 3-16 看，江苏省 1～3 月出塘价格最低、广东省出塘价格价格最高。表 3-17、表 3-18 是海水养殖南美白对虾的情况比较。从表 3-17 看，同比增加主要原因是增加了浙江、山东、广西、海南等养殖省份；从表 3-18 看，海南省 1～3 月出塘价格最低、福建省出塘价格价格最高，水产品销售价格波动大。图 3-27 至图 3-32 显示了全年各月的发生情况。2018 年第一季度由于冬棚虾减少，销售量和销售额最低，综合出塘价格相对最高，第三季度是销售量和销售额最高，综合出塘价格相对最低；2018 年市场行情 50～80 头 50～60 元/千克，90～120 头 40～46 元/千克，140～200 头 24～36 元/千克。

表 3-15　南美白对虾（淡水）销售情况对比

省份	销售额（万元）		销售数量（万千克）	
	2018 年	增减率（%）	2018 年	增减率（%）
全国	9 592.29	250.19	246.11	296
河北	2 275.71	13.79	57.69	36
辽宁	29.31	0	0.83	0
江苏	744.66	0	22.82	0
浙江	1 790.44	0	48.19	0

（续）

省份	销售额（万元）		销售数量（万千克）	
	2018年	增减率（%）	2018年	增减率（%）
安徽	770.83	0	24.67	0
山东	1 622.10	0	37.34	0
河南	218.79	0	8.28	0
湖北	38.71	0	0.74	0
广东	2 032.95	175.02	43.72	459
海南	68.76	0	1.78	0

表3-16　南美白对虾（淡水）综合出塘价格

单位：元/千克

省份	1月	2月	3月	4月	5月	6月	7月	8月	9月	10月	11月	12月	综合单价
全国	49.53	50.13	26.53	64.01	40.42	42.65	33.46	37.87	40.81	34.86	36.37	34.19	38.98
河北	0	0	0	0	0	0	0	30	39.43	40	25.88	0	39.44
辽宁	0	0	0	0	0	0	19.58	0	55.67	0	0	0	35.13
江苏	18.99	12.93	13.31	0	0	0	34.24	36.23	36	38.39	38	0	32.63
浙江	0	0	0	0	38.02	44.14	33.39	37.88	40.97	28.8	36.4	0	37.15
安徽				0	0	0	26.67	26.25	40.02	29.6	31.17	31.17	31.24
山东	0	0	0	0	0	0	0	42.34	43.89	42.34	0	0	43.43
河南	0	0	0	0	0	0	22.72	20.67	21.88	46.93	0	0	26.41
湖北	0	0	0	0	0	0	52.26	56	52.2	48.48	0	0	51.76
广东	63.68	77.84	0	64.01	48.53	41.93	44.98	40.6	43.03	30.74	45.51	48.02	46.5
海南	36.92	0	49	0	28	36	44	38	36	0	0	0	38.55

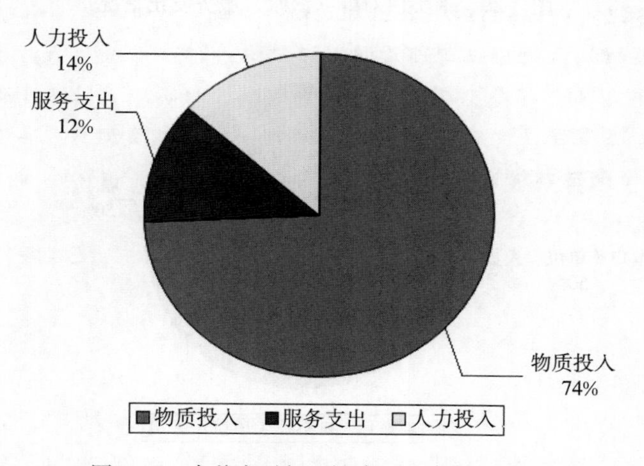

图3-27　南美白对虾（淡水）生产投入情况

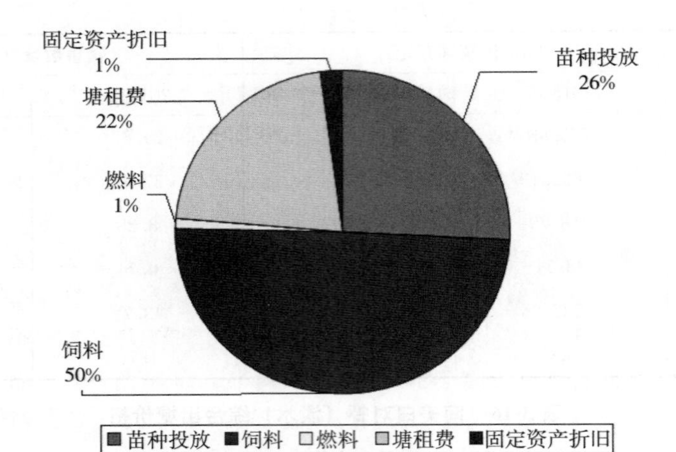

图 3-28 南美白对虾（淡水）物质投入情况

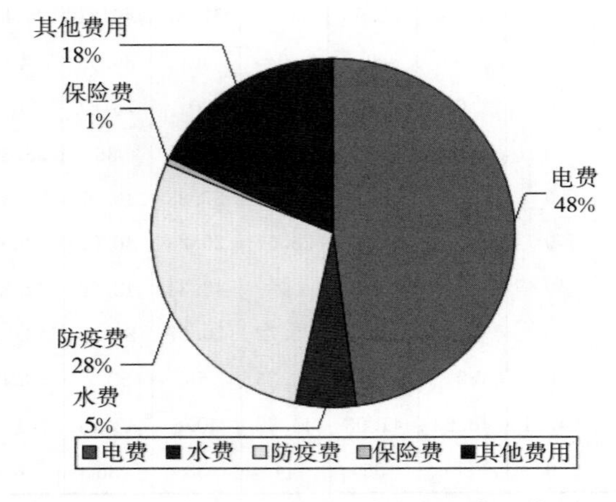

图 3-29 南美白对虾（淡水）服务支出情况

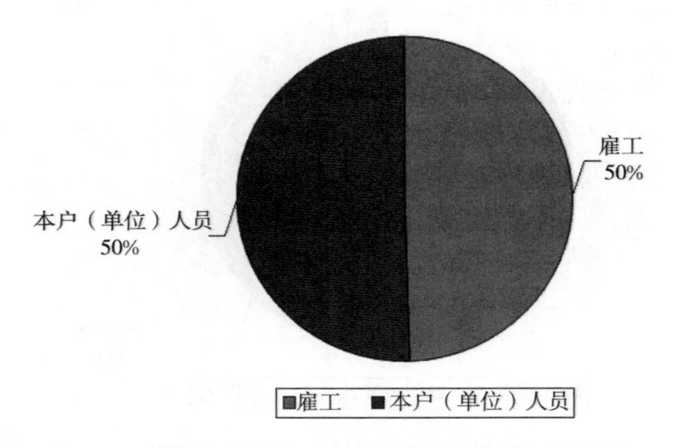

图 3-30 南美白对虾（淡水）人力投入情况

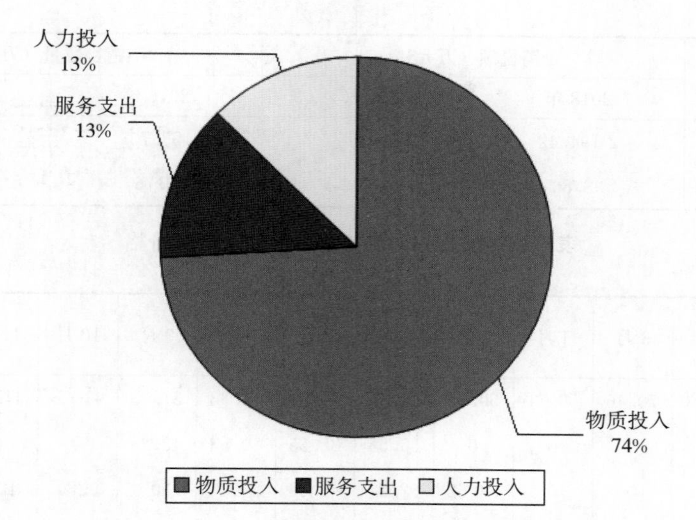

图 3-31　南美白对虾（海水）生产投入情况

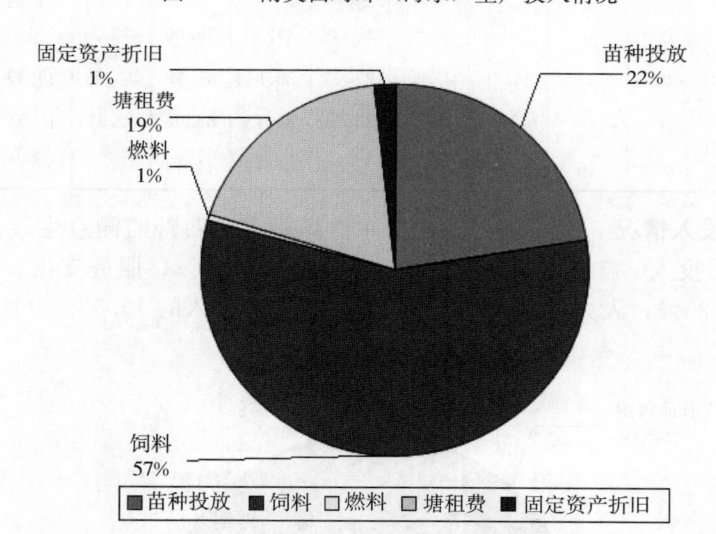

图 3-32　南美白对虾（海水）物质投入情况

表 3-17　南美白对虾（海水）销售情况对比

省份	销售额（万元）		销售数量（万千克）	
	2018年	增减率（%）	2018年	增减率（%）
全国	16 350.47	63.36	448.93	40
河北	757.23	−6.89	17.07	−2
浙江	1 529.25	0	31.05	0
福建	1 068.19	−16.98	19.47	−18
山东	3 274.40	0	90.13	0
广东	7 428.16	−6.08	234.69	−60

（续）

省份	销售额（万元）		销售数量（万千克）	
	2018年	增减率（%）	2018年	增减率（%）
广西	2 194.42	0	53.73	0
海南	98.80	0	2.76	0

表3-18 南美白对虾（海水）综合出塘价格

单位：元/千克

省份	1月	2月	3月	4月	5月	6月	7月	8月	9月	10月	11月	12月	综合单价
全国	70.3	54.03	70.46	59.71	50.32	34.3	31.59	31.33	37.93	41.28	41.36	40.12	36.42
河北	0	0	0	0	0	55.56	35.35	40.53	43.88	0	0	0	44.34
浙江	0	0	0	0	54.62	52.27	41.09	0	0	38	42.4	51.32	49.25
福建	85.02	77.22	77.21	66.79	53.81	45.75	43.77	21	43.84	51.44	74.6	60.74	54.85
山东	0	0	0	0	0	35.52	35.38	34.53	36.66	43.5	0	0	36.33
广东	72.82	52.94	0	50.25	44.79	25.83	27.65	26.61	30.18	34.02	39.42	39.32	31.65
广西	0	0	0	0	16	28	36.51	34.73	53.98	52.17	45.51	14	40.84
海南	23.33	8.36	40.78	40	40	30	25.86	31.17	41.14	0	60	56.84	35.78

2. 养殖生产投入情况 2018年，全国淡水养殖南美白对虾监测点生产投入8 722.85万元。其中，物质投入6 474.22万元，占生产投入的74.22%；服务支出1 064.31万元，占生产投入的12.20%；人力投入1 184.30万元，占生产投入的13.58%（图3-33至图3-34）。

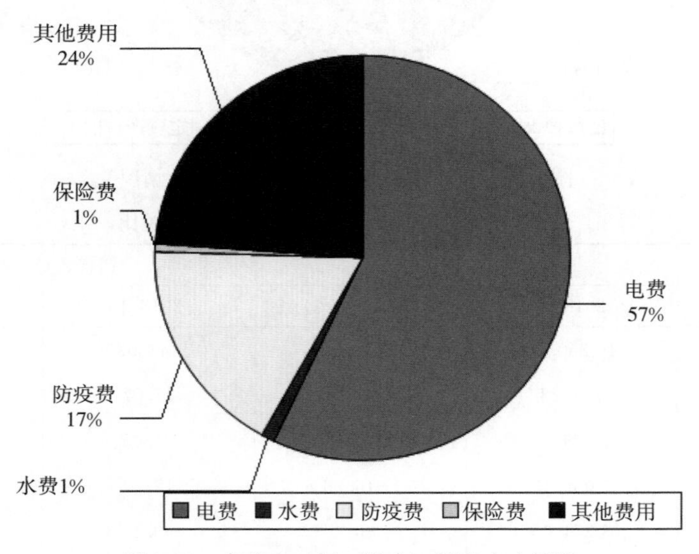

图3-33 南美白对虾（海水）服务支出情况

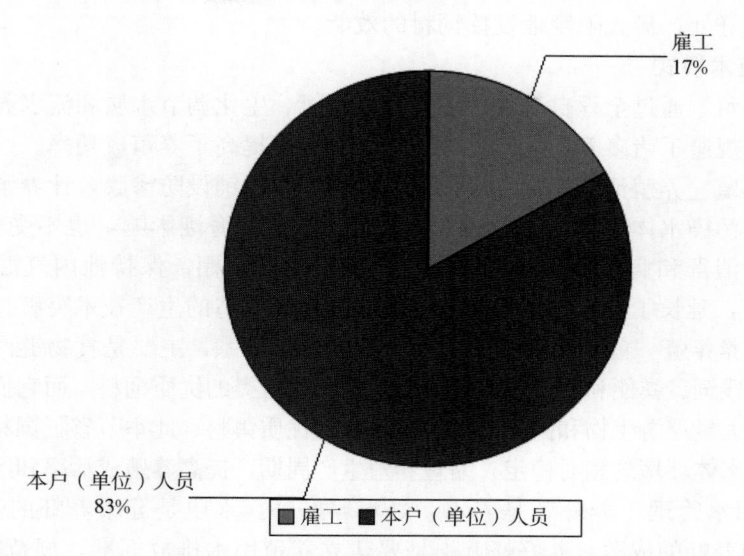

图 3-34 南美白对虾（海水）人力投入情况

全国海水养殖南美白对虾监测点生产投入13 274.32万元。其中，物质投入9 824.68万元，占生产投入的74.01%；服务支出1 771.41万元，占生产投入的13.34%；人力投入1 678.23万元，占生产投入的12.64%。

原因分析：南美白对虾养殖生产过程以物质投入为主，物质投入以苗种费、饲料费、塘租费三项占投入比重的98%。2018年物价上涨，投入成本增加，主要表现在两方面：一是饲料成本在不断提高，据统计，每吨鱼粉成本由上年的1万元提高到目前的1.4万元，也造成饲料价格不断攀升；二是受各方面影响，塘租费和雇工工资水平普遍较上年同期提高。总体上，无论是塘租费、苗种费、饲料费都在不断上涨，从而降低养殖户利润。

3. 养殖损失 从全国渔情监测采集点数据及广东省养殖户了解到，2018年南美白对虾养殖损失较多。一是自然灾害损失，强台风给沿海养殖户带来了大量强降雨，直接影响养殖业，甚至有些地方发生洪涝淹没虾塘；二是养殖病害损失，出现排塘、偷死病、肠炎病、白斑综合征、红体病等，都直接给养殖企业（户）经济上带来了巨大的损失。

三、采取措施，提高养殖成功率

1. 整治虾塘 长期养殖，残饲、粪便等养殖废物的累积，就会造成养殖水土机能退化，环境老化、淤泥沉积引起底质恶化，像寄生虫、细菌和病毒等病原生物就会大量滋生、繁殖，该环境就造成养虾难以成功。整治与修复好虾池底质，是养虾成功的首要环节。

2. 投放优质种苗 种苗质量是发展南美白对虾养殖业的关键环节，要优选正规种苗品牌公司繁育生产的虾苗。投放之前先标粗，体长1厘米虾苗经8天左右标粗，其规格可达3～4厘米，以提高该虾养殖的成活率和成功率。

3. 投喂优质饲料 现在生产南美白对虾的饲料厂家很多，良莠不分。养殖者选购饲料时，要优选有一定规模、技术力量雄厚、售后服务到位、信誉度好、养殖效果佳（主要以价效比高和成活率高为参数）的饲料厂家生产的饲料。在养殖过程中，一定要注意控制投喂强度，要恰到好处，最大限度地发挥饲料的效能。

4. 改变养殖技术模式

（1）工厂化养殖　通过全程自动化控温、机械增氧、生化调节水质和流水养殖，实行循环水、零排放，规避了诸多养殖生产技术风险，大幅度提高了养殖成功率。

（2）高位池养殖　养殖池规模比一般较低位池小，池底铺设防渗膜，让养殖水体与土壤隔离，避免土壤污染水体，利用人工抽水、放水，既不受海潮影响，也不受气候影响，排污方便，有利于消毒和病害防治。池上搭建透光塑料保温棚，保持池内气温、水温稳定，冬季照常养殖，延长了全年养殖时间，可实现了年养 3 造的生产技术突破。

（3）鱼虾蟹混养养殖　鱼虾蟹构建起了一个共栖共生关系，主要是食物链网关系。其中，南美白对虾的残饲、粪便和尸体就是青蟹和其他混养鱼类的优质饲料，而它们粪便就是优质肥料，培育出大量浮游生物和菌藻类，这是虾蟹的优质饵料。此举节省了饲料的投喂和肥料的施放，保持水体环境的相对稳定，缩短养殖生产周期，提高养殖成活率和经济效益。

5. 加强养殖用水管理　养虾就是养水，好水养好虾。水质是健康养虾的基本保障，水质的好坏关系到养虾的成败。养好虾首先是要建立养殖用水排放标准，规范排水行为。要制定相应的政策和法规，以法律手段及政府行为加强管理和控制。

6. 以防为主、科学防治病害　在养殖过程中，必须坚持“以防为主、防重于治、防治结合”的原则，做到对症下药。相关应对措施还要从苗种质量、养殖模式、水质管理、营养强化、提高免疫力等多方面入手，采取各方面的综合措施进行预防和控制，提高养殖成功率。

四、存在问题和建议

1. 存在问题　南美白对虾原种亲本需要进口，而国产良种选育尚未全面突破。因为上游受制于人，就造成该虾产业链的中下游环节处处被动。一是竞争更加激烈，进口亲虾价格高，质量难保障；二是养殖病害仍然严重；三是价格周期性调整更加频繁，造成该虾养殖风险不断加大。

2. 建议　一是投资进行国产亲虾的良种培育，在源头上解决问题；二是在该虾养殖环节上下工夫，如虾塘综合整治，投放优质种苗，投喂优质饲料，加强养殖用水管理，实现生态健康养殖和开展疫病预防控制，给予苗种生产和供应以强有力的支持。

五、2019 年生产形势预测

1. 苗种投放量继续增加　预计 2019 年市场需求量仍然旺盛，进口对虾量仍然增加，投苗量整体仍会增加。

2. 养殖病害影响生产　南美白对虾病害较多，如偷死、白斑综合征等不断发生，排塘量高。预计 2019 年，养殖病害仍然会导致收成受到影响。

3. 价格波动不大　2018 年，南美白对虾价格整体趋向稳中有跌；预计 2019 年市场供求大致均衡，市场价格上下波动小。养殖成本增加，获利空间更小。

（符　云）

河蟹专题报告

2018年，全国河蟹养殖渔情信息采集区域涉及7个省（辽宁、江苏、安徽、湖北、湖南、江西、河南）、采集县30个、采集点66个，采集点养殖面积2 618.86公顷，同比减少31.78%，约占全国养殖河蟹总面积0.49%。

一、2018年全国养殖生产形势

生产总体特点：天气适宜河蟹生长，病害发生率较低，总产量高于去年，平均规格大于去年，质量相对较好。但大规格河蟹价格同比去年降幅较大，中小规格河蟹价格基本持平，呈现阶段性滞销态势。

1. 采集点出塘量、收入同比减少 全国采集点河蟹出塘总量为3 790.59吨，同比减少45.04%；出塘收入32 564.29万元，同比减少21.5%。

由于2018年较2017年河蟹养殖采集点、采集面积调整较大，新增了江西、河南、湖南等省，减去了河北、浙江、山东等省。采集点和采集面积均减少，导致产量和收入同步减少。综合全国各地河蟹养殖区实际情况，2018年迎来丰产年，以江苏省为例，采集点共出售3 069.377吨，同比减少21.67%。但调研中了解全省普遍增产10%～25%，平均亩产达100千克，高于去年（表3-19）。

表3-19 2017年、2018年1～12月出塘量和收入情况

地区	出塘量（吨）			出塘收入（元）		
	2017年	2018年	增减率（%）	2017年	2018年	增减率（%）
全　国	6 896.45	3 790.59	−45.04	41 487.51	32 564.29	−21.5
安徽省	176.83	255.44	44.46	2 064.23	2 378.596	15.2
辽宁省	26.6	30.85	15.98	145.4	239.08	64.4
江苏省	3 918.25	3 069.377	−21.67	28 704.82	26 740.63	−6.8
江西省	—	45.065	—	—	315.51	—
河南省	—	28.615	—	—	270.68	—
湖南省	—	126.155	—	—	1 099.002	—
湖北省	84	235.088	179.86	523.26	1 520.798	190.6

2. 出塘综合价格同比下降，各省份差异明显 采集点数据显示，河蟹1～12月全国综合出塘价格85.91元/千克，同比下降8.3%。河南省综合出塘单价最高，为94.59元/千克；安徽省次之，为93.12元/千克；湖北省最低，为64.69元/千克（图3-35）。

从江苏省主要河蟹批发市场调研来看，2018年全省河蟹价格呈现高开低走趋势，整体不太乐观。在中秋期间到达全年最高位，之后一路走低，到10月底到达低谷，稍有回升后，在12月下旬又再度下跌，且后期上涨乏力。特别是大规格河蟹价格下跌明显，下降30%以上；由于中、小规格河蟹比较畅销，价格相对稳定。对于销售较早的兴化、高淳等地利多；而对于晚上市的金坛、溧阳、泗洪等地，在春节前价格一直未涨，带来较大压力（图3-36）。

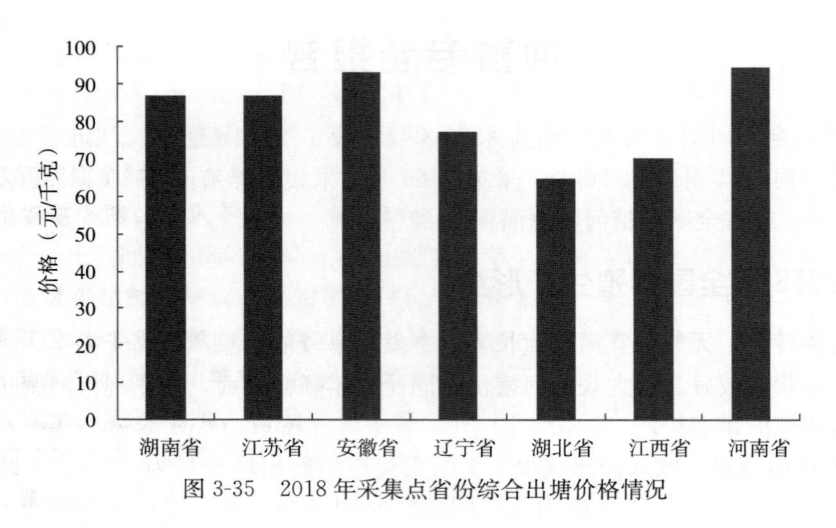

图 3-35　2018 年采集点省份综合出塘价格情况

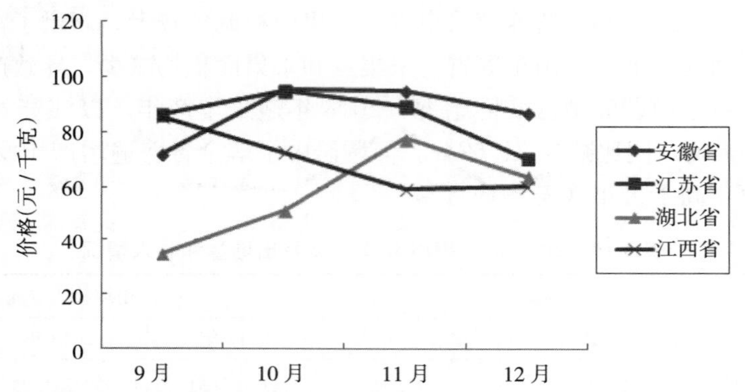

图 3-36　2017 年安徽、江苏、江西、湖北四省份 9～12 月出塘价格走势

从全国河蟹销售市场形势分析，整体上河蟹产量增、规格大，供应充足；消费结构变化，大众消费增加，高端消费减少，出口受限，大规格河蟹市场需求减少；2018 年压塘出售的地区较多，存量较大，市场供应充足，导致 12 月中旬以后价格没有支撑点，持续下挫。

3. 蟹苗量价齐涨，蟹种放养量同比增加　结合春季调研苗种生产情况，江苏省是河蟹主要育苗省份之一。从江浙两省 3 个春季苗种生产调查点来看，2018 年截至目前河蟹育苗量较往年同期有较大增幅，蟹苗价格行情也好于去年。其中，浙江省浙江澳凌水产种业科技有限公司调查点育苗量同比上涨 45%，苗价同比增加 9%。5 月上旬，通过在江苏省实地走访，2018 年蟹苗量价齐涨，是个丰收年，同比普遍增产 10%～30%，价格与往年同期相比上涨 5%～10%。分析可能是受良好天气影响，产量及质量提高，价格上涨主要为需求旺盛，也有些地区存在哄抬炒作的现象。

全国各地蟹种放养密度小幅增加，2018 年蟹种放养量为 1 000～1 400 只/亩，江苏地区普遍增加 100 只/亩左右，也有个别地区养殖户投放 2 000 只/亩以上。分析是因去年大规格成蟹价格低迷，同比大幅下跌；而中、小规格蟹价格同比稳中有升。各地养殖场

（户）以适当降低规格，确保产量。各省调查点放苗时间为1～3月，以江苏省为例，3月中旬苏南地区基本放完，苏北地区放养进度在60%～80%，晚于往年，直到3月底才结束。

4. 生产成本上升，苗种费用增幅明显　从采集点显示总成本23 844.76万元（因采集面积变化调整较大，未与去年对比，下同），调研了解主要是苗种、饲料、螺蛳、人工、塘租、动力、生物制剂的成本投入同比增加。

采集点总苗种费用3 724.26万元，苗种费用平均948元/亩；采集点总饲料费用10 064.49万元（包括各类型饲料），平均2 562元/亩。以江苏省为例：2018年蟹种产量大幅下降，价格攀升。亩投放量上升，市场需求量大，导致2018年蟹种价格持续攀升，平均价格已经达到90～110元/千克，与往年同期价格上涨5%～10%；饲料成本上涨，虽然配合饲料和冰鱼单价与去年略有上涨，但更多还是因为放养密度增加，且天气适宜，投喂量增加；人工成本上涨5%，临时工工资甚至上涨50%；水草价格与去年基本持平；螺蛳价格比去年多0.2元/千克，略有上涨；生物制剂用量增加，调水成本上涨，上涨100元/亩左右；塘租价格各地上浮幅度在100～200元/亩（图3-37）。

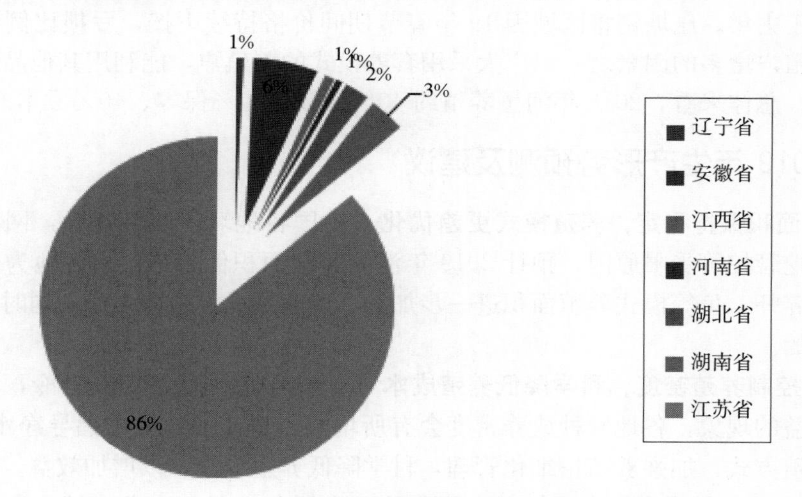

图3-37　2018年采集点各省份生产投入占比饼状图

二、河蟹专项情况分析

1. 气候条件比较适宜，病害发生同比较少　2018年，全国河蟹主产区整体气候条件适宜河蟹生长，长江流域梅雨季节入梅晚，梅期短，降水较少；高温季节极端高温少，特别是受几次台风影响但并没有连续性，高温对河蟹生长的影响好于往年。但是有两个时间段，河蟹有较多损伤：第一次是在4～5月，河蟹第二次蜕壳期间，低温多雨，河蟹稍有损伤；第二次是高温季节台风到来后（8月下旬），长时间的高温影响累积，以及高温、台风、降温天气交替后，对河蟹养殖造成了一定影响。

2. 亩产、规格双增加，河蟹品质达到近年最佳　随着养殖户的养殖技术水平和养殖理念逐年提高，生物菌、微生物制剂、割草机等新技术、新设备、新模式的运用，再加上2018年的良好天气，河蟹迎来丰产年，平均规格和平均单产都有较大幅度的增加。以江苏省为例，公母平均规格达到150～175克/只，比2017年增加10%以上；平均单产达100千克左右，其中，江苏省金坛区更是达到120千克。河蟹品质达到近年来最好，一方面是天气的原因，另一方面是养殖户生产投入的增加，包括复合型水草种植，优质饵料、生物制剂等的增加（表3-20）。

表3-20　2018年江苏省部分区域河蟹产量

单位：千克/亩

县别	2017	2018	增减比例（%）
金坛	90	120	33.33
高淳	69.7	74.4	6.74
宜兴	90	95	5.56
兴化	85	95	11.76

3. 价格持续低迷，养殖者赢少亏多　受2018年亩产增加和规格提升的影响，尽管价格不如往年，但是养殖户总收入应高于去年，盈利的养殖户占比也要好于去年，亏损养殖户的比例低于去年。压塘销售区域因19年春节期间价格持续下挫，亏损比例增加，也是导致亏损养殖户增多的因素之一。广大采用套养模式的养殖户，能利用其他品种达到增产增收的目的。总体来看，2018年河蟹养殖约40%赚钱、20%保本、40%亏本。

三、2019年生产形势预测及建议

1. 养殖面积保持稳定，养殖模式更趋优化　全国各地环保监管加强，网围、网栏拆除，池塘开挖管控等受限原因，预计2019年池塘养殖面积保持稳定。各地为规避养殖风险，蟹池套养虾、鱼等模式养殖面积进一步加大，以达到稳定河蟹主产的同时，实现多品种增收的目的。

2. 合理控制养殖密度，科学降低养殖成本　2019年大规格蟹市场遇冷，预计会出现向产量求效益的现象，各地蟹种放养密度会有所增加。建议各地大力倡导净水生态养殖，合理调整养殖方式，加强养殖精细化管理，科学降低养殖成本，以增加效益。

3. 深入拓展销售渠道，合理规避市场风险　全国各地养殖企业、销售商、经纪人引入淘宝、京东等电子商务平台，由上门收购和送批发市场等常规销售模式向“互联网＋”订单化、网络化转变，扩大销售半径，实现快速化销售。根据本地生产区域特点，结合外地货源输送情况，判断市场行情和价格趋势，适时销售规避风险，实现利益最大化。

（陈焕根）

牡蛎专题报告

一、生产与市场情况

1. 南、北方产区苗种繁育差异明显 海水质量、气温条件等历来是影响牡蛎养殖的重要因素。受此影响，2018 年南、北方产区育苗进度和苗种质量出现较大差异。其中，山东省莱州受海水质量总体不高、浮游生物减少等影响，苗种附着率明显下降。据山东省莱州元海苗业基地介绍，去年夏季开始一直到秋季，胶东半岛地区没有较大的雨水，海水中的饵料不足，致使牡蛎养殖情况不理想；而 2018 年育苗季，海水持续发白，质量时好时坏，严重影响了附着率。据不完全估计，莱州地区牡蛎附着成功率比去年下降了 50%（二倍体）。与之相反的是，福建多数地区水、温条件良好，苗种繁育形势总体向好。2018 年谷雨后，福建省泉州市整个地区南风多、雨水足，气候条件特别有利，牡蛎苗种附着率较高，每片可达 30 个左右，明显高于去年同期 8～9 个的水平。另受气候条件、过度养殖等影响，广西茅尾海地区采苗数量连续两年大幅减少，预计 2018 年采苗总量在 5 000 万串左右，比去年同期减少约 37.5%，比 2016 年减少约 58.3%。

2. 主产区生产成本不同程度提高 随着人工成本增加和环保装备升级，主产区牡蛎育苗成本不同提高。据山东省莱州乐平水产有限公司李鹏飞介绍，受今年育苗难度加大等影响，每片幼苗附着器的生产成本在 0.16 元，比去年同期增加了 0.03 元，增加 23.1%，而锅炉改装，使得燃料成本增加了 1 倍以上。福建泉州顺盛水产养殖专业合作社刘阳理事长介绍，本地采用浮漂式养殖方式，2.4 米长的一条绳总生产成本在 1.2 元，其中，人工成本在 0.9 元左右，占比超过 75%，而 2018 年人工工资平均在每月 8 000～10 000 元，即使临时工也高达每天 300～400 元。加上为防止意外事件发生，正在探讨给作业工人增加出海作业保险，这笔开支估计得有 3 000 元，对本地区养殖来说，也是一笔不小的开支。

3. 产业发展速度慢，大蚝产业正逐渐衰落 广西是我国现有的四大牡蛎养殖基地之一，经多年发展已经初具规模。近 10 年来，广西大蚝养殖面积、养殖产量基本没有明显增加，发展速度明显落后于南方毗邻海区的福建、广东省。2000 年以来，由于北部湾城市化、沿海工业和港口日益崛起，各地围填海建设不断增加，对海水养殖业的发展考虑不足，造成养殖空间被大量挤占，传统采苗区和牡蛎养殖区遭侵占严重，适宜养殖区域面积逐年减少，牡蛎养殖业发展的空间萎缩，使最具区域特色的大蚝产业正逐渐走向衰落。广西茅尾海采苗区目前已被挤压在约 1 000 公顷范围，面积仅为原来的 1/5。

4. 市场需求总体旺盛，价格稳中略涨 随着市场认可度和居民收入水平的不断提高，牡蛎市场呈现出总体需求旺盛的整体态势。无论是苗种价格还是成品牡蛎价格，都呈现出不同程度的上涨态势，农户、经销商等生产经营主体积极性较高。山东青岛前沿海洋种业有限公司郭希瑞总经理介绍，其在莱州的 3 个定点苗种生产基地采用订单式经营方式，苗种产量占莱州地区的 80%左右，近 3 年来三倍体牡蛎苗种采苗量持续上涨，2018 年预计将达 100 万串，是去年的 3 倍以上；同时，单倍体苗种预计有 1.5 亿粒，比去年同期增加

2 000万粒。另外，日本、韩国、越南等地区对牡蛎苗种需求较大，预计2018年将出口7亿粒，市场形势向好趋势明显。

二、存在的问题

1. 生态环境变化加剧主要产区自然采苗难度加大 目前，自然采苗仍是我国牡蛎养殖的重要育种方式。近年来，随着市场需求持续增加、价格持续高位运行，农户养殖积极性较高，牡蛎主产区养殖面积快速扩张。而天气条件、海水质量等区域生态环境持续变化，不利于牡蛎生产，再加上部分地区无序发展现象突出，占海扩张现象明显，环境承载力受到较大挑战，使得采苗器上的苗种附着率和成功率大幅降低，尤其以山东胶州湾北部地区、广西茅尾海及北部湾内海地区最为明显。自然采苗成功率显著降低，给当地牡蛎养殖、苗种繁育的可持续发展带来较大的不确定性。

2. 保险体系不健全增加产业可持续发展风险 我国牡蛎养殖主要分布在沿海地区，天气情况对种苗培育、养殖及捕捞收获等均有较大影响，台风等自然灾害仍是我国牡蛎养殖的主要风险。据了解，我国海水养殖业尤其是鲁闽粤桂等牡蛎产区，每年都会遭受1～2次的台风，给生产和产业稳定发展带来极大的负面影响，有些还是灾害性的。然而，除了广西防城港地区针对产业需求，建立了台风风力指数保险外，其他地区尚未启动，究其原因主要保险公司担心赔付金额高、地方政府支持力度小等。同时，采苗、下种、收获等海上作业也常常遇到意外情况，作业人员意外保险强制制度尚需健全完善。

3. 产品形式单一影响产业增值增效 受生产方式、消费习惯、加工技术等影响，长期以来，生鲜牡蛎仍是我国水产品市场上的最主要流通产品，大多直接从码头到批发市场再到饭店的消费者餐桌上。虽然个别产区开始尝试牡蛎干制品加工，探索提取生蚝或者功能性成分提取等加工业，但总体呈现产后预处理少、生鲜消费多、流通渠道单一、加工产品少、受众群体有限等特点，不能满足人们日益增长的消费需求。加工技术相对落后、产业链条短、产品附加值低，已经成为制约产业转型升级和供给侧结构性改革的重要因素。

三、政策建议

1. 加大人工苗种应用推广力度，统筹协调“南苗北调”“东技西移” 随着牡蛎苗种培育技术的不断进步，黄金牡蛎等一些适应范围广、附着成活率高、营养价值高的品种陆续涌现，尤以福建省水产研究所为代表的牡蛎苗种培育技术快速发展，为种苗培育加快从自然采苗向人工繁育转变奠定了坚实基础。根据南北、东西产区天气等自然条件和技术情况，强化功能分工、区域协同发展，既能发挥区域优势，又能缓解生态资源承载压力。因此，建议进一步夯实福建牡蛎苗种人工繁育技术体系，强化三倍体技术积累和应用；统筹协调“南苗北运”，有效弥补山东产区自然采苗持续下降趋势；加快建立“东技西移”，建立福建-广西苗种产学研对接机制，不断提升西部产区的人工育苗能力。

2. 加快推进政策性保险制度建设，持续增强牡蛎产业抗风险能力 牡蛎生产“看天吃饭”“望风兴叹”的情况困扰着广大农户，急需进一步完善风险防控和应对体系。建议贯彻落实2018年中央1号文件精神，强化金融支农，在总结广西牡蛎台风风力指数保险试点的基础上，探索建立中央、地方、企业和农户等多主体参与机制和保费分担、风险分散制度，健全完善覆盖主要产区生产保险体系，给产业发展尤其是农户灾后再生产套上“救生圈”。切实完善产业可持续发展和渔民稳定增收的保障机制，切实增强牡蛎产业风险的防范能力。

3. 大力推进转型升级可持续发展，加快实现牡蛎产业供给侧结构性改革　产业化、现代化程度较低，是当前和今后一段时期我国牡蛎产业供给侧结构性改革的重要内容和关键所在。随着我国互联网的快速发展，居民收入水平不断提高，传统牡蛎生产、加工、销售等方式已经难以适应日益变化的流通模式、消费模式，必须加快推进产业的转型升级。因此，建议进一步加大力度研发现代化养殖设施和操作性强的生产工具，提高机械化、信息化操作水平，提高生产效率；加大牡蛎养殖标准示范场建设支持力度，推动公司＋基地＋农户生产经营模式，推进生产、加工、销售、服务等多环节的一二三产业融合发展；强化市场为导向，发挥现代物流优势，创新加工产品类型、商品流通路径，持续提升牡蛎产业现代化水平，实现供给与需求匹配，实现产业增产、增值和增效。

4. 建立健全牡蛎产业信息服务平台，大幅提升生产经营决策支撑能力　当前，我国牡蛎生产区域分布广、苗种流动和产品流通消费半径大的特点凸显，产业信息监测预警的需求越来越强烈、形势越来越迫切。因此，建议加快建立健全牡蛎产业信息平台，促进各产区生产能力、成本收益、种质资源、供需情况、流通运输、资本需求等信息共享，推动主产区加快融合发展、错位发展和协同发展；同时，强化对生产、流向、价格、消费等信息监测，及时研判供需形势，适时发布分析预警报告，有效引导农户生产、上市节奏和时机，优化完善监测预警人员队伍体系，不断提升面向农户等市场主体需求的信息服务能力和决策支撑能力。

（李坚明）

扇贝专题报告

一、全国扇贝生产概况

我国扇贝养殖有虾夷扇贝、海湾扇贝、栉孔扇贝、华贵栉孔扇贝 4 种，以海湾扇贝产量居多。其中，虾夷扇贝养殖主要分布在辽宁省、山东省等冷水水域，养殖方式主要是底播、吊笼；海湾扇贝适温广，在山东省、河北省、辽宁省、广东省均有养殖，养殖模式主要是吊笼；栉孔扇贝集中在山东省，筏式养殖为主，有少量底播；华贵栉孔扇贝分布在广东省、海南省等地。据统计，扇贝各主产省的产量占比情况见图 3-38。

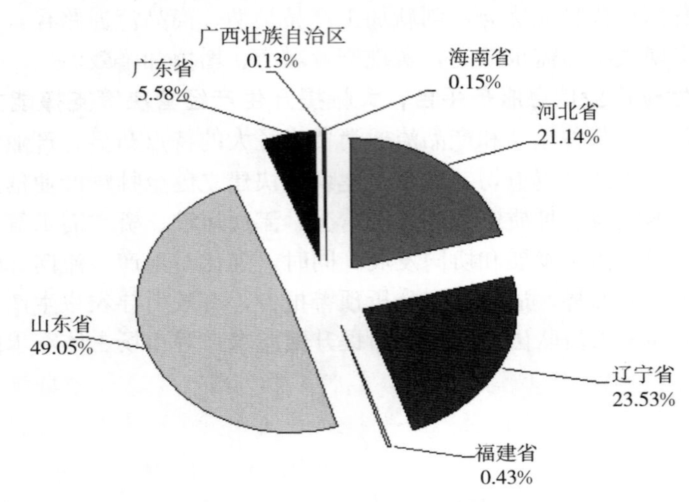

图 3-38 扇贝主产省产量分布
（据《2018 中国渔业统计年鉴》）

2018 年，扇贝渔情信息采集依据全国扇贝养殖的分布情况，分别在辽宁、山东、河北、广东 4 个主产省设置了 13 个采集点（表 3-21），采集点总面积 30 660 公顷，约占全国扇贝养殖面积的 6.62%。采集品种 4 个，见表 3-22。

表 3-21 2018 年扇贝采集点的面积、数量

类别	辽宁省	山东省	河北省	广东省	小计
面积（公顷）	28 533.3	280	1 533.3	313.3	30 660
占采集总面积的占比（%）	93.06	0.91	5.00	1.02	100
采集点数（个）	3	4	3	3	13

表 3-22 2018 年扇贝采集点各品种养殖面积

类别	海湾扇贝	虾夷扇贝	其他扇贝	合计
面积（公顷）	2 080	28 533.3	46.7	30 660

（续）

类别	海湾扇贝	虾夷扇贝	其他扇贝	合计
养殖模式	筏式、吊笼	筏式、底播	筏式	

二、扇贝渔情分析（以渔情数据为基础，参考各省调查情况）

1. 苗种生产顺利，规模、产量相对稳定　2018 年，全国扇贝育苗企业、育苗水体与上年基本持平，出苗量约 6 131 亿粒，同比减少 1.08%。其中，海湾扇贝苗种生产 4 472 亿粒，占总量的 72.9%，同比增加 9.9%；虾夷扇贝育苗量 1 489 亿粒，占总量的 24.3%，同比减少 24.4%；栉孔扇贝、华贵栉孔扇贝共计 170 亿粒，占总量的 2.8%，同比增加 6.3%。

2018 年，山东省扇贝育苗总量约 5 015 亿粒，占全国扇贝苗种产量的 81.8%，同比增加 1%。其中，海湾扇贝苗 3 929 亿粒，同比增加 14.9%；虾夷扇贝苗 1 009 亿粒，同比减少 31.3%；栉孔扇贝苗 77 亿粒，基本持平。辽宁省育苗量约 790 亿粒，占全国总量的 12.9%，育苗量同比减少 7.1%（因亏损育苗企业由 40 家减为 32 家）。其中，虾夷扇贝苗 480 亿粒，同比减少 4%；海湾扇贝苗 250 亿粒，同比减少 16.7%；栉孔扇贝苗 60 亿粒，同比增加 20%。河北省海湾扇贝育苗量约 245 亿粒，占全国总量的 4.0%，同比减少 18.3%。广东省育苗约 81 亿粒，占全国总量的 1.3%，与 2017 年基本持平，主要是海湾扇贝，还有部分华贵栉孔扇贝。

2. 苗种价格因品种、地域而异，总体稳定　海湾扇贝，山东省前期苗价在 0.003～0.004 元/枚，与 2017 年持平，后期因苗量充足，苗价下滑至 0.0025 元/枚；辽宁省苗价由 0.003 元/枚涨到 0.004 元/枚，上涨 25%；河北省苗价 0.0034 元/枚，下跌 13.8%；广东省苗价 0.0025 元/枚，与 2017 年持平。虾夷扇贝，山东省苗价 0.0035～0.004 元/枚，与 2017 年持平；辽宁省因出苗量减少，苗价由 0.004 元/枚涨到 0.0048 元/枚，上涨 20%。栉孔扇贝，辽宁省苗价由 0.004 元/枚涨到 0.0045 元/枚，上涨 12.5%。华贵栉孔扇贝，广东省苗价 0.004～0.007 元/枚，与 2017 年持平。

3. 养殖面积、苗种投放稳中有降，不同省份苗种投放各异　4 个采集省扇贝养殖规模略有下降，总计约 436 693.3 公顷，同比减少 6.5%。其中，山东省养殖面积仍保持在 131 000 公顷左右；辽宁省扇贝养殖面积 249 020 公顷，同比减少 10.7%（主要因虾夷扇贝面积减少 11.7%，海湾扇贝、栉孔扇贝养殖面积分别增加 35.5%、28.7%）；河北省海湾扇贝养殖面积 50 973.3 公顷，同比减少 0.4%；广东省扇贝养殖面积约 5 700 公顷，同比下降 2.7%。

苗种投放整体略降。山东省因养殖面积稳定，投苗量没发生较大变化；辽宁省因养殖面积减少，投苗量稳中有降；河北省总投苗量 200 亿粒左右，同比下降 9.1%；广东省投苗量下降 10%，主要因养殖规模略有缩减，投放密度减少。

通过春季调查，可看出 2018 年全国扇贝春季育苗生产稳定有序，育苗量较充足，为养成阶段打下了良好基础。

4. 扇贝养殖产量稳中有降　2018 年，采集点扇贝出塘总量达到 20 138.76 吨，收入

22 348.59 万元。主要是：山东省海湾、虾夷扇贝出塘共计 1 637.03 吨，收入 868.6 万元；辽宁省虾夷扇贝出塘 6 341.59 吨，收入 17 641.38 万元；河北省海湾扇贝出塘 11 196.16吨，收入 3 443.03 万元；广东省海湾扇贝出塘 963.99 吨，收入 395.57 万元（因采集点调整，2017 年数据不全，无法同比）。

从调查看，4 个采集省出塘扇贝总量约 174.57 万吨，同比下降 3.54%。其中，山东省扇贝产量 98.3 万吨，同比减少 0.1%；辽宁省产量 24.8 万吨，同比减少 15.3%（主要是虾夷扇贝减产 28.7%、栉孔扇贝减产 9.1%、海湾扇贝增产 128%）；河北省海湾扇贝养殖产量 39.8 万吨，同比减少 6.2%（因台风造成部分损失）；广东省产量 11.67 万吨（海湾扇贝为主，还有部分华贵栉孔扇贝），同比增加 7.4%。

5. 采集点扇贝出塘价格较平稳 辽宁省底播虾夷扇贝 1～12 月出塘价格均在 33.6 元/千克上下振动，振幅较小。但 8 月出塘了浮筏养殖的虾夷扇贝，因其规格小、价格较低，仅 10 元/千克，拉低了全省 8 月均价（16.23 元/千克）；广东省海湾扇贝出塘均价为 4.1 元/千克，价格在 3.8～4.7 元/千克波动；山东省扇贝均价 5.31 元/千克 。其中，海湾扇贝价格在 3～6.31 元/千克波动；虾夷扇贝价为 14 元/千克，7、8 月出塘，因是吊笼养殖，规格较小（为了规避养殖风险，1 龄贝就出塘），价格较低；河北省海湾扇贝均价 3.08 元/千克，集中在 10、11 月出塘（图 3-39）。

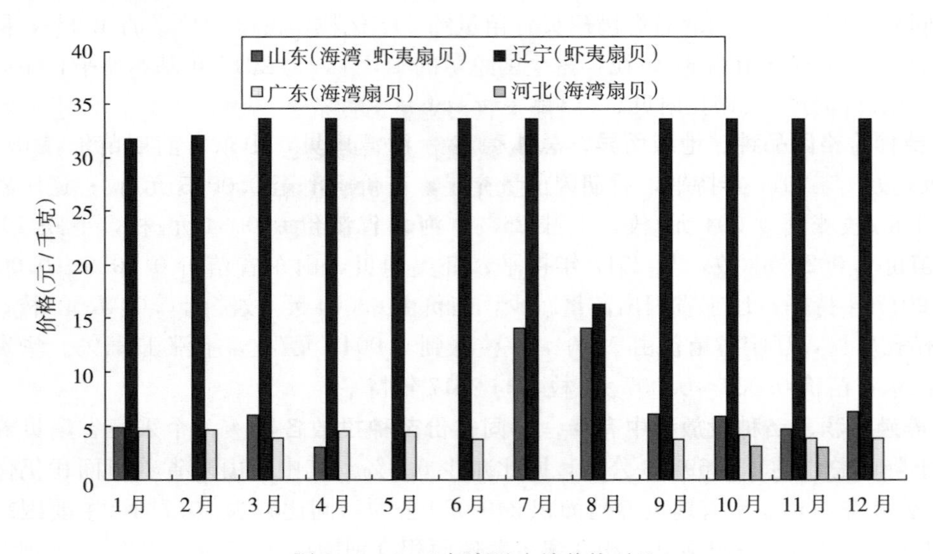

图 3-39 2018 年扇贝出塘价格对比

6. 采集点生产投入以苗种费占比最大 2018 年 1～12 月，全国扇贝采集点生产总投入 34 347.28 万元。其中，苗种费 24 192.7 万元，占到总投入的 70.44%，主要是虾夷扇贝的苗种费较多（达到 23 940.98 万元，占总投苗费的 98.96%）；人力费 5 340.7 万元、燃料费 1 393.43 万元、租金 2 912.02 万元（辽宁省等地采集点租金还没交全）、水电费 39.59 万元、固定资产折旧 167.99 万元、保险费 26.38 万元、其他 271.63 万元。各项投入占比见图 3-40。

总体来看，扇贝投苗生产较积极。主要是辽宁省投放虾夷扇贝苗量较大；海湾扇贝苗

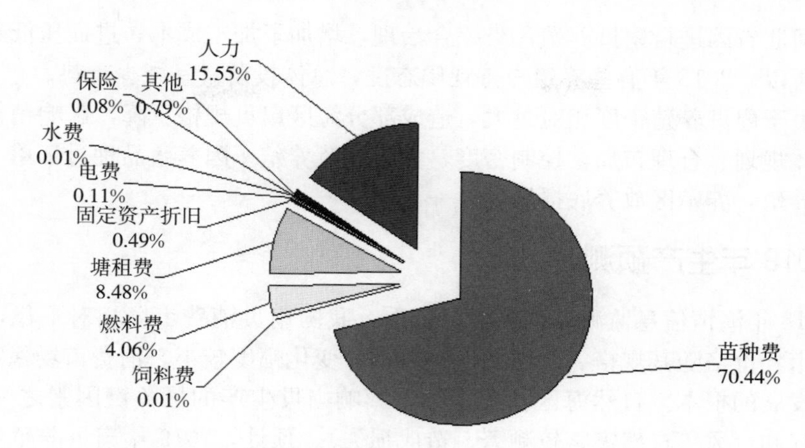

图 3-40 2018 年扇贝采集点生产投入构成

种费为 251.73 万元，是由河北省和山东省投放；广东省未有投苗。

7. 扇贝养殖生产效益较好 综合分析调查及采集点数据可看出，扇贝养殖虽受海域的自然条件影响较大，但盈利空间仍较宽裕，一般毛利率在 30%～64%。各品种扇贝成本效益见表 3-23。

表 3-23 2018 年扇贝成本及盈利情况

单位：元/千克

品种	成本价	出塘价	毛利	毛利率（%）	同比增减（%）
虾夷扇贝	8.42～10	16.32～27.82	7.9～17.82	48.4～64.1	持平
海湾扇贝	1.64～3.2	3.2～4.2	1～1.36	31.2～32.4	增 6.7～8.4
栉孔扇贝	4	8	4	50	减 2
华贵栉孔扇贝	3.6	5.2	1.6	30.8	减 12.1～24.8

8. 采集点灾害损失较大 2018 年，采集点扇贝因自然灾害造成较大损失。辽宁省 1 月，因饵料生物匮乏造成虾夷扇贝死亡，经济损失达到 62 893.5 万元。原因：2017 年黄海北部海域气温偏高，降雨量减少，导致海域内营养盐补充不足，致使虾夷扇贝主要饵料生物数量显著减少，贝类大规模消瘦并死亡，造成减产。河北省 8 月，因台风引起暴风潮，造成海湾扇贝损失。扇贝数量损失 113.95 吨，经济损失 387.22 万元。

三、主要问题、建议

影响扇贝苗种生产的关键因素是：水域条件（主要是饵料生物）、种质因素、育苗技术因素。2018 年，因水质原因和种质退化，造成局部区域海湾扇贝育苗量减少。据调查，河北省海湾扇贝育苗量减少 18.3%，辽宁省海湾扇贝出苗量减少 16.7%。根据河北省唐山市水产技术推广站近两年监测，唐山入海口水质无机氮和活性磷含量上升趋势较为明显，春、夏、秋季均呈现富营养化。而扇贝育苗企业均从入海口进水，这种较差的水质导致一些育苗场出苗减少、保苗率下降，保苗成活率多在 10%以下（一般 10%～30%）。由于海湾扇贝是外来种，亲贝不能及时更新，种质退化严重，也影响了育苗生产。

此外，河北省因进行扇贝养殖污染综合治理，增加了加工成本，进而压低养殖户扇贝销售价格。所以，2018 年有些养殖户持观望态度，总体投苗量呈减少趋势。

建议：由于扇贝养殖密度相对过大，造成部分海区扇贝规格下降，影响销售。建议对海域进行整体规划、合理布局，控制密度，大力规范养殖。因养殖品种过于单一，建议发展综合立体养殖，养殖区放养底播品种。

四、2019 年生产预测

根据 2018 年渔情信息监测和调查情况来看，我国扇贝消费市场相对平稳，深加工需求量增加。市场价格随其规格、品质而上下波动，变化幅度较小。消费市场稳定，也是扇贝养殖稳定发展的根本。自然海区状况，仍是影响扇贝生产的最关键因素之一（2018 年持续高温天气和台风等自然灾害较频繁，造成损失）。预计，2019 年扇贝养殖生产仍将保持稳中略降发展态势，区域性养殖格局、模式的调整仍将继续。

（张　黎）

鲍专题报告

一、鲍主产区分布及采集点总体情况

我国鲍养殖主要分布在福建、山东、辽宁等 6 个省。从养殖种类看，皱纹盘鲍仍然是目前养殖的主导品种，部分兼养新品种西盘鲍和绿盘鲍。据渔业统计数据，2017 年全国鲍产量 14.85 万吨，其中，福建 12.34 万吨，占全国总产量的 83.0%。产量分布详见图 3-41。

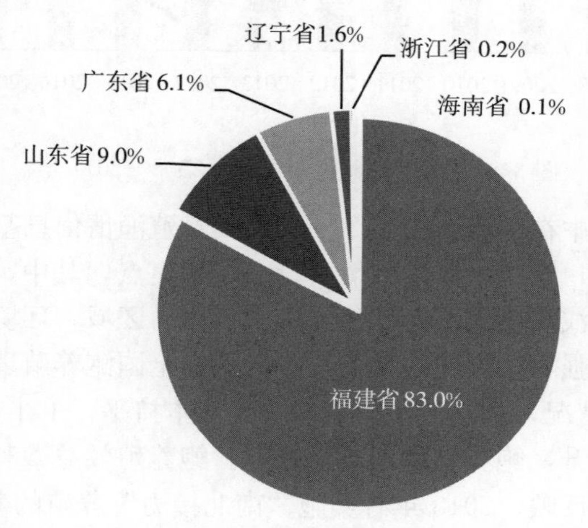

图 3-41　2017 年全国鲍养殖分布

2008—2017 年的 9 年间，我国鲍养殖产量从 3.30 万吨迅速增加到 14.85 万吨（图 3-42），年产值近 200 亿元。福建省鲍年产量从 2008 年的 2.29 万吨增加到 2017 年的 12.34 万吨（图 3-43），养殖产量增加近 6 倍，带来了巨大的经济和社会效益，并使鲍养殖成为福建省养殖业的重要组成部分。

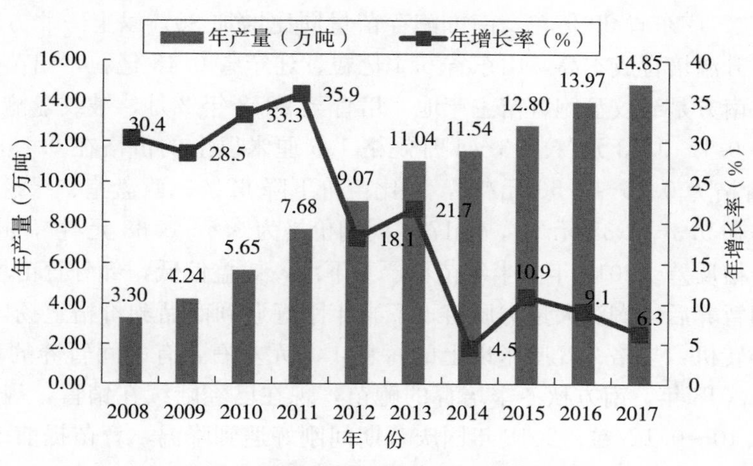

图 3-42　我国鲍养殖业发展（2008—2017 年）

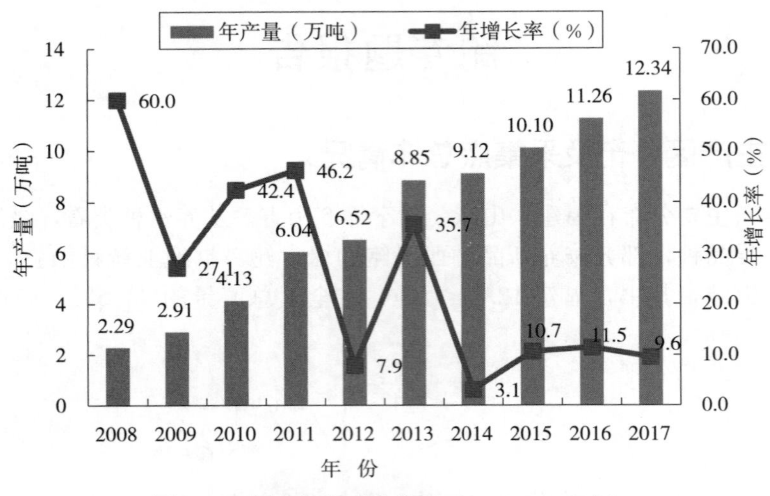

图3-43　福建鲍养殖业发展（2008—2017年）

全国鲍养殖主要集中在福建、山东2个省，其养殖渔情信息基本可以代表全国鲍养殖渔情的总体情况。因此，全国鲍养殖渔情共设7个采集点，其中，福建省6个、山东省1个。鲍主要养殖方式为浅海筏式吊笼养殖，集中在内湾区域，环境条件差异性小，所选采集点的生产情况代表性强，采集的数据基本能反映出全国鲍养殖现状。根据采集的信息分析2018年全国鲍养殖情况，全年鲍出塘量与上年基本持平，上半年出塘价继续低位调整，下半年出塘价格止跌回升，鲍养殖盈利空间收窄，鲍养殖效益微利，利润在盈亏线上下浮动。根据调研，养殖户反映，2018年有实施“南北接力”养殖的养殖户大部分盈利。

二、2018年鲍生产形势分析

1. 鲍苗存塘量增加，鲍苗价先抑后扬　据调查，2018年全国有4 600家鲍育苗企业（场），鲍苗种生产约95.75亿粒，同比增加33.5%，造成鲍苗数量供过于求。主要原因是2017年南方秋、冬季鲍育苗过程相对顺利，特别是鲍苗剥离后成活率达90%以上。福建省46.3亿粒、广东省39亿粒，南方鲍存苗量同比增加30%以上。北方春季育苗因自然水温低，需升温培育成本高，山东省6.4亿粒、辽宁省0.45亿粒，出苗量与上年基本持平。其中，南方是皱纹盘鲍育苗主产地，培育至2018年2月，皱纹盘鲍苗规格0.8厘米以上的价格0.1～0.13元/粒，3～4月规格1.5厘米以上的价格在0.15～0.23元/粒，2017年同期价格为0.45～0.56元/粒，同比苗价下降62%；西盘鲍、绿盘鲍规格1.5厘米以上的价格在0.3～0.38元/粒，2017年同期价格为0.5～0.68元/粒，同比下降42%，形成鲜明的价格反差。2018年上半年苗价严重下滑，效益偏低，部分育苗场还出现亏本。但鲍苗经中间暂养后，淘汰大量劣质苗，下半年刚好遇到商品鲍价格上扬，投苗量增多，鲍苗价格获得转机，规格2.8厘米以上的每粒1.1元左右，有中间暂养的育苗场比2017年效益还好。2018年，南方秋冬季培育的鲍苗，现在已经陆续在销售，规格0.8厘米以上的价格在0.10～0.12/粒。2018年国庆节期间刚好遇到降温，育苗提前10天以上，鲍苗生长快，销售提前半个月左右。

2. 商品鲍出塘量持平，出塘价先低后高　由于受 2017 年鲍低价影响，2018 年上半年鲍出塘价格基本维持在低位，统鲍（每千克平均 30 粒）价格在 90～120 元/千克；随着市场供求变化，下半年价格略有提升，统鲍价格逐步升到 120～160 元/千克。2018 年 1～12 月，采集点出塘量为 110.8 吨，同比减 7.1%；出塘收入 1 860 万元，同比增加 4%。其中，福建省采集点出塘量 100.5 吨，出塘收入 1 416 万元。2018 年全年价格走势出现先低后高，下半年鲍市场价格逐渐回升，呈平稳走势，2018 年统鲍出塘均价 141 元/千克，具体价格、走势见表 3-24，图 3-44。

表 3-24　2015—2017 年鲍价格走势

单位：元/千克

年　份	1月	2月	3月	4月	5月	6月	7月	8月	9月	10月	11月	12月	均价
2016	143	186	150	152	140	124	203	178	175	173	168	193	151
2017	165	194	165	149	114	142	133	129	148	154	138	127	146
2018	129	142	112	110	116	161	169	157	130	158	159	153	141

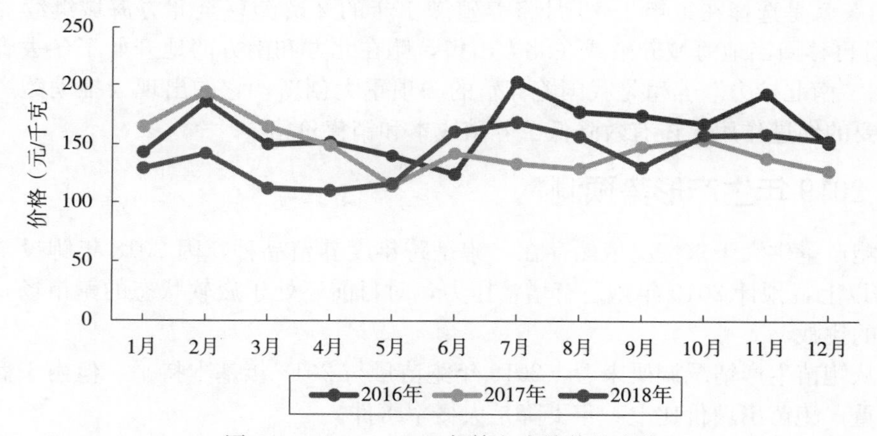

图 3-44　2016—2018 年鲍鱼出塘价格走势

3. 养殖成本增加，收益微利趋势　2018 年，7 个采集点生产投入 2 142.2 万元，同比增加 36%。其中，苗种投放 465.6 万元，同比减少 22%；饲料 706.5 万元，同比增加 16%；人力投入 628 万元，同比增加 18%（图 3-45）。虽然苗种成本下降，2018 年春季鲍苗出塘价同比下降，但人力成本却逐年递增。饲料费用增加，主要是饲料单价上涨，2018 饲料主要为鲜海带（含干海带、盐渍海带）、江蓠、龙须菜、片状配合饲料。鲍生产根据季节选择饵料种类，4～6 月，投喂新鲜海带；7～9 月投喂盐渍海带，辅以龙须菜、江蓠等天然藻类或片状配合饲料；10 月至翌年 3 月，投喂龙须菜或盐渍海带。

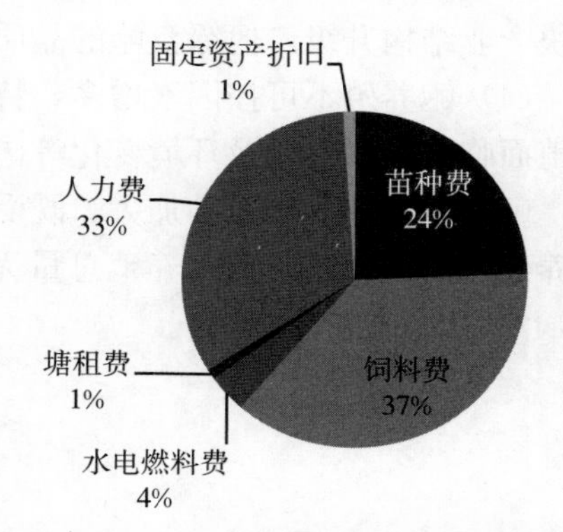

图 3-45　2018 年鲍采集点生产成本分析

福建省是全国鲍的主产区，基本可以反映全国鲍养殖渔情，以下养殖效益分析以福建省东山县 2 个鲍采集点为例。养殖面积 50 亩，2018 年生产总投入 321.24 万元，预计总收入 360.06 万元。其中，已收入 290.6 万元、存塘 70 万元，投入产出比 1∶1.1，总利润 38.82 万元，每亩收益仅 0.78 万元，收益率为 12.1%，同比下降 35%。

4. 苗种淘汰率提高，优质率上升 由于 2018 年上半年鲍苗滞销，倒逼淘汰 30%以上尾苗，苗种相对整齐，养殖效果相应提升。鲍养殖成活率提高，同比增加 20%以上。部分养殖区鲍因赤潮损失严重，如福建连江养鲍海区，因遭遇米氏凯伦藻导致鲍局部大量死亡，鲍养殖不确定性因素增多。

5. “南北接力”养殖，模式优势呈现 据调研，2018 年实施“南北接力”，养鲍者总结前些年的弊端，不再采取全部搬迁到北方，而先经过筛选有生长优势的 1 龄、2 龄鲍搬迁，其他小规格鲍留在南方海域继续养殖或提前出售。初步统计，2018 年共有 250 万笼（每笼 8～8.5 千克），约有 2 万吨 2 龄鲍搬到山东荣成一带海域“南北接力”养殖，同比 2017 年减少 20%。且 2018 年北方鲍市场行情看好，规格 30 粒/千克出塘价格能维持 160 元/千克以上出塘价，2018 年实施“南北接力”养鲍者效益初显，80%以上盈利。据悉，“南北接力”就是选择在每年 4～5 月将养殖满 1 年的 2 龄鲍移至北方海域继续养殖“度夏”，10 月再移回当地海域养殖或在北方出售，鲍在北方和南方两地开始了冬去春来的候鸟式迁徙。“南北接力”养殖是我国鲍养殖的一项重大创新，它的出现为推动鲍产业发展起到了重要的促进作用，还有效降低了养殖成本和销售价格。

三、2019 年生产形势预测

（1）鲍产量供大于求情况依然存在。鲍是跨年度养殖品种，因 2018 年鲍投苗量同比增长 20%以上，预计 2019 年鲍还有增量压力，对目前还处于疲软状态的鲍市场，出塘价将是极大的挑战。

（2）从鲍苗生产情况调研来看，2019 年鲍苗量与 2018 年基本持平，但由于商品鲍价格下降严重，鲍苗出塘价比上一年下降是大概率事件。

（3）鲍新品种将受青睐，特别是绿盘鲍养殖会进一步推广，促进鲍养殖品种多样化，加快产业结构升级。但绿盘鲍的品质参差不齐，会对新品种的推广造成负面影响。

（4）鲍养殖不可控因素增多，特别是海上养鲍病害防治技术和防灾减灾条件薄弱，鲍养殖面临病害、台风及环境变化等诸多因素影响，直接关系到养殖成败结果。

（5）商品鲍价格波动加大，既受市场需求影响，又受供方养殖量影响，而现在鲍育苗与养殖仍处于无序状态，养殖总量无法做到按需生产，因此，2019 年鲍养殖形势总体堪忧，亏本面将进一步扩大。

（林位琅）

海带专题报告

一、2018年海带养殖总体形势

北方养殖主要品种为大阪、奔牛、烟杂、德林1、德林2、新奔牛、407、爱伦湾、杂交、海天三号、208、205、海科1、海科2、中科1、中科2、东方2号、东方6号等，海带长势与前几年相当，低于2010年前的水平。南方养殖主要品种为"连杂一号""黄官一号"等具有耐高温的品种。

1. 苗种投放

（1）苗种产量略有下降　以福建地区为例，在对调查的秀屿区福泰海带养殖专业合作社、秀屿区英凤水产养殖有限公司、秀屿区正和海育苗场、莆田市秀屿区双信海带种苗场4个苗种生产单位的调研中，规格在2.5～3.0厘米的海带苗产量分别为28 000片、35 000片、14 000片、24 000片，同比分别下降5%、10%、6%和2%。

（2）投苗量增加　福建地区的海带苗种投放量增加约25%，苗种主要来源于当地育苗室。由于对市场前景的看好，山东地区大多数龙头企业也相应增加了苗种投放量。

（3）苗种价格大幅下降　苗种价格在150～240元/片，同比下降11%～38%。高品质苗种价格下降幅度较小。

2. 海带价格　从采集点数据看，海带（干重）出塘量3.11万吨，出塘收入3 745.47万元（图3-46）。2018年海带苗种质量很好，夹苗工作进展顺利。鲜海带收割情况平稳，收割季节基本无阴雨天气，没有出现台风灾害，收割没有造成损失，价格从海上收割开始一直比较平稳，鲜菜平均价格0.46～0.48元/千克，食品菜价格0.6元/千克。从销售额上看，2018年比去年销售降低很多，主要原因是2018年海带病害较少，收割季节气候好，海带丰收，市场需求未增，产量过剩。同时受青岛峰会影响，胶南黄岛等地海藻加工企业比常年收购海带减少，光威海长青集团减少2万吨左右，这些海带全部转化为晾干菜进入市场，进一步促进市场饱和。

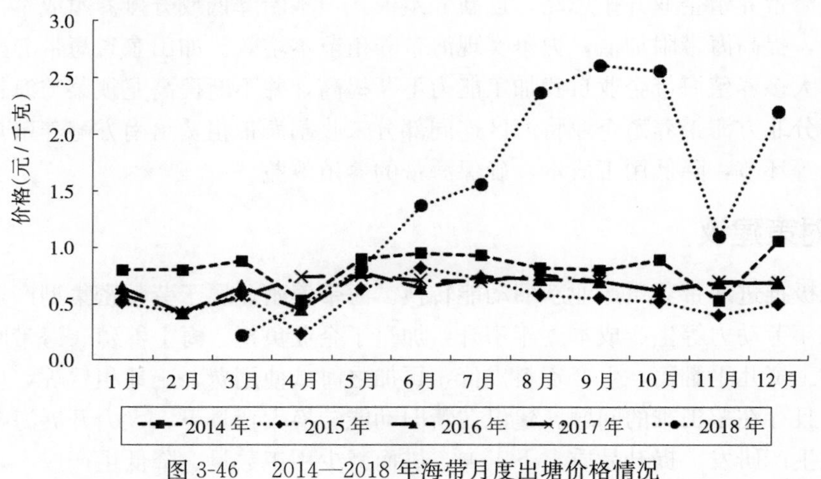

图3-46　2014—2018年海带月度出塘价格情况

3. 生产成本 采集点生产投入共2 126.30万元，主要包括物质投入、服务支出和人力投入三大类，分别为445.95万元、129.82万元和1 550.53万元，分别占比为20.97%、6.11%和72.92%。在物质投入大类中，苗种、燃料、塘租费、固定资产折旧分别占比7.06%、8.37%、4.08%、1.46%；服务支出大类中，电费、水费及其他费用分别占比2.31%、0.70%和1.60%。各生产成本比例如图3-47。

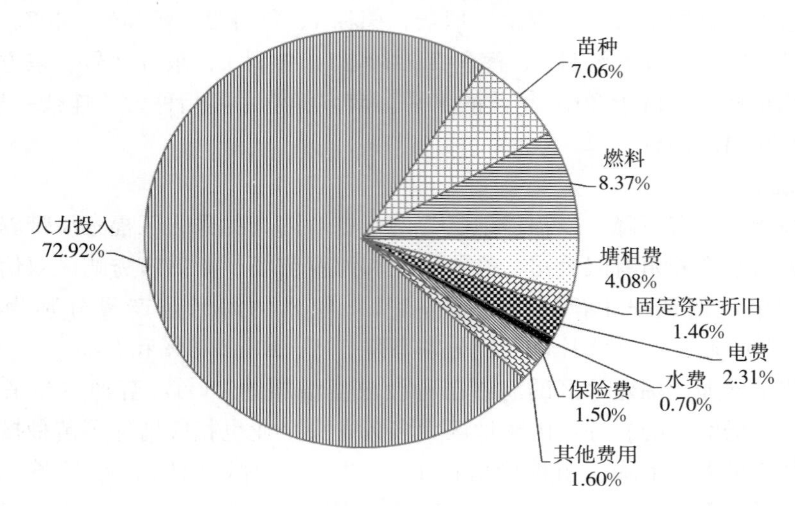

图3-47 海带生产投入要素比例

二、2019年生产形势预测

海带形势较为乐观。2018年秋海带苗种质量很好，夹苗工作进展顺利，如不出现异常天气，2019年海带产出量将会再创新高。同时，生产配套设施（如盐渍海带冷风库）的不断完善，将会有助于海带价格的提升。此外，主产区荣成市将对桑沟湾沿岸进行整治，统一向外清理养殖区，海带养殖面积将有所减少，鲜海带和盐渍海带的市场销售形势比较乐观。

目前，海带养殖企业开拓思路，创新养殖模式，不断降低或分摊养殖成本。或通过提升加工能力，提高海带附加值，力争实现海带养殖节本增效。如山东省海带养殖以规模性企业为主，大多养殖海带企业自我加工能力不断提高，并不断提高龙须菜与海带的轮茬养殖面积，部分北方海带养殖企业将海区连同部分未收割海带租赁给南方鲍养殖户，省略了收割、晾晒等环节，降低用工成本，确保海带的养殖效益。

三、对策建议

（1）积极推进海带养殖产业新旧动能转换。海带养殖业属于劳动密集型产业，用工量较大。近几年劳动力等生产成本逐年攀升，加重了企业负担。海上养殖、海带晾晒、夹苗等劳动力的工资几乎翻倍，生产资料提价，再加之海域使用费、土地租赁等，生产成本逐年提高，并且存在招工难的问题。建议在新旧动能转换大背景下，大力开展海带收割自动化、机械化生产研发、提升品质上下工夫，进而减少用工数量、降低生产成本，提高市场竞争力，增加经济效益。

（2）及时适当调整海水养殖结构，适度减少海带养殖面积，适度开展龙须菜、扇贝、鲍等其他品种养殖规模，以降低市场风险，增加养殖业户收入。

（3）鼓励企业加大海带精深加工。如世代海洋、寻山集团等用鲜海带生产生物肥料，蜊江公司利用盐渍海带直接生产烘干海带丝等。福建省用小海带加工，也延伸了海带产业链。

（4）鼓励科研院所与相关企业合作，联合开发海带适销的加工品种；同时要加大宣传力度，树立品牌意识，培育国内海带消费群体及市场，使其成为大众乐于消费的海洋蔬菜，从而带动产业发展。

（5）建议相关部门及早出台海带保护价格，避免无序竞争；同时质监、工商等相关部门要抓好淡干海带销售的质量管理，打击掺杂使假等行为，以维护海带养殖企业的利益。

（景福涛）

中华鳖专题报告

一、2018年养殖生产总体形势

1. 春季苗种生产情况 2018年春季，重点对1～4月全国中华鳖主养省份育苗场的育苗情况、养殖场的投苗情况、出售情况进行了摸底分析。在浙江、安徽、江西、江苏、广东、广西、湖北等7个省份的企业中，重点调查了54家中华鳖育苗和养殖企业。

出苗量与去年同期有相应增加。54家企业中，有23家是育苗企业。2018年1～4月，这些企业的中华鳖出苗量共计758万只，主要集中在广东、浙江和安徽3省。企业出苗的规格不尽相同，其中，广东省以3～5克/只的规格为主，安徽省以5～35克/只的规格为主，而浙江省以10～200克/只的规格为主。企业出苗量有不同程度地增减，减少量从4%～40%不等，增加量从8.3%～66.7%不等。相较于去年同期683万只的出苗量，整体增加了11%左右。苗种的出塘价格根据不同规格，从5～26元/只不等，比去年同期增加了5%～100%。

2. 春季苗种投放情况 苗种投放呈现量价齐升。54家企业中，有36家是养殖企业（有养殖企业也是育苗企业）。苗种投放总量达786万尾，规格3～250克/只不等，主要集中在广东、安徽和浙江3省，其余省份调查点1～4月没有投苗。投苗量与去年同期相比有显著增加，增加5%～177%不等。原因主要也是由于2018年市场行情好，企业扩大经营生产规模所致；投放的苗种价格从2～10元/只不等，增加了5%～122%。

3. 采集点中华鳖出塘情况 2018年，采集点中华鳖出塘销售总量2 312吨，出塘收入1.14亿元。采集点中华鳖平均出塘价格为37.36～83.77元/千克，年平均出塘价54元/千克，年价格变化趋势见图3-48。可以看出，采集点中华鳖的出塘价格在年末有一个明显的增长，主要原因在于江苏省采集点外塘鳖1～10月均未出塘，而在11、12月两月连续出塘且价格达120～130元/千克，抬高了整体出塘价格。

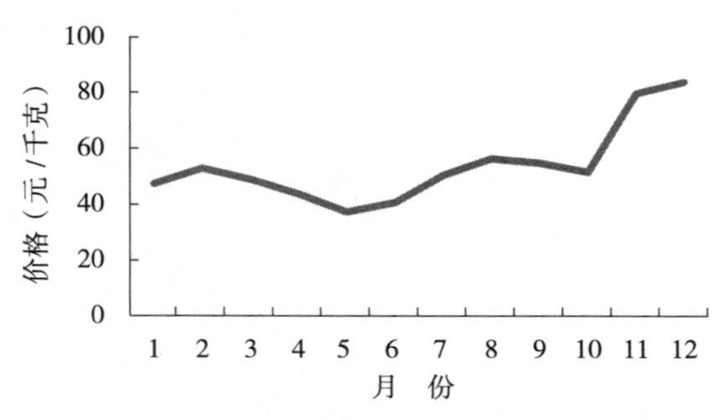

图3-48 2018年采集点中华鳖出塘价变化趋势

从各省出塘量和出塘收入来看，河北省采集点出塘销售69.5吨，出塘收入390万元；江苏省采集点出塘销售91.1吨，出塘收入1 145万元；浙江省采集点出塘销售133.7吨，出塘收入1 041万元；安徽省采集点出塘销售193.7吨，出塘收入8 130万元；江西省采集点出塘销售59.4吨，出塘收入487万元；湖北省采集点出塘销售12.5吨，出塘收入71万元；

广西壮族自治区采集点出塘销售8.9吨，出塘收入140万元。各省（自治区）出塘量和出塘收入对比见图3-49。由于浙江地区温室大棚的大规模拆除，以温室鳖为主的企业将养殖场转移到安徽等内陆省份，使得内陆地区的出塘销售量占比大幅增长。

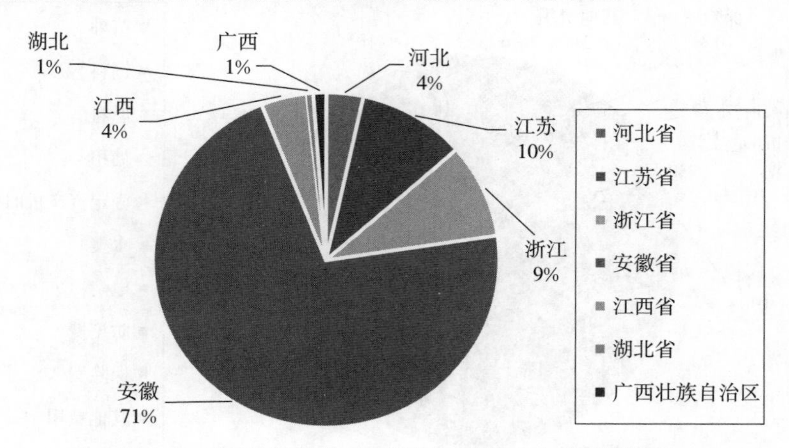

图3-49　2018年各省（自治区）采集点中华鳖销售量

4. 采集点产量损失情况　2018年，全国各中华鳖渔情采集点因发生病害、自然灾害、基础设施等其他损失产量累计9.2吨，占总产量的0.39%；损失金额60.5万元，占总销售额的0.53%。其中，病害损失产量7 431千克，金额53万元；自然灾害损失产量200千克，金额3万元；其他灾害损失产量1 535千克，金额4.5万元。由此可见，病害是造成中华鳖产量损失的主要原因，占总损失产量的81%、总金额损失的87.6%。随着中华鳖温室养殖的逐步取缔，生态养殖技术和防控意识的进步，养殖户应对病害、天气突变等自然灾害的本领增强，损失相对获得利润比例较少，渔业养殖情况较稳定。

二、面上生产情况分析

1. 中华鳖市场行情逐步看好　在华中、华东地区大量温室大棚养殖和华南地区外塘养殖的年份，中华鳖养殖处于供过于求的状态，且温室养殖鳖充斥市场，一定程度上拉低了鳖产品的品质，导致中华鳖行情持续低迷。2014年开始，作为鳖主产区与消费大省，浙江地区温室大棚连续3年的关停和拆除，对于中华鳖产业升级起了重要的推动作用。持续的养殖量减少，是2017—2018年中华鳖行情上涨的主要因素。外塘鳖的比例提高，间接提高了中华鳖产品品质，加上市场供求关系的变化，使中华鳖市场行情从2017年开始有所好转，到2018年进一步看好。

2018年，全国中华鳖市场基本规律为春节前夕的严重缺货，导致价格直线攀升至2月，到5月再次疯涨，一直保持稳定至9月价格小幅下探，到10月再度回升，到冬季则随着存塘量快速减少，12月又现快速上涨。与渔情信息采集点的出塘价格变化，大致呈相同变化趋势。

2. 中华鳖养殖生产投入组成中苗种和饲料占比较高　根据对2018年全国中华鳖渔情信息监测点的生产投入分析，全年生产投入达2 769万元，包括苗种、饲料、燃料、塘租、资产折旧、服务支出（水费、电费、防疫费、保险费）、人力等，占出塘收入比达

24%。中华鳖养殖的饲料、苗种在所有成本支出中占主导地位，分别占总成本的44.6%和33.5%。各项成本支出如图3-50所示。

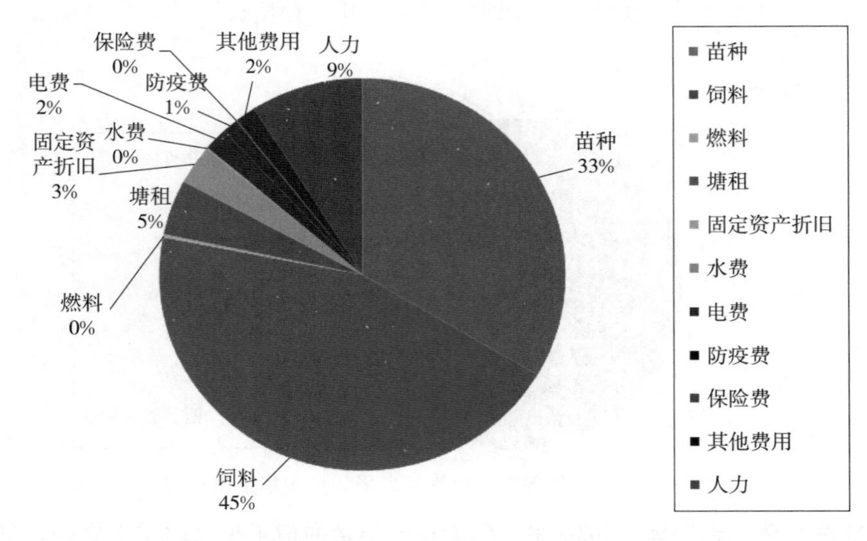

图3-50　2018年全国中华鳖渔情信息监测点生产投入组成

随着国家认定新品种如中华鳖日本品系、清溪乌鳖、浙新花鳖以及地方性优良品种的推广，养殖户对于优良苗种的需求愈发迫切，选择中华鳖优良苗种的比例在逐年提高。而主产区温室大棚的大规模拆除导致的苗种缺货，也很大程度上导致了成本的上升。以中华鳖日本品系为例，2018年鳖蛋价格基本维持在3.6～6元/千克，收购尾价可达3元/枚的高价。

饲料是中华鳖养殖的关键环节，养殖企业由温室养殖向外塘养殖转型，利用虾塘、鱼塘、稻田、莲田、茭白田和葡萄园等有效资源，广泛开展稻田综合种养和生态混养模式养殖，走绿色、生态、高品质的产品路线，在饲料的投入上以配合饲料为主，原料性饲料、冰鲜料为辅，通常鳖用饲料的蛋白含量为42%～46%，较普通鱼虾类饲料的成本要高，也是饲料成本占比高的主要原因。

三、2019年生产形势预测与建议

随着供大于求的供求关系逐步化解，中华鳖产业连续多年低迷的行情终于回暖。2019年，我国鳖商品消费需求将进入到平稳增长、健康发展的新阶段。在全民追求无公害、绿色、有机食品的新背景下，中华鳖养殖正在逐步取缔温室养殖，控制规模，追求精品。

1. 创新养殖模式，推动养殖技术升级　通过仿野生生态鳖养殖模式、虾鳖鱼混养模式、稻鳖共生模式、阳光温室大棚模式、三段生态可控模式等不同养殖模式，创新养殖模式；加速养殖技术由“资源依托型”向“科技依托型”转变，加大良种繁育体系建设力度，进一步健全良种养殖示范、推广机制，实现良种养殖全覆盖，为养殖业健康、快速发展奠定坚实基础。

2. 建立完善养殖生产的质量保障体系　利用“物联网＋N”、大数据分析等先进技术，建立完善的中华鳖养殖质量保障体系和追溯体系，严把饲料、药物质量关，严格检验检疫管理，使得养殖生产管理程序化、透明化、产品质量可控。

3. 创新营销模式，实施品牌营销策略 建立产业联盟并打造行业品牌，建立核心优势品牌，扶持培育中华鳖营销平台，加强品牌建设和文化宣传。电子商务的快速发展，改变了传统消费模式，将是中华鳖产业发展的一个重要助推器，也是未来营销的重要发展方向。

4. 发展精深加工，提高产品附加值 目前，我国中华鳖精深加工产品仍在起步阶段，尚未形成区域性大品牌。科研部门和养殖企业要加大中华鳖精深加工产品的研制和开发，增加鳖产品的附加值，逐步实现美味食品到大众食品，从高档食品到保健食品、甚至医药品的转变，延伸产业链，从而提升产业整体效益，改变我国鳖产品重养轻加工、依赖活体销售的局面。

5. 发展文化创意产业 通过开办博物馆、文化景观，举办美食文化节，开展中华鳖休闲渔业、生态旅游观光等项目，挖掘中华鳖的休闲旅游、文化价值，发展文化产业，也是未来中华鳖产业延伸的一个重要方向。

（马文君 贝亦江）

海参专题报告

全国养殖渔情信息采集点的数据分析显示：2018年1～12月，采集点成参出塘量1 916.93吨，同比下降27.7%；收入22 503.72万元，同比下降14.2%；投苗量71 775.6万头，同比上升11%；生产投入14 735.48万元，同比下降16.2%。主要是除苗种费同比上升以外，其他成本投入均有下降，苗种费9 775.8万元，同比增加12%；其他成本4 959.68万元，同比下降46.2%。海参全年平均出塘价格为138.92元/千克，同比上升18.7%。总利润亏损7 350.4万元。生产损失1 147.6吨，经济损失15 118.63万元。

从全国渔情采集点数据看，成参总体出塘量同比下降，海参投苗量大幅增加，海参苗种价格上扬，海参养殖成本缓慢上升。成品海参春季及秋季出塘价格持续回升。辽宁省大部分池塘养殖海参受夏季高温极端天气影响，海参出现大量死亡，影响全年预期产量。

一、海参主产区分布及总体情况

全国海参养殖主产区分布在辽宁、河北、山东、福建等省，主产区分布在辽宁省大连、锦州、葫芦岛；河北省乐亭、秦皇岛；山东省烟台、威海、青岛；福建省霞浦、漳浦。

二、采集点设置情况

在海参主产区共设采集点21个，海参采集点总面积为74 146亩，同比增加46 263亩。其中，辽宁省7个采集点面积8 750亩，占11.8%；河北省4个采集点面积3 150亩，占4.24 %；山东省7个采集点面积62 205亩，占83.9%；福建省3个采集点面积41亩，占0.06%。

三、2018年海参生产形势特点分析

1. 海参养殖总体产量下降 夏季高温等自然灾害对海参养殖影响日趋突出，辽宁省、河北省等地受高温影响，出现了多地海参大规模死亡现象，给广大海参养殖业者造成惨重的经济损失，严重制约了海参产业的持续健康发展。分析养殖产量下降的原因：

（1）北方海参养殖产量情况 北方海参养殖主要包括海水池塘和浅海底播的生产方式。北方海水池塘海参受夏季高温影响受灾严重，辽宁省、河北省存塘海参死亡率上升，海参养殖产量大幅下降。受持续高温影响，多数池塘养殖的海参在今年秋季几乎已无参可卖，浅海底播养殖海参产量几乎未受高温影响，与上年同期基本持平。

（2）南方海参养殖产量情况 南方海参养殖以福建省为主（宁德市霞浦县占福建省海参养殖总量的80%～90%）。2018年，福建省春捕海参产量1.5万吨，较2017年同期下降16.6%。海参总体增重率明显低于往年，平均增重率在120%～130%，主要受到气候、苗种选择、投苗时间与放养密度的控制、水质、饲料以及其他操作管理等因素影响。

2. 海参苗种的生产形势

（1）池塘网箱苗种剧增，竞争抢夺新市场 近两年辽宁省海参池塘网箱二段式养殖技术

手段日趋成熟，池塘网箱海参苗种产量剧增，与传统的工厂化培育海参苗种的生产成本相比，还具有价格优势。此外，网箱海参苗对池塘的水环境适应性更强，因此，网箱海参苗投苗后成活率更高，深受养殖企业和散户追捧。竞争力更强，抢夺了一部分越冬苗市场。

（2）苗种投放量增加，参苗价格回升　经过调研了解，2018 年海参苗种投放量同比增加。主要原因：一是去年海参出塘价格企稳回升，养殖户为加速资金回收增加出塘量，存塘量同比降低，春季海参投苗量同比增加；二是夏季辽宁省池塘养殖海参因高温天气受灾，海参死亡数量多，导致秋季对海参苗种需求量增加，有条件的池塘海参养殖业户已经在秋季进行大量补苗，导致辽宁省、河北省、山东省、福建省海参苗供不应求，参苗价格回升（图 3-51）。

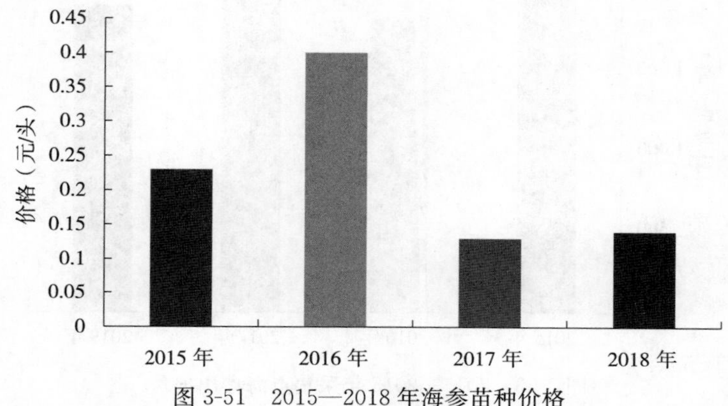

图 3-51　2015—2018 年海参苗种价格

根据全国养殖渔情海参采集点 2018 年 1～12 月数据统计，总体苗种投放量同比增加 30%以上。虽然 2018 年春季参苗价格仍然较低，但海参苗价格同比增加 10%～15%。辽宁省春季参苗 200 头/千克，价格 150～170 元/千克；山东省春季参苗 100～800 头/千克，价格 140～160 元/千克；河北省春季参苗 200 头/千克，价格 110～140 元/千克。

辽宁省秋季参苗 200 头/千克，价格 200～210 元/千克；山东省秋季参苗 100～800 头/千克，价格 320 元/千克；河北省秋季参苗 50～150 头/千克，价格 200 元/千克，去年同期为 90 元/千克（图 3-52）。

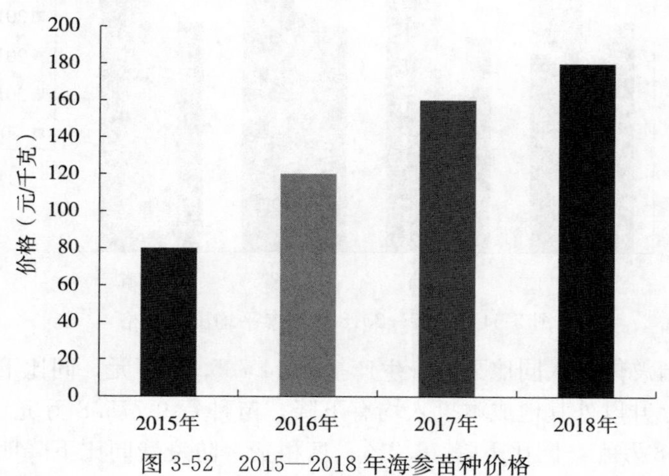

图 3-52　2015—2018 年海参苗种价格

3. 海参养殖的生产形势

(1) 成参总体出塘量下降，养殖收入同比下降　根据全国养殖渔情海参采集点2018年1～12月数据统计，采集点成参出塘量1 916.93吨，同比下降27.7%；收入22 503.72万元，同比下降14.2%。分析原因：一是夏季辽宁省池塘养殖海参因高温天气受灾，高温期海水温度达到32℃，超过海参耐受极限温度，成参大量死亡；二是福建省养殖海参总体增重率较上年下降（图3-53）。

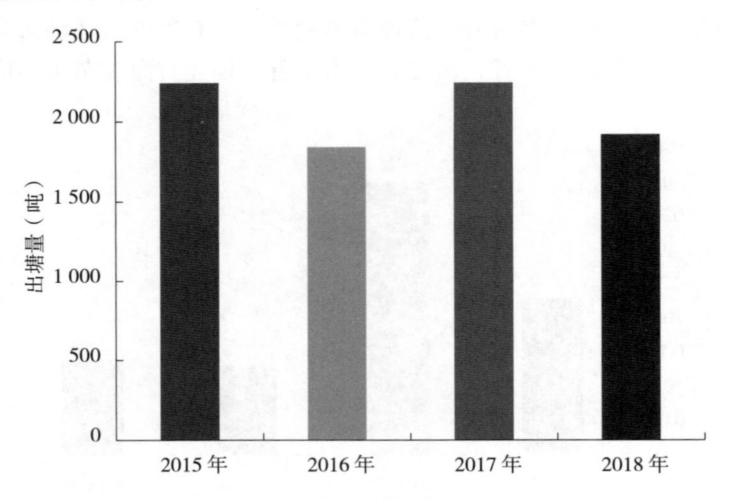

图3-53　2015—2018年采集点海参出塘量

(2) 成参出塘价格总体呈上涨态势　海参全年平均出塘价格为138.92元/千克，同比上升18.7%。春季成参平均出塘价格约为102元/千克，同比基本持平；秋季成参平均出塘价格约为200元/千克，同比上涨51.5%（图3-54）。

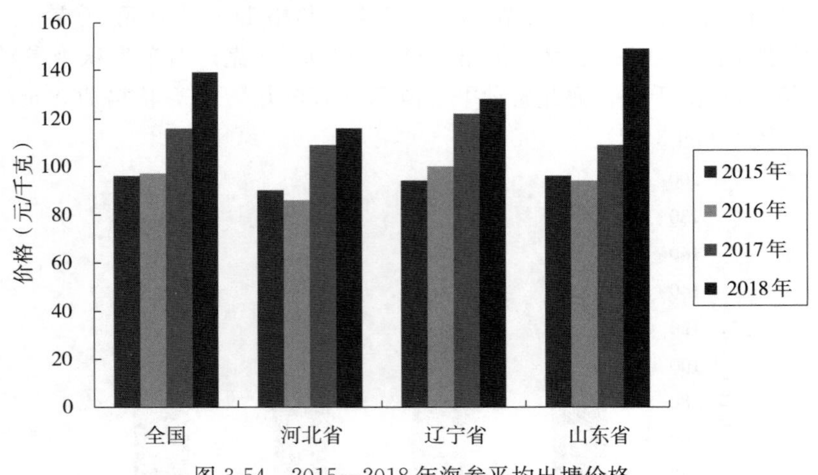

图3-54　2015—2018年海参平均出塘价格

(3) 海参养殖总体投入同比下降　生产投入14 735.48万元，同比下降16.2%。主要是除苗种费同比上升以外其他成本投入均有下降，苗种费9 775.8万元，同比增加12%；其他成本4 959.68万元，同比下降46.2%；塘租费、防疫费同比下降明显（图3-55、图

3-56）。

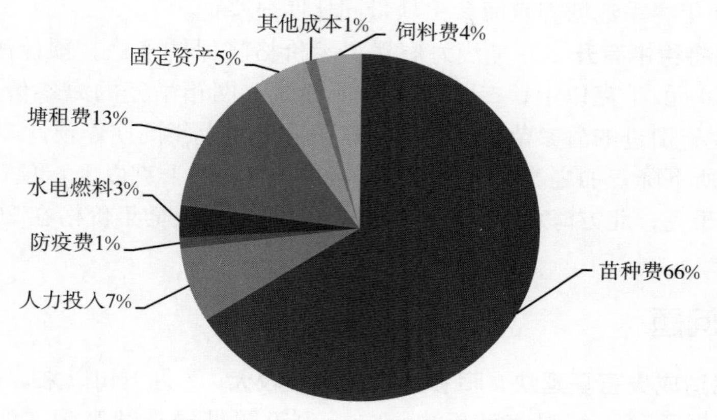

图 3-55　2018 年海参成本构成情况

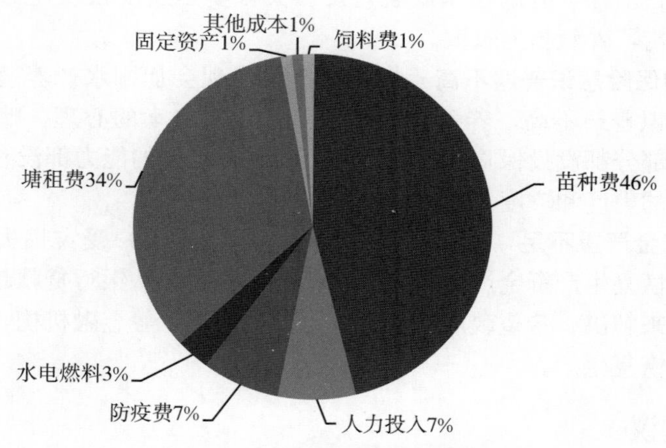

图 3-56　2017 年海参成本构成情况

（4）海参受灾损失同比增加　全国海水池塘养殖海参采集点受灾损失 1 147.61 吨，经济损失 15 118.63 万元。主要是辽宁省、河北省受高温天气影响，海参受灾死亡数量较上年大幅增加。辽宁省受灾损失 810 吨，经济损失 10 780 万元；河北省受灾损失 218.83 吨，经济损失 2 454 万元；福建省受灾损失 0.47 吨，经济损失 11.78 万元；山东省受灾损失 118.31 吨，经济损失 1 872.85 万元。

四、2019 年生产形势预测

1. 海参养殖规模保持稳定　近年来，由于人们生活水平的提高，对海参的需求量逐渐增加。随着海参产业转方式、调结构、提质增效、减量增收等工作的深入进行，海参供大于求的情况逐渐好转，海参养殖规模保持稳定。

2. 全国海参出塘量总体下降　在 2018 年发生一定规模海参遭受自然灾害死亡的情况下，多数海参养殖业户及时补充投放了大量苗种，并及时与主管部门、相关技术推广人员联系沟通，通过改善池塘环境、改进养殖技术、合理养殖密度等手段，可有效促进 2018

年池塘海参养殖生产的顺利进行。但即使投放大规格苗种，长成期也需要到2019年秋季，因此，预计2019年春季池塘养殖海参出塘量同比明显降低。

3. 出塘价格将稳中有升 一是浅海底播海参价格将保持平稳。预计浅海底播海参价格将仍保持在300元/千克以上；二是海水池塘和海上网箱吊笼的海参价格将维持稳定。由于2018年福建省引进的海参苗种目前成活率普遍低于上年同期，预计2019福建省吊养海参的产量将有所下降，加之养殖户预期售价格在160元/千克以上，预计南方海参价格在160～170元/千克；北方海水池塘受南方市场主导，预计全年价格在200元/千克左右波动。

五、存在问题

1. 持续高温造成灾害蔓延快，海参养殖业损失较大 7月下旬以来，辽宁省、河北省多地出现持续高温天气，气温突破历史记录。由于罕见的持续高温，海参池水温超过30℃，有的海参死亡上浮，有的在水底就化皮。灾害蔓延速度很快，当发现异常出现化皮，根本来不及捕捞，养殖损失较大。

2. 风险意识和保险意识普遍不高 极端天气的出现会加剧水产养殖风险，养殖户的风险意识和保险意识普遍不高。养殖户参加保险存在着侥幸的心理，赌博的心态。2018年辽宁省养殖户大部分都没投保险，现在许多人连翻身自救的能力都没有，希望政府加大对养殖户参保补助的力度和广度。

3. 恢复生产资金严重不足 由于受高温影响，海参养殖户受灾损失较大，灾情突然降临，海参养殖户恢复生产资金严重不足。近年来，养殖户从银行贷款越来越难，有些要靠民间借贷等方式来解决。希望政府能够牵头帮助协调银行等金融机构，提供一些低息或贴息的贷款资金来恢复生产。

六、相关建议

1. 渔业部门积极行动加强技术指导 建议对池塘养殖海参受灾地区加强技术指导，采取科学有效的应对措施，减少不必要的损失。建议邀请渔业专家，深入一线指导养殖户生产，并组织技术人员帮助养殖户应对受灾情况，加快恢复生产。

2. 总结灾害教训加快产业结构调整升级 建议受灾地区养殖户及时总结教训，在专业技术人员指导下做好生产自救、灾后重建，围绕灾害发生原因，研究有效应对措施，加快产业结构调整升级，渡过难关。

（刘学光）

鲢和鳙专题报告

一、鲢专题报告

1. 采集点基本情况　2018年，全国水产技术推广总站在湖北、广东、湖南等15个省（自治区）开展了鲢渔情信息采集工作，共设置采集点110个。采集点共投放了4 258 845元的苗种，累计生产投入21 486 369元；出塘量4 037 012千克，收入24 368 469元；出塘综合价格全国平均为6.04元/千克。采集点养殖方式主要以池塘套养为主。由于2018年鲢采集点省份、数量、地点和采集数据的项目均发生了变化，无法与2017年的情况做对比分析，因此，只能就2018年采集数据的情况做简要分析。

2. 2018年生产形势分析

（1）生产投入情况　2018年，全国采集点累计生产投入21 486 369元。其中，物质投入16 022 518元，占比74.57%；服务支出2 161 940元，占比10.06%；人力投入3 301 911元，占比15.37%（图3-57）。在物质投入中，苗种投入4 258 845元，占比26.31%；饲料投入8 259 410元，占比51.02%；燃料投入108 022元，占比0.67%；塘租费2 881 871元，占比17.8%；固定资产折旧679 390元，占比4.2%（图3-58）。在服务支出中，电费1 255 323元，占比57.41%；水费127 859元，占比5.85%；防疫费442 146元，占比20.22%；保险费35 861元，占比1.64%；其他服务支出325 235元，占比14.88%（图3-59）。人力投入中，雇工费1 901 272元，占比58.4%；本户人员费用1 354 339元，占比41.6%（图3-60）。

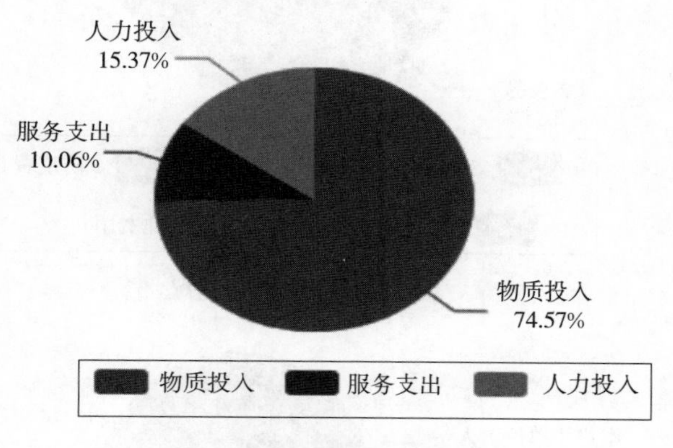

图3-57　生产投入情况

从以上数据分析可知，一是在生产投入中，物质投入占比最大，达到74.57%；其次是人力投入，占比15.37%，两项合计占全部投入的89.94%。二是在物质投入中，饲料占比最大，达到51.02%；其次是苗种投放，占比26.31%，两项合计占全部投入的76.33%。三是在服务支出方面，电费投入占比最大，达到57.41%；其次是防疫费，占比20.22%，两项合计占全部投入的77.63%。四是防疫费偏高。防疫费（主要是药品费和水质改良剂）占全部投入的20.22%，与大宗水产品平均防疫费3%相比偏高太多，说

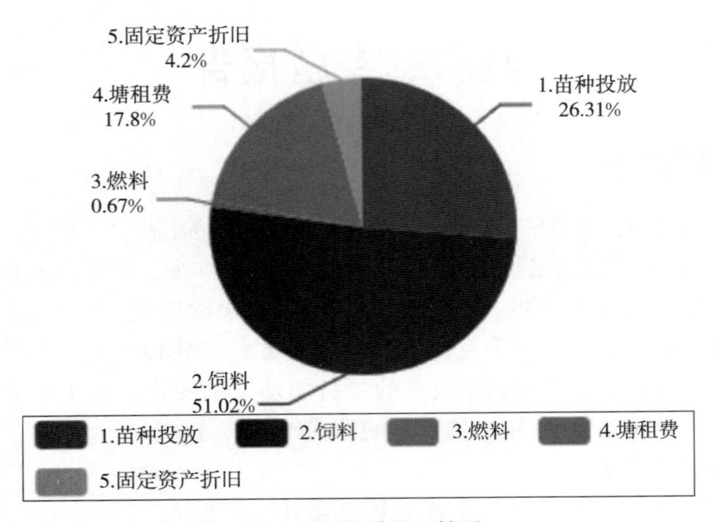

图 3-58　物质投入情况

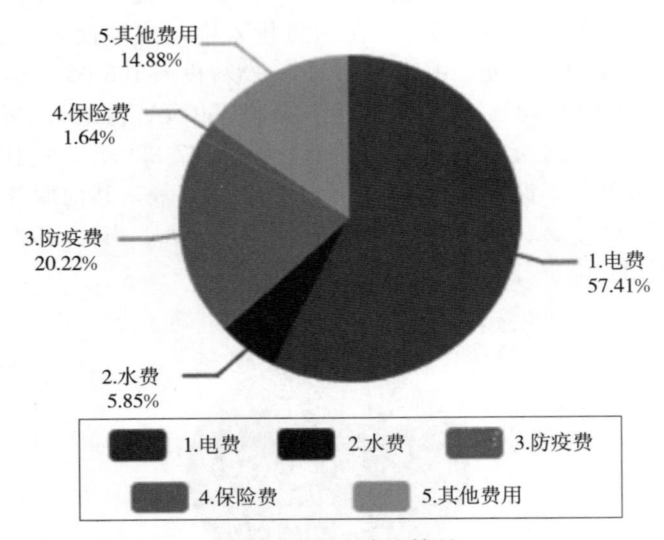

图 3-59　服务支出情况

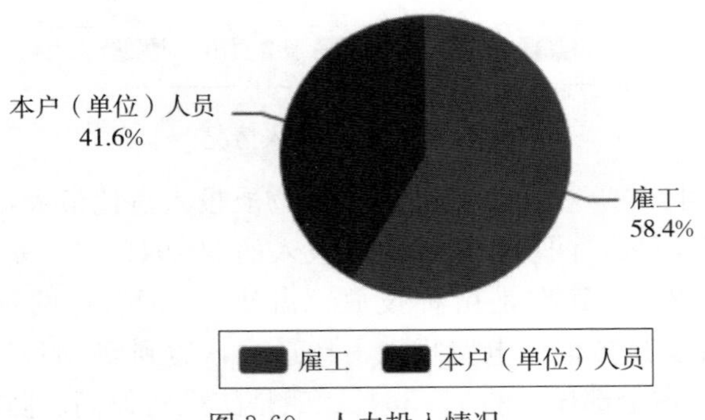

图 3-60　人力投入情况

明采集点鲢的病害还是比较严重，对生产的影响也比较大。五是人员经费上升较快。人力投入中，雇工 1 901 272 元，占全部生产投入的 8.98%；本户人员 1 354 339 元，占全部生产投入的 6.39%；累计雇工 13 112 日，日工时费为 145 元，较去年的 120 元上涨了 20%，从发展的角度看，日工时费还有增长的需求。另外，采集点共投入保险费 35 861 元，虽然占比不高，但也能说明采集点养殖户的风险防范意识进一步增强。

(2) 产量、收入及价格情况　2018 年，全国采集点鲢产量 4 037 012 千克，出塘收入 24 368 469 元，出塘综合价格全国平均为 6.04 元/千克。全年采集点鲢的价格运行情况，基本上反映了市场供需关系的变化规律（图 3-61）。全年采集点的价格运行在 3.95～18.07 元/千克。其中，7 月出塘价 18.07 元/千克，不能真实反映 7 月的价格情况，估计属于误报，其他月份统计数据基本反映了真实的市场价格变化。2018 年，全国出塘综合价格平均为 6.04 元/千克，与 2017 年全国采集点鲢平均出塘单价 4.94 元/千克相比，大幅提升 22.27%，这与 2018 年大宗淡水鱼价格普遍下降的形势不太吻合，估计是信息采集方面出现偏差。销售量最高的是 12 月，其次是 1 月，最低的是 7 月（图 3-62）；销售额最高的是 1 月，其次是 12 月，最低的是 8 月（图 3-63）。销售量与销售额的变化规律，与鲢一般在冬季集中上市的生产特点完全相符。

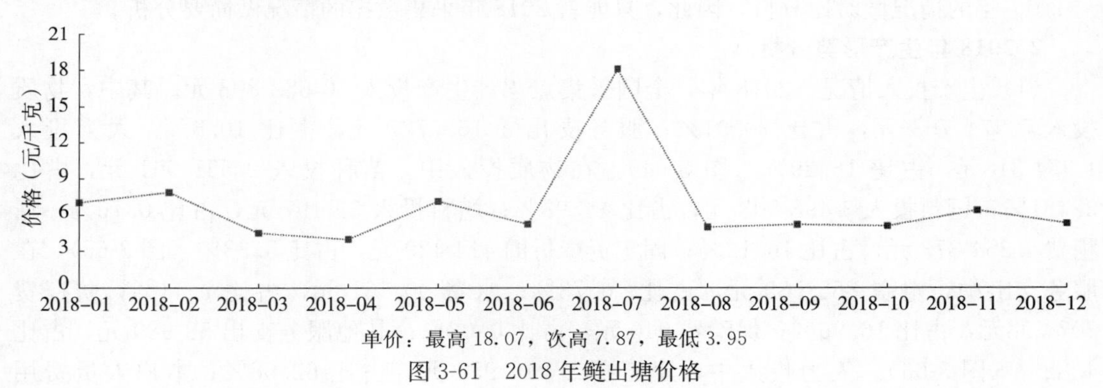

图 3-61　2018 年鲢出塘价格

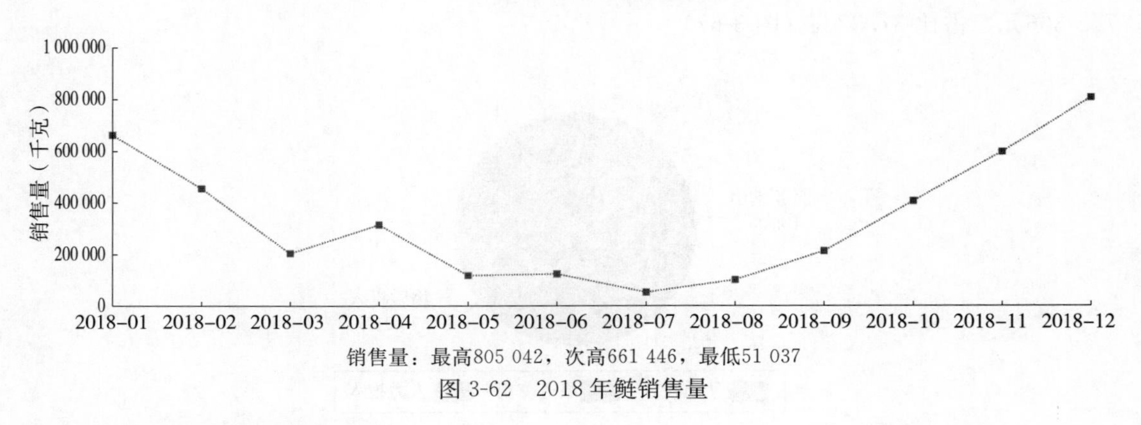

图 3-62　2018 年鲢销售量

二、鳙专题报告

1. 采集点基本情况　2018 年，全国水产技术推广总站在湖北、广东、湖南等 15 个省

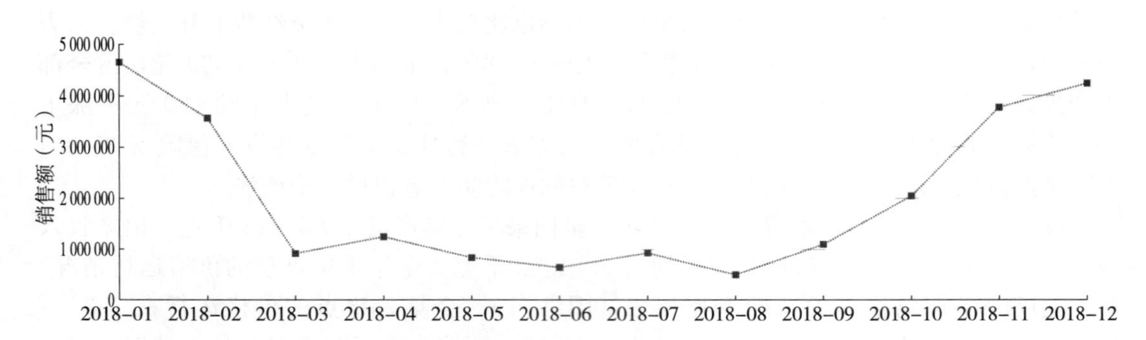

图 3-63　2018 年鲢销售额（元）

（自治区）开展了鳙渔情信息采集工作，共设置采集点 110 个。采集点共投放了价值 2 551 961元的苗种，累计生产投入 10 682 608 元；出塘量 2 479 812 千克，收入 27 979 668元；出塘综合价格全国平均为 11.28 元/千克。采集点养殖方式主要以池塘套养为主。由于 2018 年鳙采集点省份、数量、地点和采集数据的项目均发生了变化，无法与 2017 年的情况做对比分析，因此，只能就 2018 年采集数据的情况做简要分析。

2. 2018 年生产形势分析

（1）生产投入情况　2018 年，全国采集点累计生产投入 10 682 808 元。其中，物质投入 7 574 763 元，占比 70.91%；服务支出 1 153 727 元，占比 10.8%；人力投入 1 954 318元，占比 18.29%（图 3-64）。在物质投入中，苗种投入 2 551 961 元，占比 32.81%；饲料投入 3 498 503 元，占比 44.98%；燃料投入 59 197 元，占比 0.76%；塘租费 1 254 373 元，占比 16.12%；固定资产折旧 414 429 元，占比 5.33%（图 3-65）。在服务支出中，电费 865 585 元，占比 70.73%；水费 90 661 元，占比 7.41%；防疫费 207 598元，占比 16.96%；保险费 940 元，占比 0.08%；其他服务支出 58 989 元，占比 4.82%（图 3-66）。人力投入中，雇工费 1 246 952 元，占比 62.68%；本户人员费用 742 366元，占比 37.32%（图 3-67）。

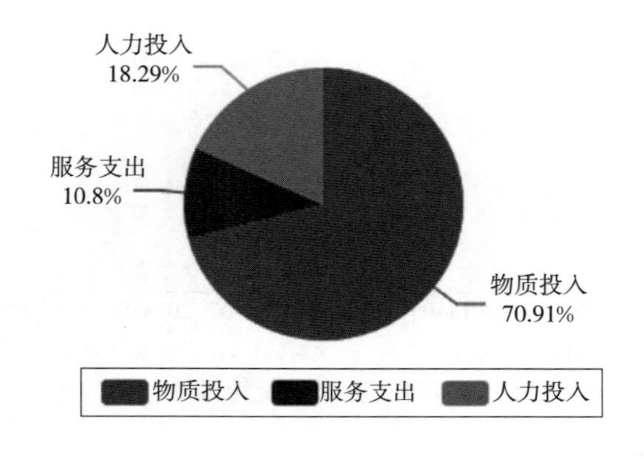

图 3-64　生产投入情况

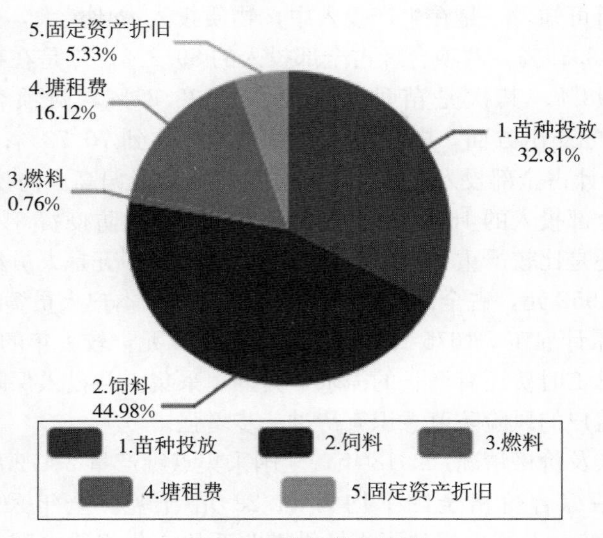

图 3-65　物质投入情况

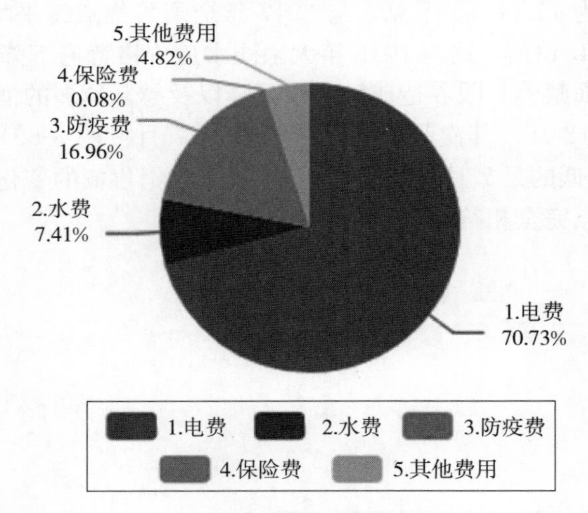

图 3-66　服务支出情况

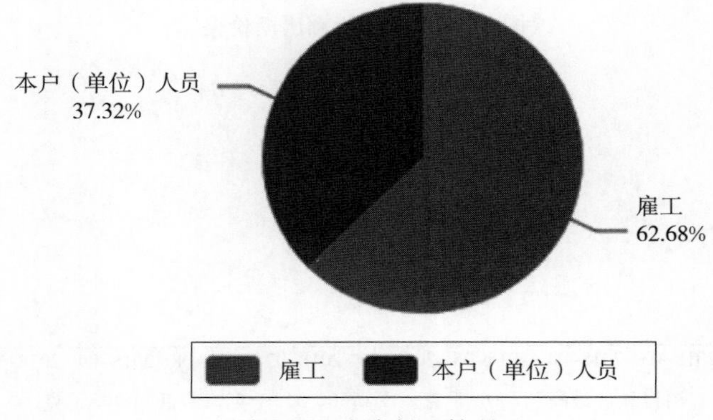

图 3-67　人力投入情况

从以上数据分析可知，一是在生产投入中，物质投入占比最大，达到70.91%；其次是人力投入，占比18.29%，两项合计占全部投入的89.2%。二是在物质投入中，饲料占比最大，达到44.98%；其次是苗种投放，占比32.81%，两项合计占全部投入的77.79%。三是在服务支出方面，电费投入占比最大，达到70.73%；其次是防疫费，占比16.96%，两项合计占全部投入的87.69%。四是防疫费偏高。防疫费（主要是药品费和水质改良剂）占全部投入的16.96%，与大宗水产品平均防疫费3%相比偏高太多，说明采集点鳙的病害还是比较严重，对生产的影响也比较大。五是人员经费上升较快。人力投入中，雇工1 246 952元，占全部生产投入的11.67%；本户人员742 366元，占全部生产投入的6.95%；累计雇工73 675日，日工时费为145元，较去年的120元上涨了20%，从发展的角度看，日工时费还有增长的需求。另外，采集点共投入保险费940元，占比太低，说明采集点养殖户的风险防范意识有待进一步增强。

（2）产量、收入及价格情况　2018年，全国采集点鳙产量2 479 812千克，出塘收入27 979 668元，出塘综合价格全国平均为11.28元/千克。全年采集点的价格运行在10.34～12.62元/千克，基本上反映了市场供需关系的变化规律（图3-68）。2018年，全国出塘综合价格平均为11.28元/千克，与2017年全国采集点鳙平均出塘单价10.78元/千克相比，小幅提升4.43%，这与2018年大宗淡水鱼价格普遍下降的形势不太吻合，估计与全国范围内大水面禁养、限养造成鳙产量下降以及越来越多的消费者喜欢吃鳙鱼头有关。销售量最高的是12月，其次是1月，最低的是7月（图3-69）。销售额最高的是1月，其次是12月，最低的是7月（图3-70）。销售量与销售额的变化规律，与鳙一般在冬季集中上市的生产特点完全相符。

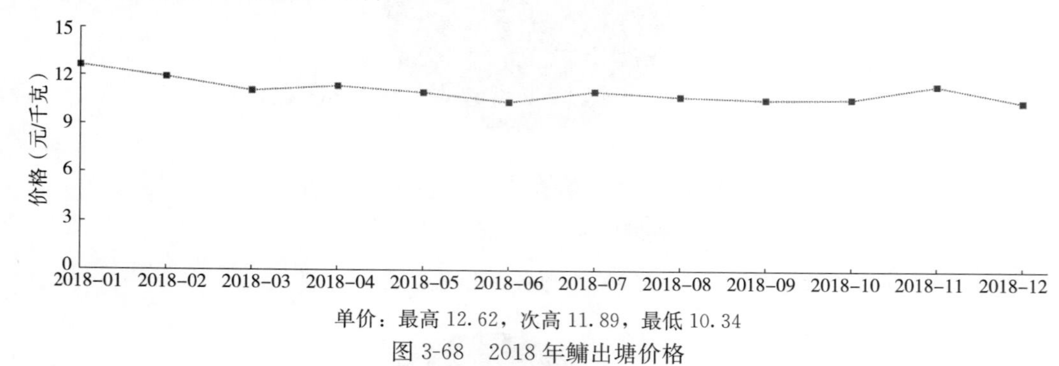

单价：最高12.62，次高11.89，最低10.34

图3-68　2018年鳙出塘价格

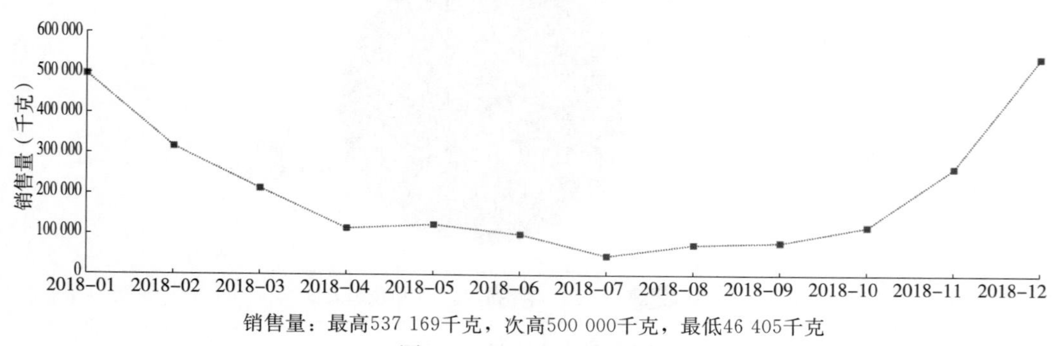

销售量：最高537 169千克，次高500 000千克，最低46 405千克

图3-69　2018年鳙销售量

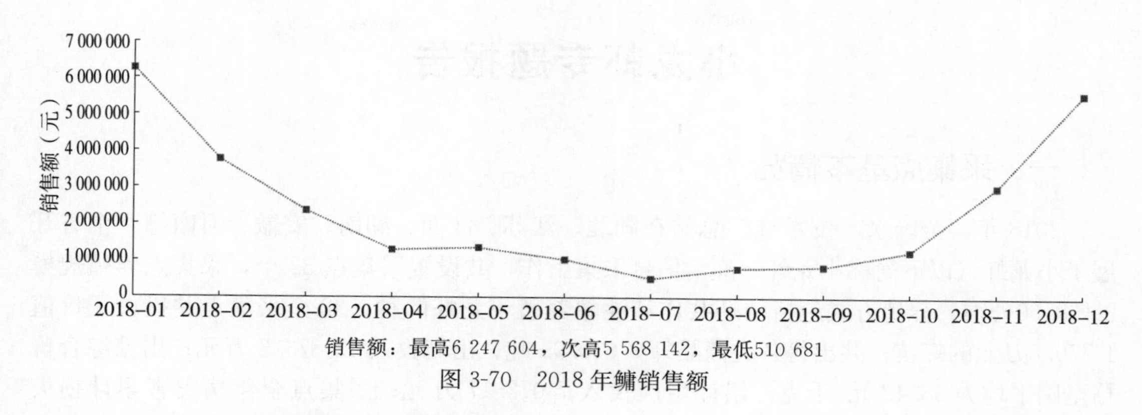

销售额：最高6 247 604，次高5 568 142，最低510 681

图 3-70　2018 年鳙销售额

三、2019 年生产形势预测

1. 鲢、鳙养殖面积略有减少　2019 年，鲢、鳙养殖面积与 2018 年相比，预计会略有减少。主要原因在于 2018 年鲢、鳙价格低迷，导致大部分养殖户经济效益不佳，相当一部分鱼塘在 2019 年会改变养殖品种。

2. 鳙鱼种放养量相对平稳，鲢鱼种放养量稍有下降　鳙鱼种放养量相对平稳的原因主要是，2019 年年初鳙价稳中有升，养殖面积虽然略有减少，但不少养殖户会加大鳙的投放密度。鲢鱼种投放密度下降的原因：①消费者生活水平提高，导致鲢市场需求量减少造成的；②鲢养殖面积略有减少；③鳙市场价格相对较高而鲢价格相对较低，不少养殖户加大了鳙的投放量，导致鲢投放量减少。

3. 鳙、鲢市场价格不容乐观　近几年，以鲢、鳙为代表的常规水产养殖品种有市场消费逐渐趋于饱和的趋势，鱼价上涨速度远低于社会物价平均上涨速度即是明证。2018 年，由于大部分养殖常规水产养殖品种的渔民经济效益不佳，因此，2019 年产量将会下降是必然现象。尤其是近年来，由于消费习惯改变、消费单元变小等因素影响，鲢、鳙消费市场逐渐萎缩也是大势所趋，因此成鱼出售价格不容乐观。

（汤亚斌）

小龙虾专题报告

一、采集点基本情况

2018 年，全国水产技术推广总站在湖北、江苏、江西、湖南、安徽、河南等 9 个省开展了小龙虾（以下简称小龙虾）渔情信息采集工作，共设置采集点 32 个，采集点养殖规模 2 168.60公顷。养殖方式包括稻虾共作和池塘养殖小龙虾两种。32 个采集点共投放了价值 1 770.8万元的虾苗；共出售各类商品虾 3 610.99 吨，出塘收入 13 873.3 万元；出塘综合价格全国平均为 38.42 元/千克；累计生产投入 7 072.17 万元；采集点全年病灾害累计损失 90.73 吨，累计经济损失 334.91 万元；采集点养殖方式主要以稻田养殖为主，其次是池塘养殖。由于 2018 年小龙虾采集点省份、数量、地点和采集数据的项目均发生了变化，无法与 2017 年的情况做对比分析，因此，只能就 2018 年采集数据的情况做简要分析。

二、2018 年生产形势分析

1. 生产投入情况 2018 年，全国采集点累计生产投入 7 072.17 万元。其中，物质投入 5 443.42 万元，占比 76.97%；服务支出 627.46 万元，占比 8.87%；人力投入1 001.3 万元，占比 14.16%（图 3-71）。在物质投入中，苗种投入 1 770.84 万元，占全部生产投入的 25.04%，占物质投入的 33%；饲料投入 2 392.23 万元，占全部生产投入的 33.83%，占物质投入的 44%；塘租 1 047.36 万元，占全部生产投入的 14.81%，占物质投入的 19%；燃料投入 18.46 万元，占全部生产投入的 0.26%，占物质投入的；固定资产折旧 214.53 万元，占全部生产投入的 3.03%，占物质投入的 4%（图 3-72）。在服务支出中，电费 165.06 万元，占全部生产投入的 2.33%，占服务支出的 26%；水费 27 万元，占全部生产投入的 0.38%，占服务支出的 4%；防疫费 341.73 万元，占全部生产投入的 4.83%，占服务支出的 55%；保险费 3.77 万元，其他服务支出 90.24 万元，两项占全部生产投入的 1.33%，占服务支出的 15%（图 3-73）。人力投入中，雇工费 666.82 万元，占全部生产投入的 9.43%，占人力投入的 67%；本户人员费用 334.48 万元，占全部生产投入的 4.73%，占人力投入的 33%（图 3-74）。

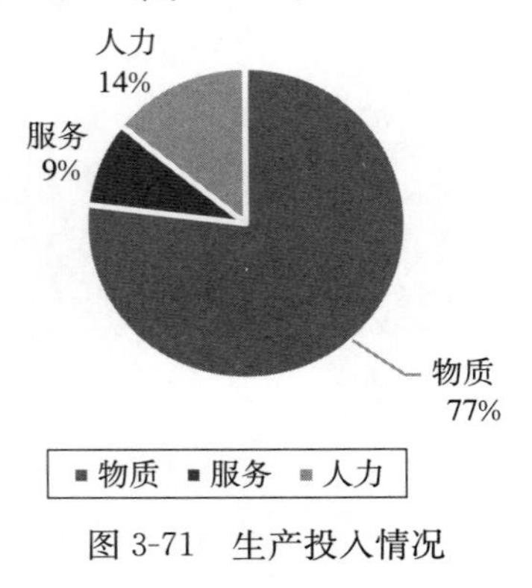

图 3-71 生产投入情况

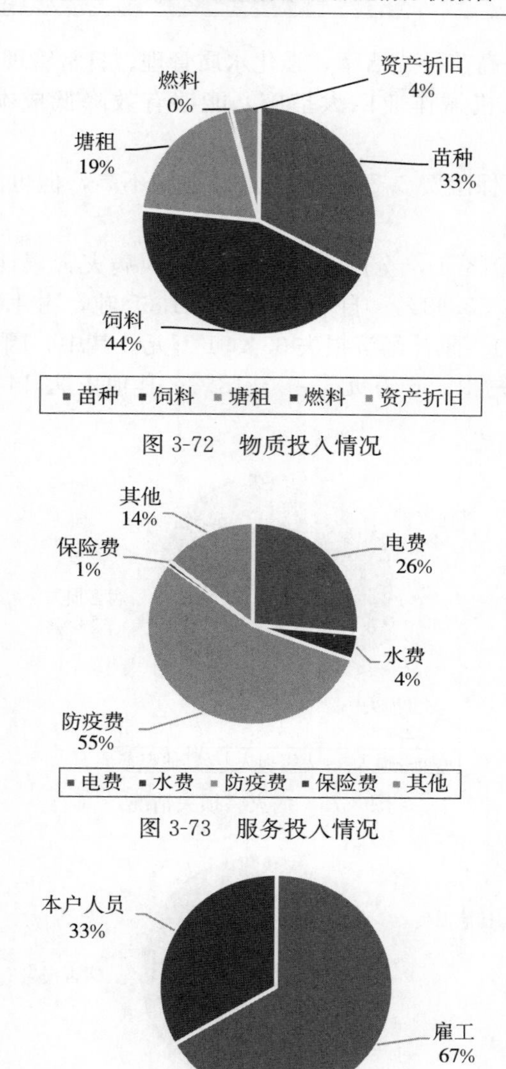

图 3-72　物质投入情况

图 3-73　服务投入情况

图 3-74　人力投入情况

从以上数据分析可知，一是饲料、苗种成本占比最大。小龙虾养殖成本中，饲料成本占全部投入的3成有余，苗种成本占全部投入的1/4，两项合计接近全部投入的55%，基本符合水产养殖生产投入的结构规律。二是防疫费偏高。防疫费（主要是药品费和水质改良剂）占全部投入的近5%，与大宗水产品防疫费3%相比偏高，说明采集点小龙虾的病害还是比较严重，对生产的影响也比较大。三是人员经费上升较快。人力投入中，雇工666.82万元，占全部生产投入的9.43%；本户人员334.48万元，占全部生产投入的4.73%；累计雇工45 983日，日工时费为145元，较去年的120元上涨了20%。从发展的角度看，日工时费还有增长的需求。

从节本增效的角度看，采取科学配方、科学投喂，提高饵料利用率，降低饵料系数；

改良品种、提早培苗，提高苗种成活率；强化水质管理、日常管理，积极预防；减少用工量，降低人力成本，推行机械作业四大措施，能够有效降低成本，提高小龙虾的养殖效益。

另外，采集点共投入保险费 3.77 万元，虽然占比不高，但也能说明采集点养殖户的风险防范意识进一步增强。

2. 生产损失情况 2018 年，全国小龙虾采集点因病灾害累计损失 90.73 吨。其中，因病害损失 48.93 吨，占 53.93%；自然灾害损失 1.65 吨，占 1.82%；其他灾害 40.15 吨，占 44.25%（图 3-75）。累计经济损失 334.91 万元。其中，因病害损失 180.18 万元，占 53.8%；自然灾害损失 10.66 万元，占 3.18%；其他灾害 144.07 万元，占 43.02%（图 3-76）。

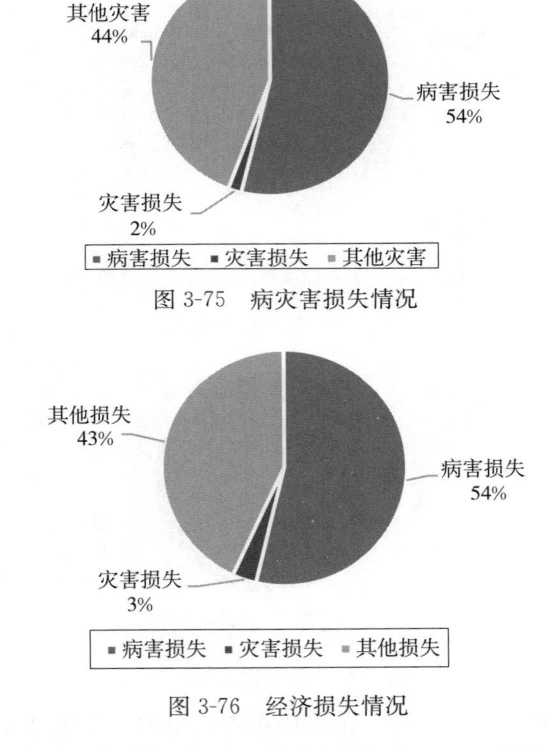

图 3-75 病灾害损失情况

图 3-76 经济损失情况

数据显示，采集点中损失最大的是江苏省，计 216.66 万元，占全部采集点损失的 64.69%；其次是安徽省，计 80.41 万元，占全部采集点损失的 24%；第三是湖北省，计 17.95 万元，占全部采集点损失的 5.36%。3 个省累计损失 315.02 万元，占全部采集点损失的 94.1%。3 个省的采集点小龙虾养殖面积为 1 858.26 公顷，占全部采集点小龙虾养殖面积 2 168.60 公顷的 85.69%。说明养得越多，损失越大。

另外，小龙虾病害仍是威胁小龙虾产业发展的主要因素。因病害损失 180.18 万元，占全部损失的 53.8%。其他灾害，如运输途中的成活率、苗种投放成活率、逃逸、敌害生物等造成的损失也相当大，总金额 144.07 万元，达到 43.02%。在小龙虾生产过程中要特别加以防范，以免造成不必要的损失。

3. 产量、收入及价格情况　2018 年，全国采集点小龙虾产量 3 610.99 吨，出塘收入 13 873.3 万元，出塘综合价格全国平均为 38.42 元/千克。采集点平均单产量 111.01 千克/亩，平均收入 4 264.9 元/亩。单位面积产量最高的是江西省 227.65 千克/亩，其次是湖北省 149.69 千克/亩，排在第三的是湖南省 146.77 千克/亩；单位面积收入最高的是湖南省 6 048.68 元/亩，其次是江西省 5 635.44 元/亩，第三是安徽省 4 174.84 元/亩。

全年采集点小龙虾的价格运行情况，基本上反映了市场供需关系的变化规律（图 3-77）。全年采集点的价格运行在 32～60 元/千克，其中，2 月出塘价 11.78 元/千克，不能真实反映 2 月的价格情况，估计属于误报。2018 年，全国出塘综合价格平均为 38.42 元/千克，与 2017 年全国采集点小龙虾平均出塘单价 38.90 元/千克相比，微略下降 1.23%。采集点出塘平均价格最好的是江苏省 44.22 元/千克，其次是湖南省 41.21 元/千克，第三是安徽省 39.12 元/千克。

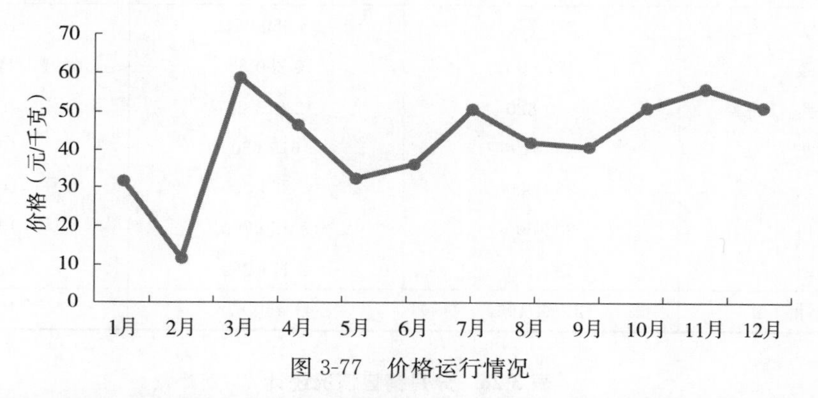

图 3-77　价格运行情况

全年采集点小龙虾出塘价格一直比较坚挺，处在高位运行状态，与 2017 年相比也没有出现较大的起伏，比较平稳。

三、2019 年小龙虾产业发展展望

2019 年，小龙虾产业将延续 2018 年的快速发展态势。一是出塘价格继续高位运行，上下波幅不大，有向上的动力。虽然近几年全国各地大力发展小龙虾产业，出台鼓励政策，小龙虾产量上升是必然趋势。但是，小龙虾需求势头不减，国际、国内两个市场的驱动，市场饱和度在 70%左右。小龙虾产销两旺的格局依然没变，小龙虾价格仍有上行的空间。二是小龙虾养殖技术普及培训工作力度会更大。通过小龙虾养殖技术的推广普及，提高养殖水平，提高小龙虾成活率、饲料利用率仍是节本增效的有效途径。三是小龙虾的病害，仍是造成小龙虾经济损失的主要因素。2019 年，必须注重小龙虾病害测报和预防工作。四是扩大小龙虾养殖保险范围。如果这些措施得力并到位，2019 年小龙虾一定会有好的收成。

（易　翀）

黄颡鱼专题报告

2018 年，全国 16 个养殖渔情信息采集省（自治区）中，共 7 个省设置 22 个黄颡鱼养殖渔情信息采集点，采集面积 8 858 亩。

一、生产情况

1. 销售情况 采集点全年总销售黄颡鱼 2 084.19 吨，销售额 4 146.09 万元，全年平均单价 19.9 元/千克（表 3-25、表 3-26）。

表 3-25 分地区销售情况统计

地区	销售量（千克）	销售额（元）	综合单价（元/千克）
浙江	279 750	5 050 350	18.1
安徽	427 500	10 280 640	24.0
江西	650 820	12 613 287	19.4
湖北	35 819	619 630	17.3
广东	263 200	5 263 000	20.0
四川	302 000	5 459 700	18.1
湖南	125 104	2 174 269	17.4
合计	2 084 193	41 460 876	19.9

表 3-26 分月销售情况统计

月份	销售量（千克）	销售额（元）	综合单价（元/千克）
1 月	66 025	1 395 000	21.1
2 月	132 628	3 174 728	23.9
3 月	57 750	1 200 250	20.8
4 月	30 710	586 080	19.1
5 月	119 935	1 828 341	15.2
6 月	308 190	5 816 250	18.9
7 月	184 643	3 790 074	20.5
8 月	161 024	2 633 445	16.4
9 月	227 821	4 230 085	18.6
10 月	294 678	6 130 399	20.8
11 月	249 439	5 405 324	21.7
12 月	251 350	5 270 900	21.0
合计	2 084 193	41 460 876	19.9

从销售量来看，6 月及 9～12 月是销售集中期，月销售量均在 220 吨以上，其中 6 月

达308吨（图3-78）。

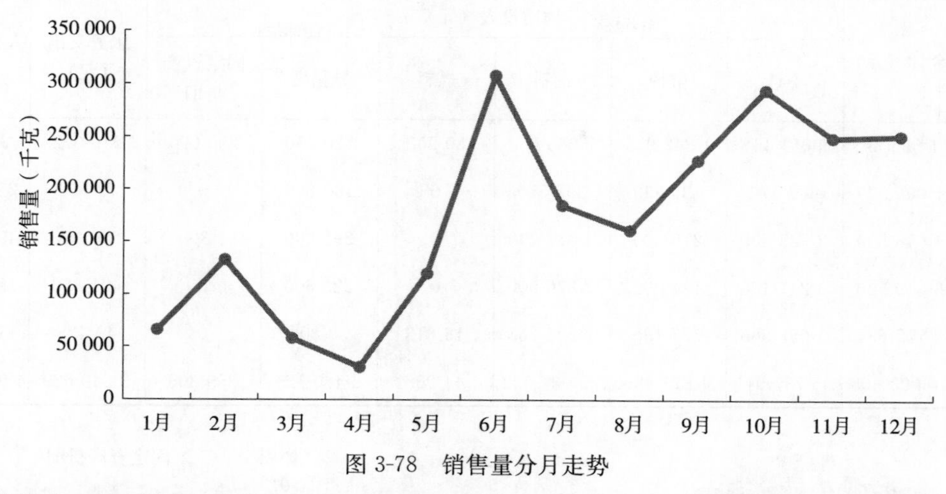

图3-78　销售量分月走势

从销售价格来看，安徽省全年平均单价最高，为24元/千克；广东省位列第二，为20元/千克。全国综合单价中，2月、7月和10～12月价格均在20元/千克以上（图3-79）。

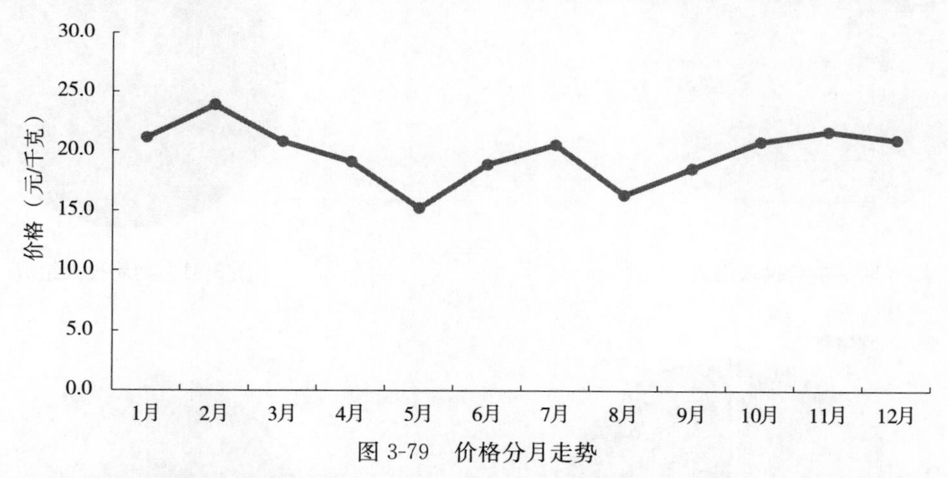

图3-79　价格分月走势

2. 生产投入情况　采集点全年投入苗种、饲料、燃料、塘租、人力和服务支出等共4 400.37万元。其中，物质投入占总投入的81%，饲料和苗种投入占物质投入的92%；人力投入占总投入的11%，雇工费用占人力投入的53%；服务支出占总投入的8%，电费及防疫费用占服务支出的88%（表3-27，图3-80至图3-83）。

表3-27　分地区生产投入情况统计

省份	合计（元）	物质投入（元）						服务支出（元）	人力投入（元）
		小计	苗种	饲料	燃料	塘租费	固定资产折旧		
浙江	14 932 264	12 797 894	1 856 956	9 948 352	0	992 586	0	1 213 370	921 000
安徽	5 919 301	4 487 061	847 000	3 215 864	5 800	310 397	108 000	434 240	998 000

（续）

省份	合计（元）	物质投入（元）						服务支出（元）	人力投入（元）
		小计	苗种	饲料	燃料	塘租费	固定资产折旧		
江西	11 555 393	9 051 118	1 242 955	7 066 758	20 555	470 850	250 000	519 072	1 985 203
湖北	1 005 376	682 476	127 990	393 590	0	160 896	0	72 800	250 100
广东	4 646 500	3 523 500	219 500	3 011 700	0	291 000	1 300	666 900	456 100
四川	3 839 200	3 241 100	144 000	2 876 500	0	220 600	0	401 800	196 300
湖南	2 105 634	1 953 866	377 185	1 524 268	18 613	33 800	0	40 438	111 330
全国	44 003 668	35 737 015	4 815 586	28 037 032	44 968	2 480 129	359 300	3 348 620	4 918 033

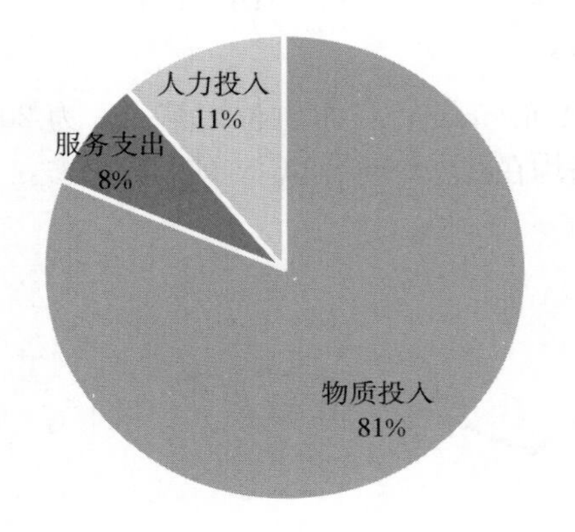

图3-80　生产投入组成

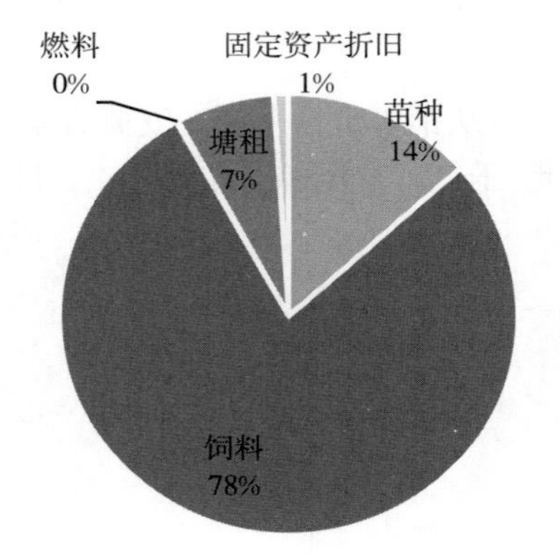

图3-81　物质投入组成

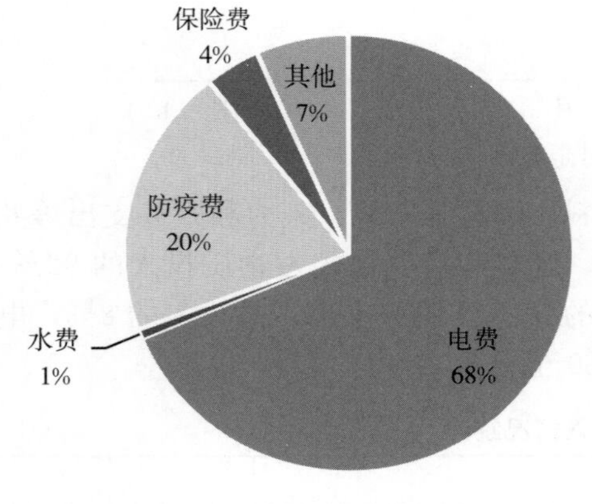

图3-82　服务支出组成

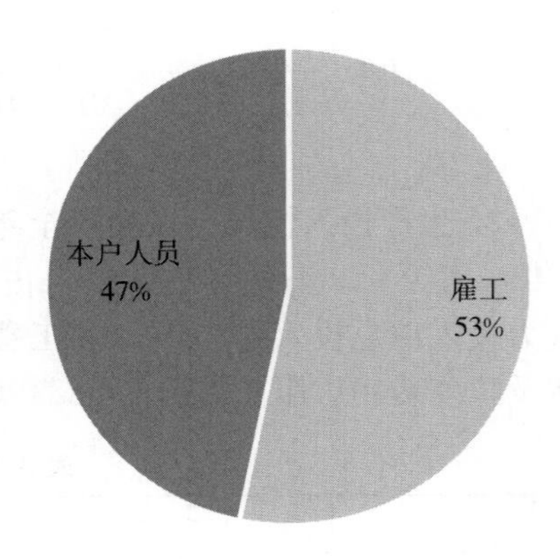

图3-83　人力投入组成

从投入时间规律来看，5～10月生产投入占全年总投入的68.6%（图3-84）。

3. 受灾损失情况　2018年，黄颡鱼受灾损失共计39.9万元，病害损失占总损失的99%，6～10月损失占全年总损失的90.1%（表3-28）。

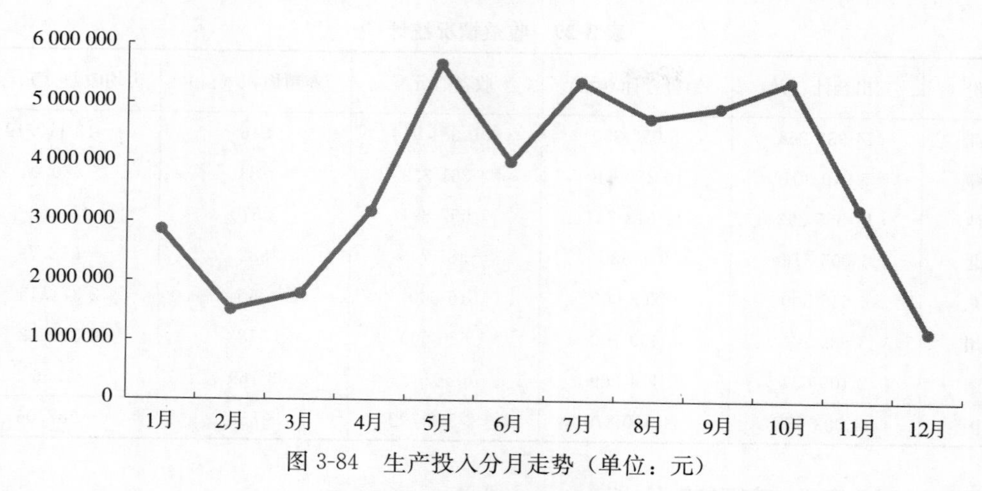

图 3-84　生产投入分月走势（单位：元）

表 3-28　受灾损失情况统计

月份	病害		其他灾害	
	数量（千克）	金额（元）	数量（千克）	金额（元）
1月	150	2 800	0	0
2月	0	0	0	0
3月	0	0	0	0
4月	270	5 500	0	0
5月	1 500	26 000	0	0
6月	5 268	90 190	0	0
7月	3 672	59 735	0	0
8月	6 795	85 720	0	0
9月	5 189	69 680	0	0
10月	3 723	52 594	60	1 500
11月	100	1 700	160	2 560
12月	50	1 000	0	0
全年	26 717	394 919	220	4 060

二、收益情况

根据信息采集系统数据显示，各地收益情况如表 3-29。其中，浙江和湖北两省部分采集点存塘量较大，且浙江省德清县采集点中黄颡鱼均与翘嘴鲌混养，所报生产投入数据均为两个品种总投入，导致收益数据显示为亏损；其他省均为盈利。安徽省亩均收益达5 570元；四川省黄颡鱼套养鲢、鳙模式，黄颡鱼亩均收益 2 390 元；广东省亩均收益2 370元；其他各地区亩均收益均在 1 000 元以下。由于系统中暂无全年存塘数据，亩均收益数据存在误差。

表 3-29　收益情况统计

省份	支出合计（元）	销售合计（元）	收益（元）	养殖面积（亩）	亩均收益（元/亩）
浙江	14 932 264	5 050 350	−9 881 914	816	−12 110.19
安徽	5 919 301	10 280 640	4 361 339	783	5 570.04
江西	11 555 393	12 613 287	1 057 894	2 570	411.63
湖北	1 005 376	619 630	−385 746	582	−662.79
广东	4 646 500	5 263 000	616 500	260	2 371.15
四川	3 839 200	5 459 700	1 620 500	678	2 390.12
湖南	2 105 634	2 174 269	68 635	3 169	21.66
全国	44 003 668	41 460 876	−2 542 792	8 858	−287.06

三、2019 年生产形势分析

尽管采集点养殖户黄颡鱼养殖仍然处于盈利状态，但与两年前相比，利润空间有所减小。由于价格行情不好，部分养殖户选择存塘。预计 2019 年，黄颡鱼主养区投苗、投种量会较 2018 年减少，在零散养殖区域保持稳定；在新鱼集中上市前，预计黄颡鱼价格会有所上涨。

（邓红兵）

海水鲈专题报告

一、监测点设置情况

全国海水鲈养殖渔情监测网在浙江、福建、山东、广东4个省设置了监测点，监测面积有海水池塘101.66公顷，普通网箱35 000米^2。

二、生产形势的特点分析

1. 销售额、销售数量、综合销售价格 全国海水鲈养殖监测点养殖销售数量、销售额、综合单价分别为378.64万千克、15 175.14万元和40.08元/千克。其中，销售数量最多的是山东省占52.54%、其次是广东省占37.05%，浙江省占5.24%，福建省占5.18%；综合单价最高的是山东省56元/千克，最低的是广东省17.75元/千克（表3-30）。

主要是山东省监测点2017年尾苗投放量大，造成存塘量多，2018年这批鱼达到上市规格，因此销售量、销售额最高，而且山东省产的海水鲈不论是规格还是品质，都比广东省、福建省和浙江省的优良，因此，其综合销售单价最高（表3-31）。

2018年，全国海水鲈养殖渔情监测点市场销售量、销售额呈正相关，即销售量和销售额同步增减，而综合价格走势却呈现出前高后低态势（图3-85至图3-87），这是由海水鲈养殖特点决定的，通过分批次养殖生产出来的，头批鱼经过越冬养殖成为大规格优质鱼，而山东省主要养的是头批鱼。

表3-30 监测省份海水鲈销售情况

省份	销售数量（万千克）	销售额（万元）	综合单价（元/千克）
全国	378.64	15 175.14	40.08
浙江	19.8	887.16	44.75
福建	19.61	657.30	33.52
山东	198.93	11 141.19	56
广东	140.27	2 489.49	17.75

表3-31 监测省份海水鲈综合出塘价格（元/千克）

省份	1月	2月	3月	4月	5月	6月	7月	8月	9月	10月	11月	12月	综合单价
全国	20.27	19.41	71.55	67.45	54.75	55.43	52.18	51.6	49.13	57	25.98	26.62	40.08
浙江	0	0	48	0	40.12	45.99	0	48	52	0	0	0	44.75
福建	0	19	0	36	36	36	36	40	39.95	44	0	0	33.52
山东	32.1	60	71.79	72.15	75.01	59.59	53	53	49.5	59.7	59	60	56
广东	18.14	15.7	0	0	0	0	0	0	31.7	0	17.82	19.55	17.75

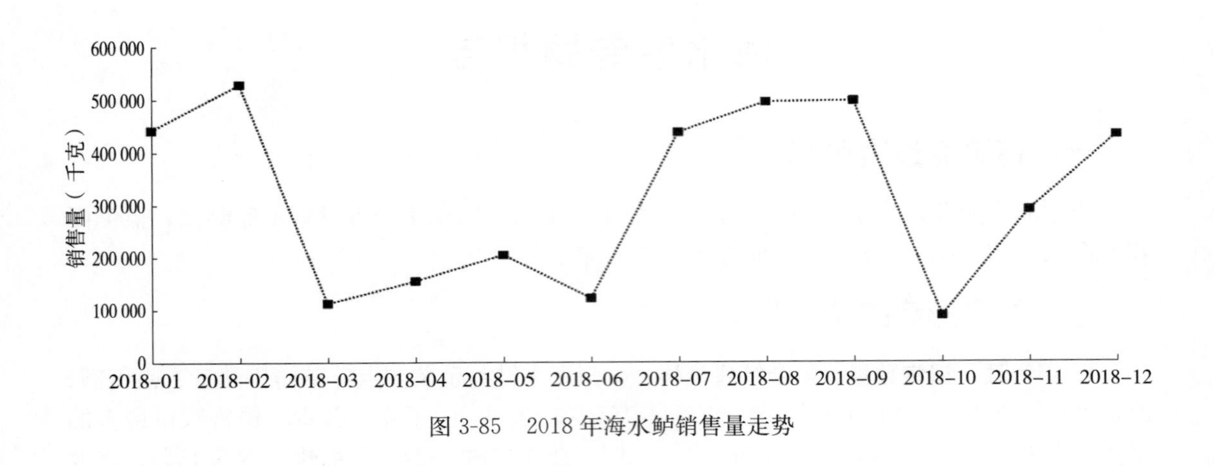

图 3-85　2018 年海水鲈销售量走势

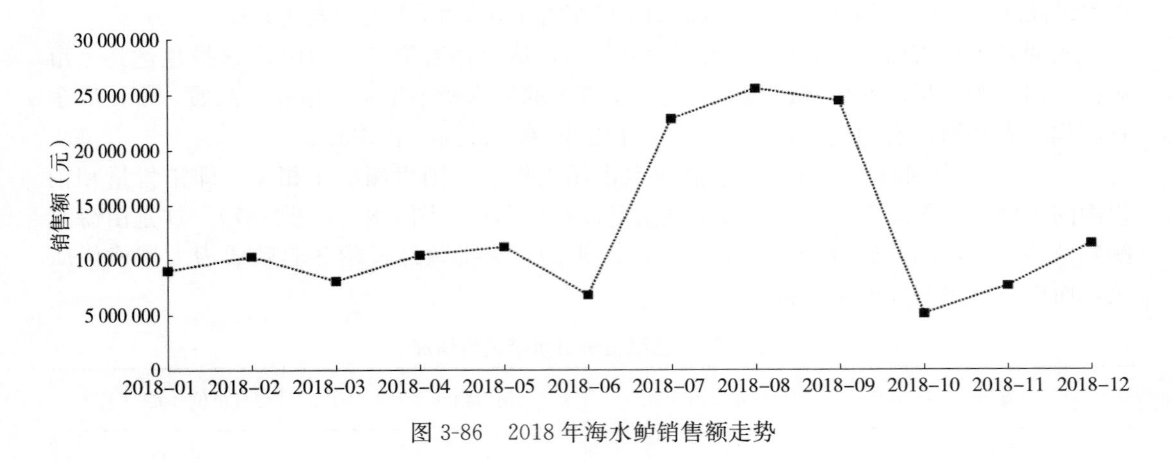

图 3-86　2018 年海水鲈销售额走势

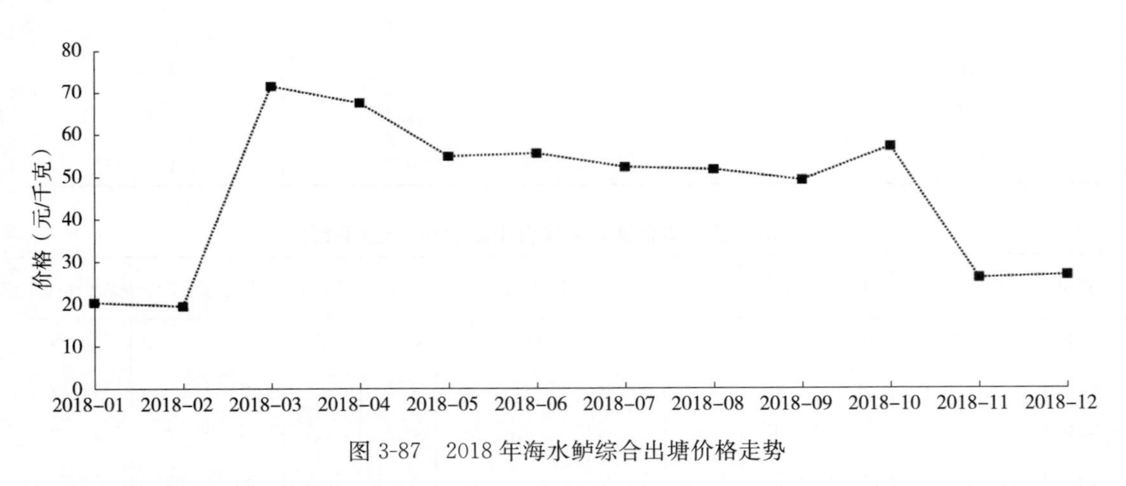

图 3-87　2018 年海水鲈综合出塘价格走势

2. 养殖生产投入情况　2018 年，全国海水鲈养殖监测点生产投入 10 460.13 万元（图 3-88），其中，物质投入 7 867 万元，占生产投入的 75.21%。而在物质投入构成中，饲料 6 209.44 万元，占 79%；苗种 905.88 万元，占 12%；固定资产折旧 674.14 万元，占 8%；燃料 52.38 万元，占 1%；塘租 25.15 万元，占 0.5%（图 3-89）。表明该鱼养殖最大宗的物化资本投入是饲料和苗种，其中饲料占近 80%，而塘租占的比例极低，甚至可以忽略不计。服务支出 501.03 万元，占生产投入的 4.79%，而在服务支出构成中，电费 436.60 万元，占 75%；水费 34.80 万元，占 7%；防疫费 27.91 万元，占 6%；其他费用只有 1.72 万元，忽略不计（图 3-90）。表明该鱼养殖不但是高物耗的行业，更是一个高能耗的行业，如增氧机、投饲机一类的现代渔业机械设备得到广泛运用。人力投入 2 092.09万元，占生产投入的 20%，而在人力投入构成中，本户（单位）人员工资 2 003.06万元，占 96%；雇工工资 89.04 万元，只占 4%（图 3-91）。表明该鱼养殖基本生产经营单位为家庭或者公司，其中主要是专业户。

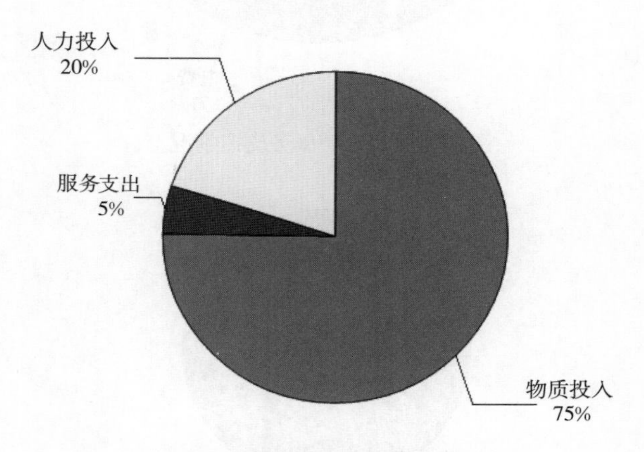

图 3-88　海水鲈生产投入情况

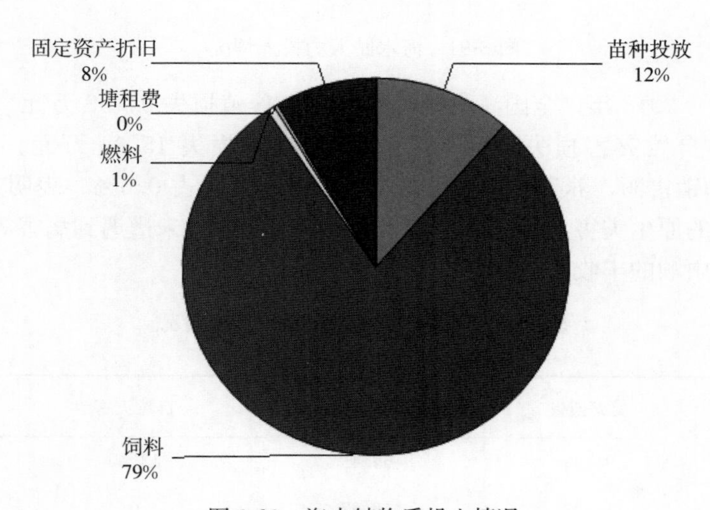

图 3-89　海水鲈物质投入情况

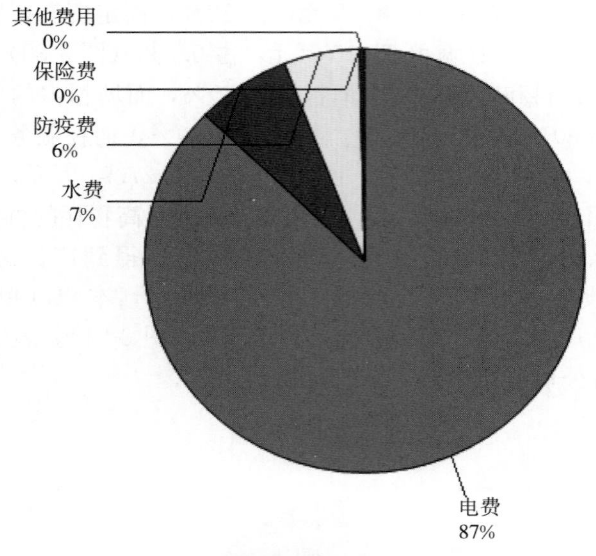

图 3-90　海水鲈服务支出情况

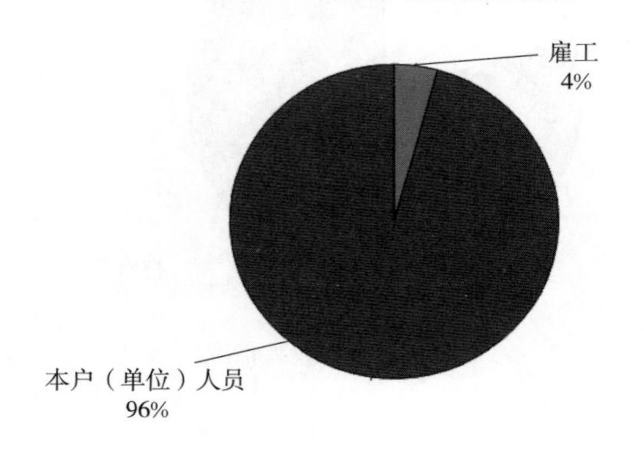

图 3-91　海水鲈人力投入情况

3. 养殖损失　2018 年，全国海水鲈养殖监测点养殖损失 94.39 万元。其中，病害损失 65.45 万元，自然灾害损失 13.6 万元，其他灾害损失 15.34 万元。而相对监测点 15 175.14万元的销售额，养殖灾害损失只有 94.39 万元，占 0.6%。表明 2018 年海水鲈养殖既未遭到大的原生灾害如台风、洪涝、低温冻害等，也未遭遇到病害等次生灾害的冲击，是一个风调雨顺的丰收年（表 3-32）。

表 3-32　监测省份海水鲈受灾损失情况

单位：万元

省份	受灾损失	病害	自然灾害	其他灾害
全国	94.39	65.45	13.60	15.34
浙江	48.67	48.67	0	0
福建	15.34	0	0	15.34

（续）

省份	受灾损失	病害	自然灾害	其他灾害
山东	0	0	0	0
广东	30.38	16.78	13.60	0

三、2019 年生产形势预测

（1）海水鲈拥有一个统一的全国大市场，在市场供求导向下，海水鲈已经形成了专业化生产、区域化布局和社会化协作这一大格局。其中，福建省是海水鲈原种保有、良种选育和种苗繁育、苗种培育基地，除了满足当地养殖需求之外，主要供应山东省、广东省和浙江省，满足其养殖商品鱼的需要。其中，山东省以质取胜，主要养殖大规格优质鱼；广东省以量取胜，主要养殖普通商品鱼；浙江省兼而有之。该分工合作具有客观性，将每一个地方的综合优势发挥到了极致，让海水鲈成为全国实施一条鱼工程以及一乡一品、一镇一业的成功范例。

（2）以 2018 年广东省海水鲈养殖情况为基期，预测 2019 年海水鲈生产形势，总体观点是谨慎为上。广东省海水鲈养殖主要养殖技术模式是海水池塘养殖，一年养三批，即头批、中批和尾批，苗种规格为 2～3 厘米，放养密度为 8 000～15 000 尾/亩，同时配套混养一定比例的鳙、鲫。其中，头批鱼养殖周期为 9～11 个月，主要是抢占市场；中批鱼养殖周期为 12～14 个月，主要是扩大市场；尾批鱼养殖周期为 15～19 个月，主要是抢抓商机，亩产量可达 2 000～8 000 千克，平均成本为 14～18 元/千克。而广东省海水鲈监测点 2018 年综合价格为 17.75 元/千克，表明养殖生产处于微利保本状态。根据水产品市场总供给大于总需求以及 2018 年渔业尤其是水产养殖品种市场价格全线下跌甚至暴跌这一总体态势，海水鲈的市场表现已属惊艳亮眼一类。2019 年，海水鲈市场价格下跌将是一个大概率事件。为规避海水鲈市场价格补跌造成的经济损失，2019 年养殖业者应该从自己的客观实际出发，减少投苗量、缩小养殖面积，以减产求生存，同时开展技术创新，提高鱼的品相、品质，以质量求发展。同时，积极开展“三品一标”认证，打造区域公用和企业专营品牌，在更长的时间和更广阔的空间，开拓和占领海水鲈的消费市场。

（姜志勇）

青蟹专题报告

一、2018 年养殖生产总体形势

1. 苗种生产情况 2018 年春季，重点对 1～4 月全国青蟹主养省份育苗场的育苗情况、养殖场的投苗情况、出售情况进行了摸底分析。2018 年 1～4 月，出苗量共计 60 万只，集中在浙江省三门县。苗种价格较 2017 年有所降低，可能是因 2018 年东海海区捕获的青蟹自然苗数量增加所致。

2. 苗种投放情况 此次调研的养殖企业/养殖户苗种投放总量达 2 653.65 万只。浙江省、福建省的投苗量较 2017 年有所增加，原因在于 2018 年海区青蟹自然苗数量多，苗种价格明显降低；广东省、海南省的投苗量基本与去年持平，价格有小幅上涨，可能与 2018 年南部省份春季雨水较少、海水盐度相对较稳定、苗种成本较高有关。

3. 采集点青蟹出塘情况 2018 年，采集点青蟹出塘总量 254.2 吨，出塘收入 4 336 万元，年平均出塘价为 167.9 元/千克。其中，浙江省采集点出塘销售 75.7 吨，销售额 1 118万元；福建省采集点出塘销售 2.79 吨，销售额 54 万元；广东省采集点出塘销售 100.6 吨，销售额 2 277 万元；海南省采集点出塘销售 75 吨，销售额 886 万元。

养殖青蟹广东、海南两省每月都有出塘；浙江、福建两省冬季水温较低，12 月至翌年 3 月基本没有出塘。出塘价格受春节、中秋、国庆等节日假期影响，呈现上、下半年各一高峰时段，年出塘价格变化详见图 3-92。

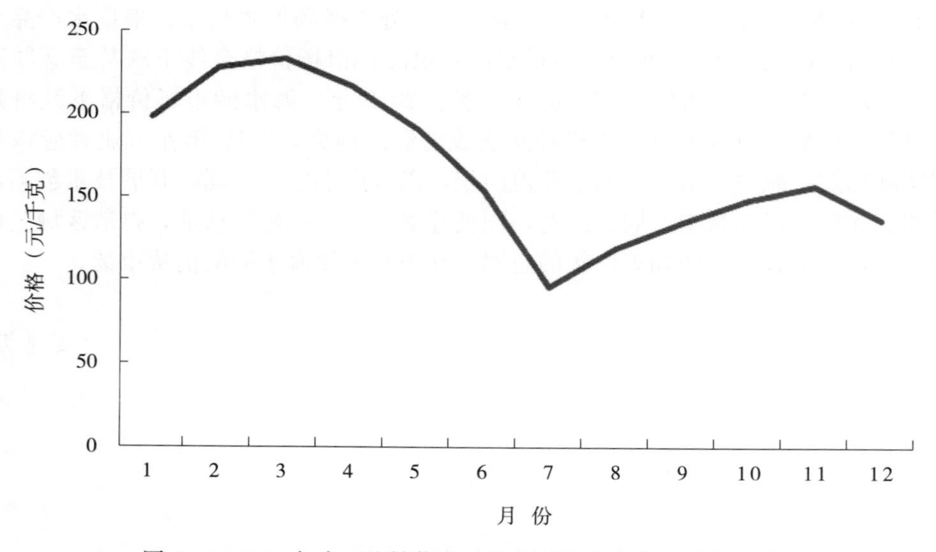

图 3-92　2018 年全国渔情信息采集点青蟹出塘单价年波动情况

4. 采集点产量损失情况 2018 年，全国各青蟹渔情采集点因发生病害、自然灾害、基础设施等其他损失产量累计 17.35 吨、占总产量的 6.82%，损失金额 120 万元，占总销售额的 2.77%。其中，病害损失产量 6.6 吨，金额 46.2 万元；自然灾害损失产量

10.75 吨，金额 73.8 万元。自然灾害造成损失较大的原因是广东、海南两省 9 月遭遇超强台风“山竹”所致，而病害也是青蟹产量损失的主要组成部分。

随着养殖技术和防控意识的进步，养殖户应对病害、天气突变等自然灾害的本领增强，损失相对获得利润比例减少，渔业养殖情况较稳定。

二、面上生产情况分析

1. 青蟹市场较为稳定，价格居高不下　青蟹个体大、生长快、适应性强，经济价值高，一直是我国沿海的主要养殖种类。2015—2017 年，我国青蟹养殖平均产量 14.7 万吨/年，而捕捞平均产量则为 8.49 万吨/年，养殖量接近捕捞量的 2 倍（图 3-93）。养殖已经成为我国商品青蟹的主要来源。以全国青蟹养殖产量第一位的浙江省为例，全年平均市场价格在 210 元/千克左右（包括红膏蟹），与出塘价变化规律类似，上、下半年各出现一个价格高峰。

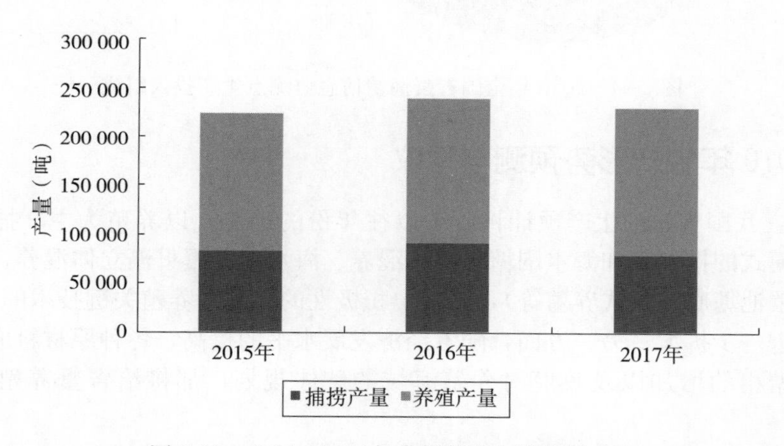

图 3-93　2015—2017 年青蟹养殖和捕捞量对比

2. 青蟹养殖成本较高，饲料和苗种是重中之重　根据对 2018 年全国青蟹渔情信息监测点的生产投入分析，全年生产投入达 1 994 万元，包括苗种、饲料、燃料、塘租、资产折旧、服务支出（水费、电费、防疫费、保险费）、人力等，占出塘收入比达 46%；而青蟹养殖的饲料、苗种、塘租、人力在所有成本支出中排前 4 位，分别占总成本的 34.9%、22%、20%和 16.2%（图 3-94）。饲料成本的提高，表明配合饲料在替代冰鲜鱼料的过程中，其成本是一个不可忽略的因素，将直接影响到配合饲料的推广成效；青蟹的苗种来源主要依靠的还是自然海区天然捕获，产量稳定性的不足，导致成本较高；塘租的上涨，在于养殖效益的刺激、外部资金的涌入和政府规划、工业用地挤占水产养殖空间导致。2018 年，浙江省沿海地区养蟹塘租已经达到了 9 500 元/亩，呈逐年上升趋势；而传统水产养殖业的劳动强度大，对青壮年劳动力的吸引力进一步降低，造成了生产季节用工荒，从业者不得不提升单位时间劳动报酬来维持正常生产，也逐步提高了人力成本。

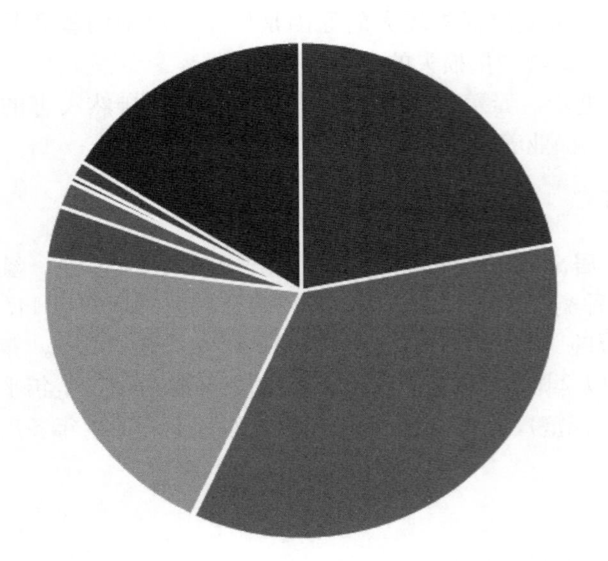

图 3-94　2018 年全国青蟹渔情信息监测点生产投入组成

三、2019 年生产形势预测与建议

2019 年，我国青蟹的生产预计将延续以往年份的趋势，以养殖为主、捕捞为辅。随着新型养殖模式的推广（如海水围塘虾蟹贝混养、海水池塘蟹贝藻立体混养、青蟹脊尾白虾混养、青蟹池塘底充氧式养殖等），养殖户积极性的提高、养殖关键技术的日趋成熟等，养殖规模将进一步扩大；另一方面，随着经济发展水平的提高，各种原材料成本和人工工资的上涨、塘租的增加以及政府对养殖海域的整体规划，都将给青蟹养殖提出更高的挑战。

1. 建立优质苗种生产管理体系和技术标准　随着青蟹养殖业的发展，仅靠近海区捕获天然苗种已经不能满足养殖需求，且自然苗种因受地理、天气等因素影响，产量不稳定。苗种的人工繁育生产技术已经初步成熟，有待于进一步完善。开展青蟹优质良种繁育技术体系研究，进一步提高蟹苗工厂化培育和土池培育技术的稳定性，提高育苗成活率，建立青蟹良种扩繁和利用体系，建立优质健康苗种生产质量管理体系和技术标准，是我国青蟹养殖能否更好更快发展的基础。

2. 开发产品增值技术，提升产品综合效益　通过育肥技术，将普通的商品蟹育成肥壮的肉蟹或膏蟹；将蜕壳后的青蟹集约化生产，形成“软壳蟹”产业，增加经济效益，提升产品价值；开发蟹类混合加工食品；开发利用蟹类甲壳素，为药物、保健品、化工产品研发提供原材料，都是对初级水产品的增值提效手段和方法，是青蟹产业能否发展更大、更强、更深入的关键。

3. 利用渔业供给侧改革和转型升级，推广绿色、高效养殖模式　利用现代“物联网＋”技术、多种形式手段，积极开展宣传与培训，推广符合“绿色、生态、高效”新时期渔业发展理念的养殖模式与技术。开展营养与饲料研究，研发符合蟹生长各阶段营养需求的优质饲料，降低饲料系数，养殖全程或分阶段逐步替代冰鲜活饵料，减少环境污染，提升产品品质。继续加大对老围塘养殖区的改造投入；建设高标准围塘，采用微生物制剂调控围塘水质，扩大青蟹单养模式，探索利用配合饲料替代冰鲜饵料养殖青蟹示范与推广；改变养殖围塘尾水直排入海的现状，构建养殖尾水调控与综合治理技术；进一步推广标准化生产，转变养殖模式，推广高效、无公害的健康养殖技术。

4. 融合第三产业，构建青蟹智慧产业系统　挖掘青蟹产业文化，打造全新的文化体系，发展以蟹文化为特色的休闲渔业旅游带。依托全国沿海地区青蟹养殖产业的优势，研究技术力量和推广力量，加快最新科技成果转化与落地应用，充分利用现代高新、高效、高速的计算机技术，建立基于互联网的专家远程技术服务系统，直接服务于当地青蟹养殖的整个产业链。充分利用手机短信、网络、移动 APP 等多种形式开展农业信息服务，为各地青蟹养殖专业合作社、家庭农场和种养大户发送青蟹养殖过程的苗种供应、疾病防治、气候、销售等农业方面的惠农信息。

（周　凡　贝亦江）

梭子蟹专题报告

一、2018 年养殖生产总体形势

1. 苗种生产情况 2018 年春季，重点对 1～4 月全国梭子蟹主养省份育苗场的育苗情况、养殖场的投苗情况、出售情况进行了摸底分析。

育苗企业，以土塘自繁自育为主。2018 年 1～4 月，出苗量共计 2 830 万只，分布在浙江省、江苏省和山东省的 4 家育苗场。出苗量较去年同期有所增减，浙江省和江苏省的苗种场出苗量同比增加了 12%～47.7%；山东的苗种场出苗量则同比减少了 16.7%。整体出苗量较 2017 年的 1 990 万只增加了 42.2%。蟹苗价格在 480～900 元/万只，2018 年苗种产量有所提高，价格稍低于去年（表 3-33）。

表 3-33　2018 年育苗企业出苗情况

苗种场名称	苗种出塘情况													苗种主要销售区域
	出塘量							苗种价格（元/万只）						
	规格	数量（只）						1 月	2 月	3 月	4 月	平均	均价比去年增减（%）	
		1 月	2 月	3 月	4 月	合计	比去年增减（%）							
象西水产养殖有限公司	Ⅲ－Ⅳ期	0	0	0	200 万	200 万	25				480	480	0	本地
宁波兢业水产养殖有限公司	Ⅰ期	0	0	0	2 400 万	2 400 万	50				900	900	0	本地
连云港赣榆佳信水产开发公司	Ⅱ期					150 万	12				800	800	0	本地及温州平阳
威海泰裕水产良种繁育有限公司						80 万	－16.7				900	900	0	

2. 苗种投放情况 苗种投放总量达 937 万只，分布在浙江省、江苏省 5 家养殖场。投苗量与去年同期相比基本持平，苗种价格在 480～800 元/万只，也与去年基本持平（表 3-34）。

表 3-34　2018 年养殖企业投放情况

养殖场名称	苗种投放情况														苗种主要来源、保苗成活率（%）
	投苗量								苗种价格（元/万只）						
	规格	单位	数量						1 月	2 月	3 月	4 月	1～4 月平均	均价比去年增减（%）	
			1 月	2 月	3 月	4 月	1～4 月合计	比去年增减（%）							
宁波文明水产养殖有限公司	Ⅲ～Ⅳ期	万只				90	90	0					500	－5	土池育苗、95

（续）

养殖场名称	苗种投放情况														苗种主要来源、保苗成活率（%）
	投苗量								苗种价格（元/万只）						
	规格	单位	数量												
			1月	2月	3月	4月	1～4月合计	比去年增减（%）	1月	2月	3月	4月	1～4月平均	均价比去年增减（%）	
象山县泗洲头镇蟹钳港水产养殖场	Ⅲ～Ⅳ期	万只				150	150	0					480	−5	土池育苗、95
象山圣典水产养殖专业合作社	Ⅲ～Ⅳ期	万只				120	120	0					480	−5	土池育苗、95
连云港万继续养殖场	Ⅱ期	万只					15						800	0	
连云港张兴奎养殖场	Ⅱ期	万只					11						800	0	

3. 采集点梭子蟹出塘情况　2018年，采集点梭子蟹出塘销售总量95.53吨，出塘收入1 440万元，年平均出塘价为150.7元/千克。其中，河北省采集点出塘销售1 075千克，销售额7.1万元；江苏省采集点出塘销售53 700千克，销售额982万元；浙江省采集点出塘销售7 425千克，销售额174万元；山东省采集点出塘销售33 330千克，销售额277万元。

养殖梭子蟹的出塘时间为当年7～12月和翌年冬季1～3月。其中，7～12月出塘规格较小，一般在125～200克/只，此时正好赶上禁渔期结束，受大批量捕捞梭子蟹上市影响，出塘价格50～60元/千克，相对较低；1～3月出塘规格较大，一般在200克/只以上，时至春节加上捕捞产量下降，出塘价格100～230元/千克，达到一年中的最高点（图3-95）。

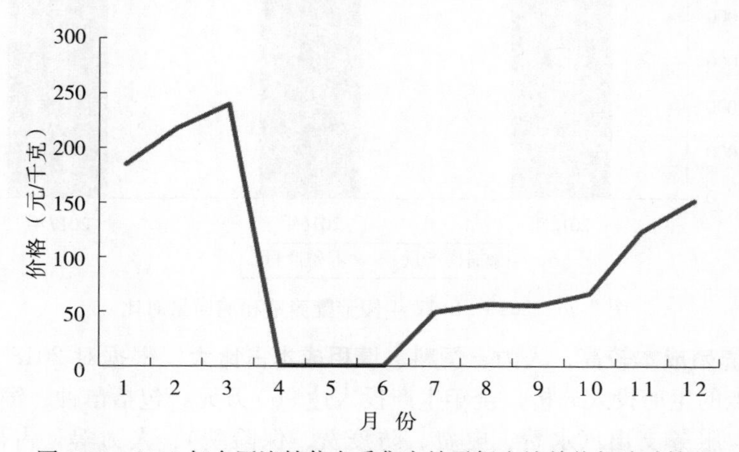

图3-95　2018年全国渔情信息采集点梭子蟹出塘单价年波动情况

4. 采集点产量损失情况　2018年，全国各梭子蟹渔情采集点因发生病害、自然灾害、基础设施等其他损失产量累计2.86吨、占总产量的2.98%，损失金额22.7万元，占总销售额的 1.58%。其中，病害损失产量 2.16 吨，金额 17.4 万元；自然灾害损失产量 300 千克，金额 1.8 万元；其他灾害损失产量 390 千克，金额 3.42 万元。由此可见，梭子蟹病害是造成产量损失的主要原因，占总损失产量的 75.5%、总金额损失的 76.5%。随着养殖技术和防控意识的进步，养殖户应对病害、天气突变等自然灾害的本领增强，损失相对获得利润比例较少，渔业养殖情况较稳定。

二、面上生产情况分析

1. 梭子蟹市场规律较为稳定 梭子蟹作为我国从辽东半岛到海南岛广泛分布的蟹类，一直是我国海水养殖的主要推广对象，主要养殖区域以渤海、黄海、东海海区为主。2015—2017 年，我国梭子蟹养殖平均产量 12.1 万吨/年，而捕捞平均产量则为 52.7 万吨/年，是养殖量的近 5 倍（图 3-96）。因此，梭子蟹的市场行情主要由捕捞量决定。以全国梭子蟹捕捞和养殖产量均第一位的浙江省为例，1～3 月受春节时节影响，不同规格梭子蟹价格 100～200 元/千克；4 月禁渔期开始，捕捞蟹无法上市，只有养殖蟹可以供应市场，加上养殖进入苗种繁育投放期，养殖蟹也会供不应求，市场价格进一步飙升，到 7 月禁渔期结束，部分地区价格一度可达 300 元/千克；8 月禁渔期结束，大批量捕捞蟹上市，短时间供大于求，价格马上回落到 50～100 元/千克；一直持续到 12 月。根据市场规律，养殖从业者为追求利润最大化，会将出塘时间定在每年 11 月之后的冬季一直持续至春节前后，以避开大批量捕捞蟹上市的时间，防止利润空间被压缩。

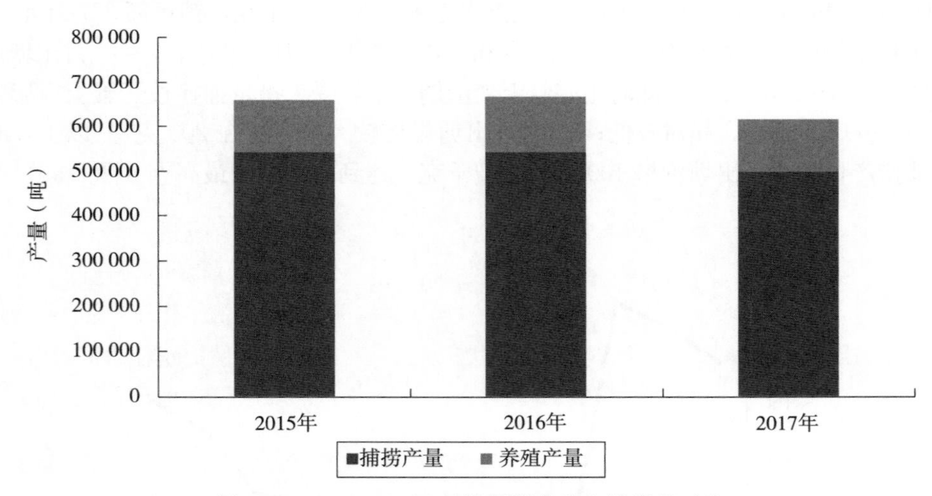

图 3-96 2015—2017 年梭子蟹养殖和捕捞量对比

2. 梭子蟹养殖成本较高，人力、饲料、塘租成本占比大 根据对 2018 年全国梭子蟹渔情信息监测点的生产投入分析，全年生产投入达 960 万元，包括苗种、饲料、燃料、塘租、资产折旧、服务支出（水费、电费、防疫费、保险费）、人力等，占出塘收入比达 66.7%。而梭子蟹养殖的人力、饲料、塘租在所有成本支出中排前 3 位，分别占总成本的 32.9%、30.8%和 20.6%。人力成本的提升表明，传统水产养殖业的劳动强度太大，对青壮年劳动力的吸引力进一步降低，造成了生产季节用工荒，从业者不得不提升单位时间劳动报酬来维持正常生产。饲料成本的提高则说明，一方面冰鲜鱼料的使用比例在逐步降低，配合饲料的使用比例在稳步提高；另一方面，其成本是一个不可忽略的因素，将直接影响到配合饲料的推广成效。塘租的上涨，在于养殖效益的刺激、外部资金的涌入和政府规划、工业用地挤占水产养殖空间导致。2018 年，浙江省沿海地区养蟹塘租已经达到了 9 500元/亩，呈逐年上升趋势。

三、2019 年生产形势预测与建议

2019 年，梭子蟹的生产预计将延续以往年份的趋势，以捕捞为主、养殖为辅。而在养殖方面，一方面随着新型养殖模式的推广（如三疣梭子蟹池塘底充式增氧养殖、基于防残设施的梭子蟹围塘养殖、海水围塘虾蟹贝混养、防自残笼式养殖等），养殖户积极性的提高、养殖关键技术的日趋成熟等，养殖规模将进一步扩大；另一方面，随着经济发展水平的提高，各种原材料成本和人工工资的上涨、塘租的增加以及政府对养殖海域的整体规划，都将给梭子蟹养殖提出更高的挑战。

1. 完善苗种规模化生产技术，建立良种繁育技术体系并推广优良品种　开展梭子蟹优质良种繁育技术的体系研究，进一步提高蟹苗工厂化培育和土池培育技术的稳定性，提高育苗成活率；建立梭子蟹良种扩繁和利用体系，建立优质健康苗种生产质量管理体系和技术标准；推广优质良种，如三疣梭子蟹“黄选 1 号”，生长速度较普通品种提高 20%，成活率提高 51%，产量提高 71%，具有明显上黄率高、抗逆性强和养殖病害少的优点。

2. 进一步推广生态高效养殖模式与技术，完善病害防控和质量安全技术体系　利用现代“物联网+”技术、多种形式手段，积极开展宣传与培训，推广符合“绿色、生态、高效”新时期渔业发展理念的养殖模式与技术。开展营养与饲料研究，根据梭子蟹营养需求和摄食习性，研发符合生长各阶段营养需求的优质饲料，降低饲料系数，养殖全程或分阶段逐步替代冰鲜活饵料，减少环境污染，提升产品品质。探明梭子蟹养殖过程的发病规律，完善灾害预警、流行病学监测、疾病预防防控网络，并将生态防病、药物防病和质量安全监测体系推广开来，使得养殖过程损失减少，产品安全得到市场进一步认可。

3. 开发产品增值技术，延伸产业链　通过营养强化、育肥技术，完善红膏蟹的生产技术；开发蟹类加工食品；开发利用蟹类甲壳素，为药物、保健品、化工产品研发提供原材料；建立梭子蟹产品增值技术与生产体系和技术标准，提高产品的附加值；建立从亲本、苗种、养殖、加工、市场流通等产业链质量溯源管理体系，建立地理信息数据库，促进区域优势互补、联合生产。

4. 发展电子商务，加强品牌打造，拓展各类衍生产品和周边市场　发展电子商务，拓宽梭子蟹销售渠道，让互联网成为推动梭子蟹产业发展的助推器。同时进一步加强品牌打造，提升市场占有率，提高知名度。如“舟山梭子蟹”“象山梭子蟹”这种地方品牌虽然已经有了一定的知名度，但还要进一步加强宣传，从地方和周边市场走向全国。另外，还要学习“阳澄湖大闸蟹”等河蟹品牌的产业衍生策略，开发文化产品和周边实物产品，带动梭子蟹产业发展同时，传播特色文化，助力地方发展。

（马文君　贝亦江）

乌鳢专题报告

一、乌鳢产业概况

乌鳢俗名黑鱼，隶属于鲈形目、鳢科、鳢属。属于名贵淡水鱼类，素有“鱼中珍品”的美誉。近年来，以生态养殖为主的乌鳢生产发展迅速，产业化规模不断加大。目前，全国乌鳢产量约在48.3万吨，养殖主要分布在广东、山东、江西、湖南、浙江等地。享有中国“乌鳢之乡”的微山湖地区，乌鳢产量达3.06万吨，从事乌鳢产量的人员超过20万人，已形成集苗种繁育、饲料运销、成鱼养殖和市场销售于一体的产业化经营发展格局。

二、乌鳢生产概况

1. 苗种投放

(1) 投苗量略减　由于养殖空间压缩的影响，2018年乌鳢投苗量有所下降，下降幅度为3%左右。浙江地区由于受行情过好之后有低估情绪，投苗量也略有下滑。湖南地区的投苗量基本稳定。

(2) 苗种供应有集中趋势　山东地区的乌鳢苗种，主要是来自微山县鲁桥镇。在另一养殖重点地区的东平县，由于乌鳢是“孵化容易育苗难”，其苗种的60%～70%也是来自于微山湖。从来源看，微山湖生产78.2%的乌鳢苗种来自于自繁自养，还有21.8%的苗种来自于湖鱼育苗。

(3) 苗种规格　就整个山东地区来看，8成以上养殖单位选择投放3～5厘米和3厘米以下的乌鳢苗种。主要原因是乌鳢苗种价格较贵，且价格与规格成正比，养殖户出于苗种成本考虑而选择规格较小的乌鳢苗进行养殖。

(4) 苗种价格上涨明显　湖南地区10～25厘米的乌鳢苗种价格为19.5元/千克，同比上涨18.2%；浙江地区8尾/千克的苗种价格在26元/千克，同比上涨44%；山东地区14～16尾/千克的苗种价格在30～36元/千克。

2. 价格变化　乌鳢整体情况稳中有升，采集点销售量1.53万吨，销售收入3.37亿元，综合销售价格为22.03元/千克，同比上涨17.13%。随着人们生活的提高，作为优质商品鱼的乌鳢需求量越来越大，再加上乌鳢的医疗保健作用进一步挖掘，以及渔家乐等休闲渔业的开发，使乌鳢消费市场逐年扩大，带动鱼价上涨（图3-97）。

3. 生产成本　采集点生产投入共2.68亿元，主要包括物质投入、服务支出和人力投入三大类，分别为2.63亿元、196.75万元和212.74万元，分别占比为98.47%、0.74%和0.80%。在物质投入大类中，苗种、饲料、燃料、塘租费分别占比2.27%、95.43%、0.002%、0.77%；服务支出大类中，电费、水费、防疫费及其他费用分别占比0.36%、0.001%、0.34%和0.03%（图3-98）。

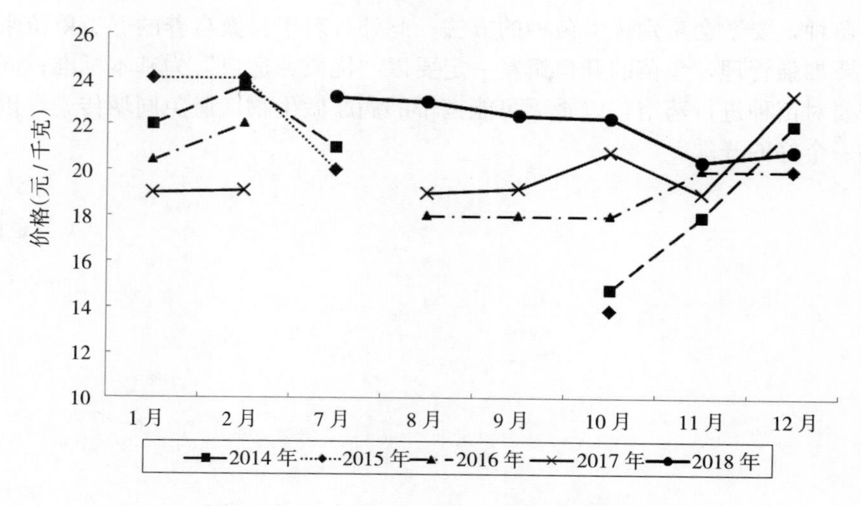

图 3-97　2014—2018 年 1～12 月乌鳢价格走势

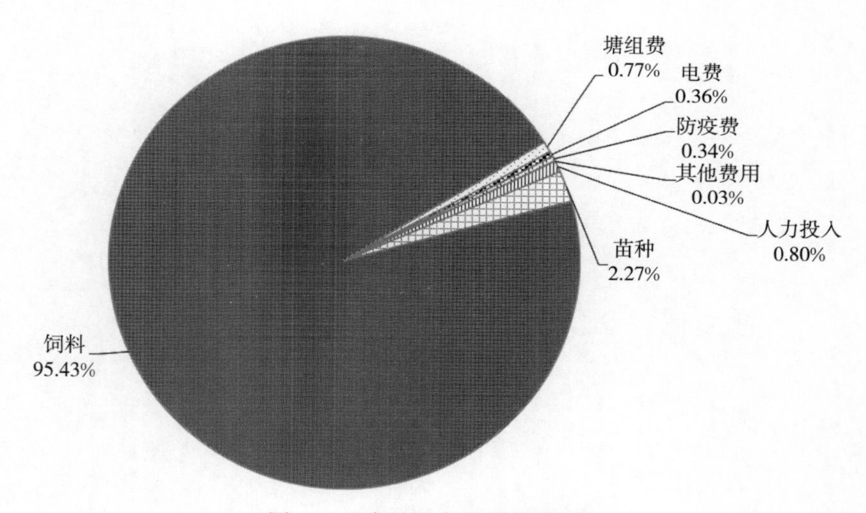

图 3-98　乌鳢生产投入要素比例

4. 生产损失　从采集点数据看，乌鳢全年产量损失 10 733 千克，占销售收入的 0.07%；直接经济损失 18.09 万元。从总体上看，乌鳢的生产损失较小，目前处于可控范围内。

三、2019 年生产形势预测

这两年乌鳢价格显著回升，全国范围内只要养出产量，养殖户利润很高。不过高利润也刺激着各地养殖规模大幅度增加，珠海江门等地迅猛扩张，广东以外地区的养殖规模增加 1 倍以上。开春放苗时，乌鳢苗种需求量较大，出现哄抢的局面。供给侧大量增加，导致年末价格出现回落，因此对 2019 年的价格走势保持谨慎。

四、乌鳢苗种生产管理建议

要选择规格整齐、体质健壮的苗种进行养殖。避免购买“晒花苗”“胡子苗”“杂色苗”等劣质苗种，要学会辨别优劣苗种的方法；此外，对于自繁自养的养殖单位来说，孵化环节一定要加强管理，鱼苗的开口饵料一定要以“优质、适口”为基本标准；同时，在放苗养殖前要对苗种进行药浴，以杀灭可能携带的病原微生物，避免同塘传染，以期为乌鳢养殖提供一个好的开端。

（李鲁晶）

蛤专题报告

一、2018年蛤养殖总体形势

蛤苗在养殖生产中需求增大，养殖经营者投苗意愿增加，蛤苗价格较上年同期上涨，但同时存在蛤育苗生产方式落后、育苗成活率不高问题。2018年，约20%蛤育苗场因育苗失败，产量下降。受蛤苗产量下降、市场需求等因素影响，蛤苗价格出现上涨态势，蛤投苗数量同比下降。蛤出塘量和收入同比下降，蛤平均出塘价格上涨，蛤养殖生产投入成本增加。受夏季高温、台风等自然灾害影响，蛤养殖产量损失及经济损失同比增加。

二、蛤主产区分布及采集点总体情况

我国蛤养殖主产区主要在辽宁、江苏、浙江、福建、山东、广西等地临海沿岸均有分布。全国蛤养殖渔情信息采集点设置在上述6个省（自治区）。全国蛤养殖采集县18个、蛤养殖采集点24个，蛤养殖采集点养殖面积10 992.45公顷。辽宁省5个蛤养殖采集县（大连金普新区、大连庄河市、大连普兰店区、丹东东港市、锦州滨海新区）、5个蛤养殖采集点，蛤养殖采集面积3 560公顷；江苏省3个蛤养殖采集县（赣榆区、海安县、启东市）、3个蛤养殖采集点，蛤养殖采集面积224.66公顷；浙江省1个蛤养殖采集县（三门县）、4个蛤采集点，蛤养殖采集面积44.67公顷；福建省2个蛤养殖采集县（福清市、云霄县）、4个蛤养殖采集点，蛤养殖采集面积82公顷；山东省5个蛤养殖采集县（海阳市、河口区、即墨区、胶州市、无棣县）、5个蛤养殖采集点，蛤养殖采集面积7 039.99公顷；广西壮族自治区2个蛤养殖采集县（合浦县、钦州市）、3个蛤养殖采集点，蛤养殖采集面积41.13公顷（图3-99）。

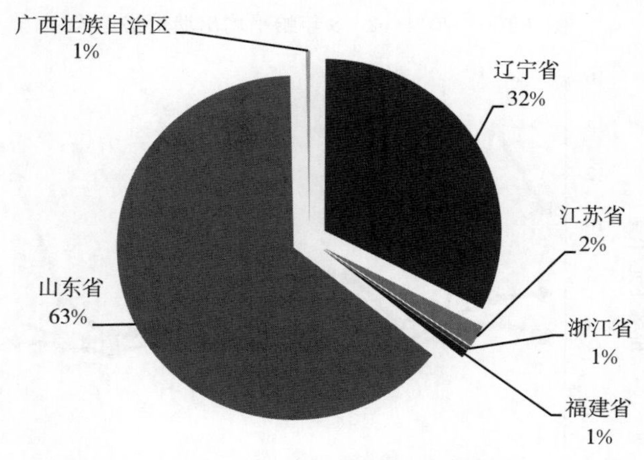

图3-99 采集点蛤养殖面积占比

三、2018年蛤生产形势分析

1. 蛤投苗量下降，蛤苗价格上涨 采集点蛤投苗量764.24亿粒，同比下降2.67%；

蛤苗种费 8 354.07 万元，同比增加 2.02%。蛤苗主产区福建省出苗量不高，同比下降约 30%。蛤苗平均价格 10.93 元/万粒，同比上涨 19.9%，主要是受蛤育苗成本上涨、蛤苗成活率不高、蛤苗产量下降等因素影响。受蛤养殖规模减小和转型养殖缢蛏等其他品种影响，蛤投苗量同比下降。

2. 蛤出塘量下降，收入下降 采集点蛤出塘量 127 077.34 吨，同比下降 2.07%；收入 83 446.31 万元，同比下降 1.43%。蛤出塘量、收入下降原因：一是受蛤养殖规模减小和转型养殖缢蛏等品种影响，近年蛤生产规模呈下降趋势，很多蛤养殖户改养蛤蛏，而且蛤蛏的养殖效益远远高于蛤；二是蛤出口贸易受国际市场影响，外方需求订单数量下降，致使出售成品偏少，导致出塘量、收入同比下降。

3. 蛤餐饮消费需求增加，出塘价格上涨 采集点蛤平均出塘价格为 6.57 元/千克，同比上涨 27.3%。主要原因：一是夏季餐饮、百姓大众对蛤消费需求增加；二是蛤养殖投入成本上涨，蛤出塘价格总体上涨。根据全国养殖渔情监测系统数据显示：2014—2018 年，蛤平均出塘价格分别为 5.46 元/千克、5.32 元/千克、7.18 元/千克、5.16 元/千克、6.57 元/千克（图 3-100、图 3-101）。

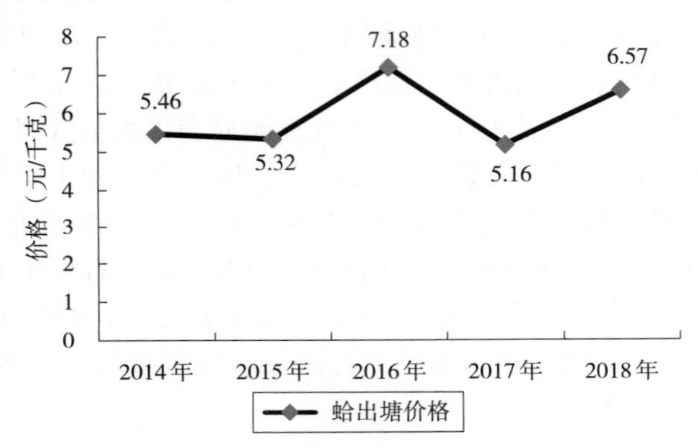

图 3-100　2014—2018 年蛤平均出塘价格走势

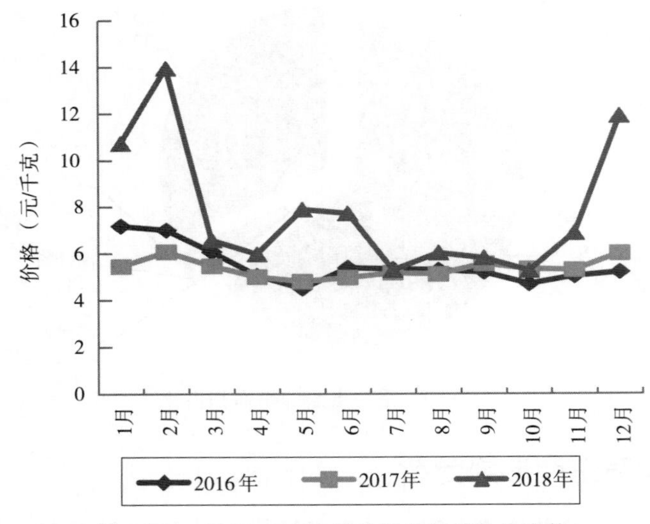

图 3-101　2016—2018 年蛤平均出塘价格走势

4. 蛤养殖成本增加，生产投入增加　采集点蛤养殖生产投入 16 279.73 万元，同比增加 3.48%。主要是苗种费、人力投入较上年增加，蛤苗种投放 8 354.07 万元、人力投入 2 124.06 万元。饲料投入 471.99 万元，燃料 4 059.9 万元、塘租费 834.82 万元，固定资产 106.68 万元，水费、电费及防疫费等服务支出 328.2 万元（图 3-102）。

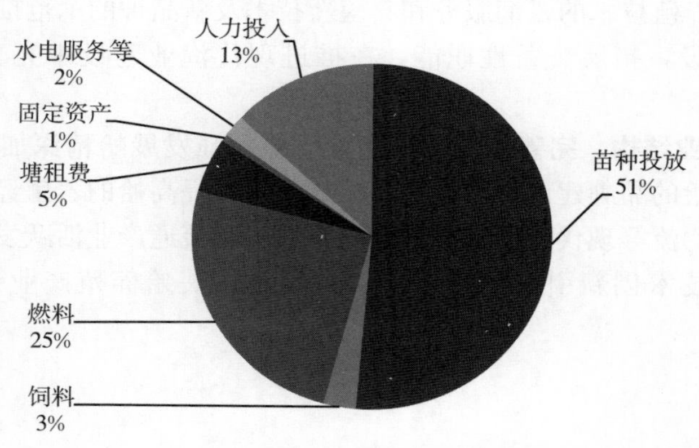

图 3-102　2018 年蛤成本构成情况

5. 蛤养殖产量损失增加，经济损失增加　采集点蛤养殖产量损失 40.1 吨，经济损失 38.36 万元，同比显著增加。产量损失主要是夏季高温受灾损失，江苏省产量损失 17 吨，经济损失 25.5 万元；广西壮族自治区产量损失 23.1 吨，经济损失 12.86 万元。蛤养殖产量损失和经济损失，与上年同期相比显著增加。

四、2019 年生产形势预测

蛤养殖是我国传统海水养殖产业，蛤养殖环境相对稳定，养殖产量受投苗量和市场需求量变化影响。由于蛤亩产净利润偏低，经常受到高利润养殖品种的冲击和影响。近几年，蛤总体出苗量不高，预计 2019 年蛤产量将会持续降低，价格将相对稳定。

五、存在问题

1. 种质资源衰退，育苗产量缩减　2018 年春季，蛤苗种投放情况调研中育苗企业反映，气候变化、生态变迁、人类活动对杂色蛤种质资源产生影响，蛤亲本更新慢，苗种场品种选育和改良能力不足，出现种质衰退现象，出苗率下降，育苗产量缩减。

2. 苗种来源单一，出现买苗困难　我国北方地区辽宁、山东等省的蛤苗均来自福建等地，完全是南苗北养。由于苗种来源地较为单一，蛤的苗种价格受育苗企业的苗种成本影响较大。目前，北方地区的养殖企业希望进行蛤的土池人工育苗试验，以期解决买苗困难的问题。

3. 行业科技素质不强，产业化经营程度低　蛤养殖生产从业人员多数年龄大，文化程度低，养殖以家庭、散户经营为主。需要大量雇佣外地劳动力，人员流动性大，产业化经营程度低，抗风险能力弱，急需新科技养殖示范推广和普及。

六、建议

1. 强化种质资源保护，加强育苗技术研发　建议相关职能部门规划增设底栖蛤增养殖保护区，修复浅海滩涂的生态环境。通过加强蛤资源管控、亲体增殖、生境修复等种质资源恢复技术，提高蛤科学育苗技术研究发展，提高蛤增养殖的绿色健康可持续发展能力，提升产业竞争力。

2. 加强技术推广体系建设，发挥科技支撑服务作用 要充分发挥水产技术体系人员的作用，做好水产养殖技术的咨询服务和养殖新技术及新品种的示范推广工作，强化服务意识，注重能力建设，拓展公益性职能，在推进现代渔业建设中充分发挥技术的支撑作用。

3. 调整优化产业结构，完善流通体系建设 要加强发展蛤精深加工产业，提高产业附加值。努力推进蛤的品牌建设，通过提升蛤的品质，提高蛤的养殖经济效益。建立健全生产、加工、冷链物流等现代流通基础设施，促进加工流通产业活跃发展，带动养殖产业兴旺。进一步强化技术创新引领，产业融合发展，拓展蛤养殖产业链，提高蛤产业生产力。

（吴杨镝）

海蜇专题报告

一、2018 年海蜇养殖总体形势

海蜇自然资源呈衰竭下降的趋势，发展人工养殖海蜇是必然趋势。近年来，国际和国内市场对海蜇需求量持续增大，海蜇养殖市场巨大，发展前景广阔。2018 年，海蜇总体出苗量同比略有降低，海蜇养殖苗种投放量下降，生产投入下降。海蜇出塘量及收入同比下降。海蜇平均出塘价格同比下降。夏季高温导致海蜇出现自然灾害，海蜇产量损失及经济损失同比增加。

二、海蜇主产区分布及采集点总体情况

海蜇是经济价值很高的大型食用水母。海蜇养殖主要分布黄海、渤海、东海。我国海蜇养殖主产区域主要集中在辽宁省，全国海蜇养殖产量约 8 万吨，产值超 4 亿元。仅辽宁海蜇养殖产量就达到 6.8 万吨。辽宁省海蜇养殖主要区域在丹东市和营口市，辽宁省海蜇养殖面积 22 万亩，仅丹东市的海蜇养殖面积就达到 10 万亩。海蜇养殖具有投入成本低、生产周期短、病害风险少、收益高的特点。目前，海蜇池塘养殖模式有单养、混养等模式；混养模式包括海蜇与对虾混养、海蜇与贝类、海蜇与海参混养。

全国海蜇养殖渔情信息采集点设置在辽宁省。辽宁省东港市和盖州市是全国海蜇养殖渔情信息采集县，海蜇采集点共有 3 个。采集点的分布是辽宁东港市 2 个采集点、辽宁盖州市 1 个采集点。海蜇采集点养殖面积 800 公顷（图 3-103）。

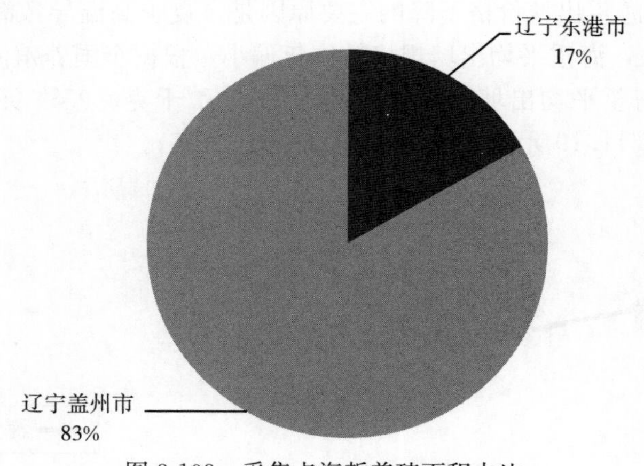

图 3-103　采集点海蜇养殖面积占比

三、2018 年海蜇生产形势分析

1. 海蜇投苗量下降　采集点海蜇投苗量 20.8 万头，同比下降 7.82%；海蜇苗种费 15.38 万元，同比下降 8.25%。主要原因：一是海蜇苗投放规格较上年增大，投苗量下降；二是 2018 年春季海蜇养殖区域水质相对稳定，气温虽然比往年回升慢，但温差变幅

较小，且少有大风等恶劣天气，海蜇投苗成活率同比提高；三是海蜇种质退化，部分育苗室孵化技术有待提高，海蜇出苗量低，海蜇苗形状不好、不规则，海蜇养殖户购苗量下降。

2. 海蜇苗价格平稳

（1）苗室海蜇苗价格　前期伞径1厘米左右的海蜇苗，价格在0.015元/头；中、后期随着出苗量增多，同规格海蜇苗价格在0.01元/头。海蜇苗价与上年同期相比持平。

（2）暂养苗价格　前期蛋黄苗即伞径3～4厘米的海蜇苗，价格为0.5～0.6元/头；中、后期同规格海蜇苗，价格在0.3～0.4元/头。暂养苗价相对稳定，与上年同期相比变化不大。

3. 育苗室的海蜇苗供不应求　2018年，海蜇育苗室的海蜇苗质量一般，部分苗室海蜇苗出苗量低，部分苗形不佳、不好养、长不大。但由于海蜇苗价格低，还是激发买苗养殖业户的购苗热情，导致育苗室出的海蜇苗供不应求。

4. 暂养海蜇苗供略大于求　暂养海蜇苗技术成熟，暂养海蜇苗池塘过多出苗，苗量大且集中出塘。海蜇苗除供应本地养殖外，主要销往河北省、山东省。2018年春季，出口朝鲜海蜇苗受限，主要原因是中朝边贸进出口水产品受限。

5. 海蜇出塘量下降，收入下降　采集点海蜇出塘量589.5吨，同比下降5.93%；收入659.7万元，同比下降6.45%。海蜇出塘量、收入下降原因：一是夏季历史罕见高温，对海蜇主产区造成影响，高温造成水质变差，导致海蜇养殖水体缺氧，海蜇死亡数量增加；二是高温期过后对海蜇后，续养殖期影响严重，造成海蜇抗病能力下降，养殖生长缓慢，养殖过程中病害发生率增加。

6. 海蜇出塘规格偏小，出塘价格下降　采集点海蜇平均出塘价格为11.19元/千克，同比下降12.72%。海蜇出塘价格下降的主要原因是，夏季高温导致海蜇免疫力下降，出现海蜇生长缓慢现象，海蜇平均出塘规格较往年偏小。根据全国养殖渔情监测系统数据显示，2014—2018年海蜇平均出塘价格分别为10.62元/千克、9.84元/千克、9.82元/千克、12.82元/千克、11.19元/千克（图3-104、图3-105）。

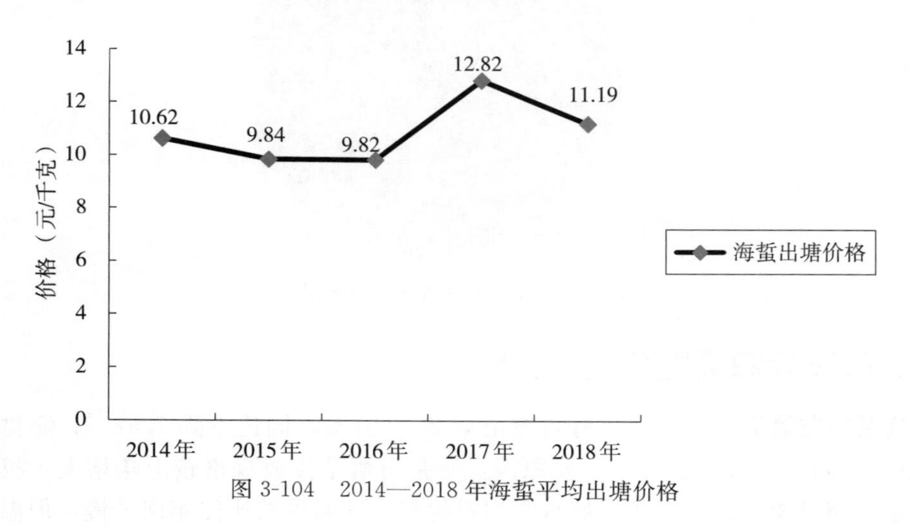

图3-104　2014—2018年海蜇平均出塘价格

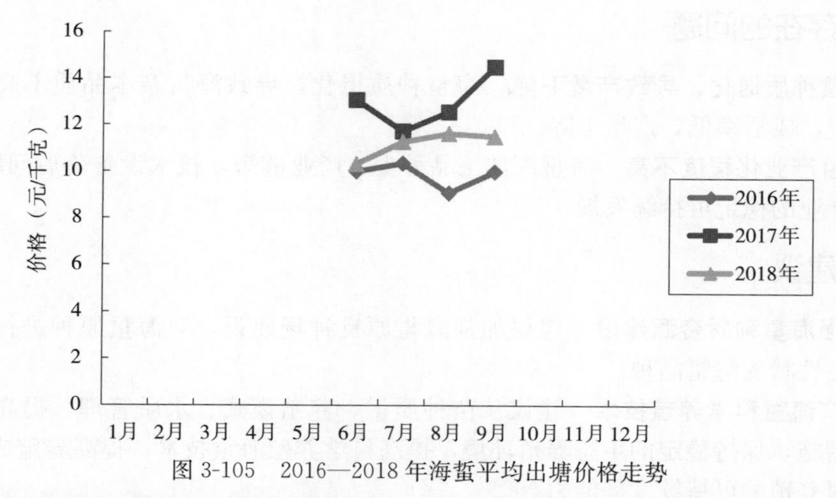

图 3-105　2016—2018 年海蜇平均出塘价格走势

7. 海蜇生产投入下降，苗种投放下降　采集点海蜇养殖生产投入 278.1 万元，同比下降 8.25%。主要是海蜇苗种投放数量较上年下降，海蜇苗种费下降。海蜇养殖生产投入中，苗种投放 15.38 万元、人力投入 16.7 万元、饲料投入 47.49 万元、燃料 1.02 万元、塘租费 151 万元、固定资产 4.51 万元、水电及防疫等服务支出 41.7 万元（图 3-106）。

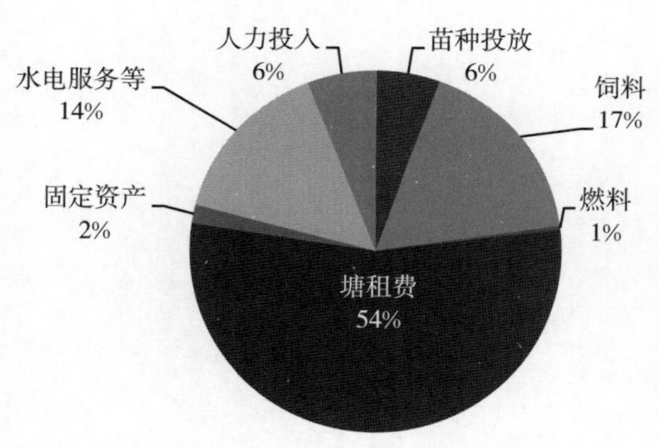

图 3-106　2018 年海蜇成本构成情况

8. 海蜇养殖产量损失增加，经济损失增加　采集点海蜇养殖产量损失 45 吨，经济损失 48 万元，同比显著增加。海蜇产量损失主要是 2018 年夏季高温海蜇受灾损失，高温造成海蜇养殖水体缺氧，海蜇抗病能力下降，海蜇死亡数量增加，海蜇养殖产量损失和经济损失，与上年同期相比均出现显著增加。

四、2019 年生产形势预测

海蜇养殖环境相对稳定，海蜇养殖面积变化不大。2018 年夏季出现海蜇受灾情况，将导致 2019 年海蜇苗种质量下降。2019 年，海蜇养殖户对优质海蜇苗及大规格苗种需求量增加。预计 2019 年，海蜇苗价格将有上涨趋势，海蜇养殖生产投入较上年增加，海蜇养殖产量及出塘价格将会止跌回升。

五、存在的问题

1. 海蜇种质退化，导致产量下降 海蜇种质退化，导致海蜇亲本品质不高，海蜇苗先天体质差，成活率低，产量下降。

2. 海蜇产业化程度不高 海蜇深加工品种少，产业链短，技术设备落后问题较突出，制约海蜇产业的稳定可持续发展。

六、建议

1. 加强海蜇种质资源建设 建议加强海蜇原良种场建设，对海蜇原种进行选育，选育具有优良性状的海蜇品种。

2. 推广海蜇科学养殖技术 建议从苗种质量、养殖模式、水质管理、提高免疫等多方面采取措施，保持稳定的生态养殖环境，提高科学养殖海蜇技术，提高养殖成功率，促进海蜇健康养殖的可持续发展能力。

3. 调整优化海蜇产业结构 建议发展海蜇精深加工产业，提高海蜇产业附加值，实施海蜇品牌战略，提升杂海蜇品质，提高养殖经济效益。努力推进海蜇养殖产业发展，培育海蜇品牌，提升产业竞争力。

（刘学光）

泥鳅和黄鳝专题报告

一、主要特点

1. 全国重要养殖省份　2018 年，江西省泥鳅、黄鳝产量为 7.84 万吨和 7.73 万吨，年产值分别达到 24.81 亿元和 42.17 亿元；2017 年，泥鳅、黄鳝产量为 9.26 万吨和 8.35 万吨，年产值分别达到 30.56 和 45.92 亿元；2016 年，泥鳅、黄鳝产量为 10.3 万吨和 10.6 万吨，年产值分别达到 34.8 和 56.1 亿元；2015 年，泥鳅、黄鳝养殖产量分别为 8.2 万吨和 8.7 万吨，均占全国总产量的 1/5 以上，是全国泥鳅和黄鳝养殖的重点省之一。

2. 江西省生态环境优良，泥鳅、黄鳝天然资源丰富　近年来，江西省泥鳅、黄鳝养殖势头较好，养殖规模扩大较快。

3. 区域布局合理，养殖品种多样　江西省泥鳅养殖主要品种为引进的台湾泥鳅和本地鄱阳湖泥鳅，主要养殖区集中在抚州、上饶、吉安、赣州和宜春等地，其中，抚州市东乡区、鹰潭市余江县和赣州市信丰县等地泥鳅繁育、养殖发展较快，涌现一批规模化的泥鳅繁育、养殖企业。

4. 龙头带动较好，抗风险能力持续增强　目前，随着国内泥鳅养殖规模的迅速扩大，泥鳅产地价格下跌较大。江西省泥鳅企业依靠产学研协作攻关，降本增效，较好地适应了水产波动。如东乡县恒佳水产养殖有限公司通过建立水产物流批发基地，掌握市场信息，合理均衡商品鳅的上市时间，较好地适应了市场竞争；余江县宏鑫特种水产养殖有限公司积极发展泥鳅电子商务，目前拥有淘宝网销量第一和第三的 2 个网店，每天通过电商交易额达 1 万余元，并筹建了泥鳅烧烤串等深加工车间 8 000 余米^2；信丰县润泽水产养殖有限公司立足赣南泥鳅早繁优势，积极发展集泥鳅养殖、种苗繁育、精深加工和观光休闲全产业链，辐射带动周边养殖户 500 户，户均年增收 2 万元以上。

5. 养殖方式生态健康，产品品质有保障　目前，江西省黄鳝养殖模式以池塘网箱养殖为主，稻田养殖也有一定规模。初步统计，江西全省养殖黄鳝池塘 2 万多亩，网箱养殖黄鳝约 400 万箱，主养地区为环鄱阳湖区几个地市。目前，全省网箱养殖黄鳝最大的片区是进贤县三里乡和余干瑞洪镇。网箱养殖黄鳝发展最好的乡镇为进贤县三里乡，该乡拥有养鳝网箱 40 万箱，多年来，经农产品质量安全检测部门随机抽检，产品药残合理。

二、泥鳅、黄鳝营养需求与饲料研究进展

1. 黄鳝营养需求与饲料研究进展　黄鳝主要为我国特色养殖品种，至今未见国外有关黄鳝营养需求的研究报道。2018 年，黄鳝营养需求与饲料研究总体上仍然较少，主要有四个方面：①鱼粉替代研究；②脂肪需求研究；③鱼油替代研究；④饲料粉碎粒度和投喂频率研究。糖类需求尚未见报道。

2. 泥鳅营养需求与饲料研究进展　2018 年，泥鳅营养需求与饲料研究主要有四方面：①基本营养需求研究；②仔鱼开口饵料生物研究；③抗病促长添加剂研究；④饲料加工和投喂技术。

三、存在的主要问题

（1）国内市场培育与消费引导不足，泥鳅深加工产业研究滞后，这是制约泥鳅产业发展的关键因素。

（2）泥鳅良种种质标准制定滞后，种质退化严重。目前，省内尚未有分品种的泥鳅种质标准，造成养殖种苗鱼龙混杂、以次充优，给养殖业造成了较大的损失。

（3）黄鳝养殖业中存在诸多的制约因素。一是黄鳝规模化苗种繁育技术尚不成熟，养殖苗种缺口较大；二是野生黄鳝苗种资源日趋减少，养殖种苗需要从省外引进；三是黄鳝养殖专用饲料开发滞后，应用野杂鱼肉糜养殖成本较高，且易败坏水质；四是黄鳝病害防治应用技术还不成熟，导致单产量低。

四、发展思路与建议

1. 科学宣传，为养殖泥鳅、黄鳝“正名”，积极引导培育市场，是江西省泥鳅、黄鳝产业化开发的基础 江西省泥鳅、黄鳝产业的首要问题，就是为特种水产养殖产品正名和扬名，必须明确不是所有的野生泥鳅、黄鳝都比人工养殖的好，生态养殖的泥鳅、黄鳝实际上更安全、更健康。这是因为野生黄鳝食物来源与生活环境均不确定，特别是在一些工业化程度较高的城市周边，这些污染物逐步沉积在湖河底泥中，生活在这里的甲壳类、软体类动物以及鱼类就会从食物链中富集污染物，鱼、虾、蟹等水产品会从水体中吸收污染物，存在较大风险。与受污染的水体相比，养殖环境的水质更容易控制，而且养殖泥鳅、黄鳝的生长速度快，富集污染物的时间也比野生泥鳅、黄鳝短。从这个角度来说，养殖泥鳅、黄鳝在这些环境污染物方面的风险反而相对较小。

在泥鳅、黄鳝生态养殖的基础上，依托鄱阳湖品牌，突出江西省泥鳅、黄鳝绿色健康品质，构建江西省泥鳅、黄鳝产品美誉度和公信力，以养殖泥鳅、黄鳝的高品质，补齐消费者的信任短板，走出一条以“鄱阳湖”品牌带动江西省渔业大发展的新路子。

2. 鼓励创新创造，推动泥鳅、黄鳝良种选育、苗种繁育和深加工技术集成，构建集泥鳅、黄鳝的种苗生产和养殖、加工、销售全产业链，以提升江西泥鳅、黄鳝产业价值链 创新创造是产业持续存在与发展的关键。江西泥鳅、黄鳝产业应当围绕产业链和价值链的关键环节，推动以市场主导、政府引导、产学研结合为特征的泥鳅、黄鳝产业技术创新和体制创新。一是政府应对优良泥鳅、黄鳝种苗研发设立专项资金，鼓励水产院所及渔业企业等对泥鳅、黄鳝种苗规模化繁殖技术进行研发，并培育出高保健功能和高经济价值的新品种。二是引导农村金融机构基于泥鳅、黄鳝产业链上各参与主体之间的关系，为产业链条上的核心企业及其他各参与者提供全方位的金融服务，破解“三农”金融支持难题。三是强化技术创新，延伸泥鳅、黄鳝养殖、加工产业链，重点培育发展泥鳅、黄鳝速冻食品、休闲食品等多元化功能食品，同时，采用提取分离、生物培植等技术，研发高附加值的泥鳅、黄鳝生物制品和生物医药。

3. 大力发展泥鳅、黄鳝产业龙头企业和养殖专业合作社，创新产业链组织方式，共担风险，抱团发展 大力发展泥鳅、黄鳝产业专业经济合作组织，推广“龙头企业＋合作社＋渔民”“村集体＋农户＋农家乐”和“水产批发市场＋水产品营销企业＋渔民”等发展模式，通过渔业专业合作社这一载体和平台，为农户（渔民）提供专业化服务，进而形成“生产在户、服务在社”“生产家庭化、服务规模化”的新型渔业规模经营形态和经营体制。同时，还应引导“低、小、散”的家庭经营向适度规模经营转变，鼓励龙头企业和中小企业以兼并重组、合资合作等方式进行整合，提高自身综合实力及组织化程度，充分发挥龙头企业的带动作用。

（占　阳）

卵形鲳鲹专题报告

一、2018年养殖渔情采集点情况

2018年，全国卵形鲳鲹渔情信息采集点共10个。其中，海南省3个、广东省4个、广西壮族自治区3个，分布在海南陵水县、临高县和澄迈县，广西东兴市、钦州市和铁山港区以及广东雷州市和海陵区。以网箱养殖为主，主要包括港湾内传统网箱养殖以及深水抗风浪网箱养殖两种。港湾内传统普通网箱养殖规格一般为3米×3米×3米或2米×4米×3米；深水抗风浪网箱养殖规格多为60米周长、80米周长以及100米周长的网箱，水深为15～25米。

二、2018年生产形势及特点

1. 总体特点分析

（1）生产投入　2018年，全国采集点卵形鲳鲹苗种投入费为2 043.41万元，比2017年增长了3.72%。其中，海南省苗种投入费用最高，为1 510.01万元，占总投入比例的74%；其次为广西壮族自治区，投入苗种费用为474.75万元，占总投入比例的23%（表3-35，图3-107）。2018年，广西壮族自治区卵形鲳鲹养殖苗种投入增长较快，相比2017年增长了244%；其次为海南省，相比2017年增长了1.71%；而广东省，2018年卵形鲳鲹苗种投入相比2017年下降了83.12%。

表3-35　全国采集点卵形鲳鲹苗种投放情况

省份	苗种投入（万元）			
	2017年	2018年	增加值	增长率（%）
广东	347.49	58.65	－288.84	－83.12
广西	138	474.75	336.75	244
海南	1 484.6	1 510.012	25.41	1.71
合计	1 970.1	2 043.412	73.31	3.72

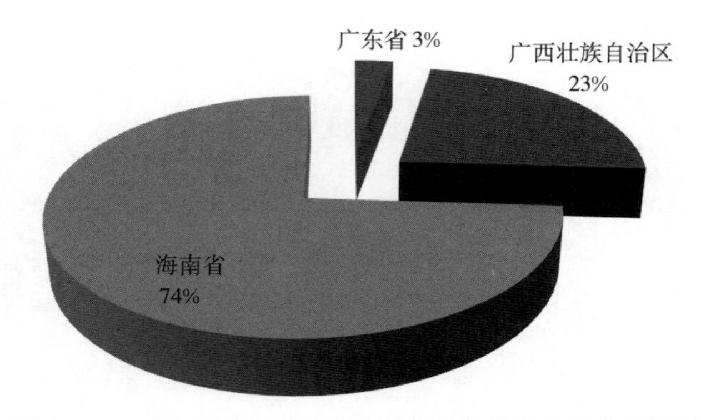

图3-107　2018年全国采集点卵形鲳鲹苗种投入费分布情况

（2）出塘量、收入和平均单价　全国采集点卵形鲳鲹成鱼出塘量增加，出塘价格也持续走高。2018 年，全国采集点卵形鲳鲹养殖出塘数量、收入和平均出塘价格分别为 14 387.40吨、29 533.08 万元和 20.53 元/千克；2017 年，全国采集点卵形鲳鲹养殖出塘数量、收入和平均出塘价格分别为 7 365.33 吨、11 555.01 万元和 15.68 元/千克（表 3-36、表 3-37）。与 2017 年相比，2018 年全国卵形鲳鲹养殖出塘数量、收入和平均出塘单价分别增加 48.81%、155.59%和 30.93%。海南省 2018 年卵形鲳鲹出塘数量为 11 973.5吨，占全国卵形鲳鲹出塘数量的 83%；其次为广西壮族自治区，1 685.34 吨，占全国卵形鲳鲹出塘数量的 12%；广东省最少，728.561 吨，占全国卵形鲳鲹出塘数量的 5%（图 3-108）。2018 年，全国卵形鲳鲹出塘收入最高的为海南省，共收入 23 602.1 万元；其次为广西壮族自治区，出塘收入为 3 921 万元；广东省出塘收入较低，为 2 009.98 万元。出塘价格方面，2018 年广东省卵形鲳鲹出塘价格最高，为 27.59 元/千克；其次为广西壮族自治区，为 23.27 元/千克；海南省卵形鲳鲹出塘价格较低，为 19.71 元/千克。

表 3-36　2018 年全国采集点卵形鲳鲹成鱼出塘收入情况与 2017 年比较分析

区域	成鱼出塘情况							
	出售数量（吨）				出塘收入（万元）			
	2017 年	2018 年	增减值	增减率（%）	2017 年	2018 年	增减值	增减率（%）
全国	7 365.33	14 387.402	7 022.07	48.81	11 555.014	29 533.08	17 978.06	155.59
广东省	2 306.83	728.561	−1 578.27	−68.42	4 390.71	2 009.98	−2 380.73	−54.22
广西壮族自治区	975	1 685.34	710.34	72.86	1 816.4	3 921	2 104.6	115.86
海南省	4 083.5	11 973.5	7 890	193.22	5 347.9	23 602.1	18 254.2	341.33

表 3-37　2018 年全国采集点卵形鲳鲹成鱼出塘价格情况与 2017 年比较分析

区域	综合出塘价格（元/千克）			
	2017 年	2018 年	增减值	增减率（%）
全国	15.68	20.53	4.85	30.93
广东省	19.03	27.59	8.56	44.98
广西壮族自治区	18.62	23.27	4.65	24.97
海南省	13.10	19.71	6.61	50.46

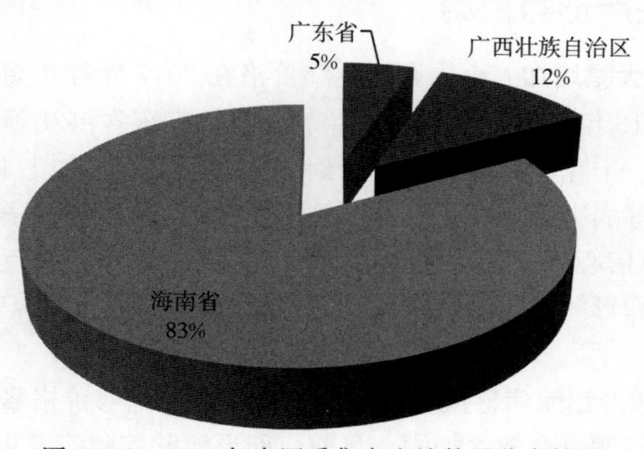

图 3-108　2018 年全国采集点出塘数量分布情况

（3）养殖损失 2018年，全国采集点卵形鲳鲹产量损失合计267.82吨，经济损失合计198.73万元；与2017年相比，产量损失和经济损失分别减少了91.87%和97.02%。采集点产量损失主要由病害损失造成，占总损失量75%以上；自然灾害损失占比为14%；其他灾害损失占比为10%。2018年海南省采集点卵形鲳鲹损失产量为251.55吨，相比于2017年损失量3 291.04吨、减少损失92.35%。主要原因为2017年海南省后水湾受台风“卡努”影响，刺激隐核虫病害大面积暴发，共100多口深水网箱受到影响，造成500多万千克鱼类死亡；2018年在总结之前的经验基础上，通过降低养殖密度、错峰上市和加大销售力度等有效措施，全年养殖情况较为稳定，病害损失较小（表3-38）。

表3-38 2018年全国采集点卵形鲳鲹养殖生产损失情况与2017年比较分析

区域	产量损失（吨）				经济损失（万元）			
	2017年	2018年	增减值	增减率（%）	2017年	2018年	增减值	增减率（%）
全国	3 293.54	267.82	−3 025.72	−91.87	6 679.40	198.73	−6 480.67	−97.02
广东省	0	16.27	16.27	—	0	34.77	34.77	—
广西壮族自治区	2.5	0	−2.5	−100	12	0	−12	−100
海南省	3 291.04	251.55	−3 039.49	−92.35	6 667.40	163.96	−6 503.44	−97.54

2. 专项情况分析

（1）价格整体上升，投苗量同比增加 2018年，全国采集点卵形鲳鲹投苗量和出塘价格都有所增加，增长率分别为3.72%和30.93%。整个行业都处在发展上升阶段，卵形鲳鲹也因此成为近年来发展最快的海水养殖鱼类品种。

（2）养殖产量损失较小 2018年，全国采集点卵形鲳鲹养殖情况总体稳定，受台风和病害影响较小，损失量相比2017年下降了97.02%。

（3）科学管理，提高卵形鲳鲹成活率 2018年，海南省采集点网箱养殖卵形鲳鲹标粗成活率达到60%以上，养殖成活率最高能到90%，相比于2017年有较大提高。主要措施：合理布局，严格控制网箱养殖密度；加强管理，科学合理投喂；定期调节水质和清洁网箱；适时投喂免疫多糖和中草药制剂等，提高卵形鲳鲹免疫力，有效提高养殖成活率。

三、2019年生产形势预测

1. 2019年投苗将大幅增加 全国卵形鲳鲹价格在2017年经历短暂的低迷期后，2018年开始稳定，并到2018年年底开始上涨。春节期间，广东省湛江等地区500克左右的卵形鲳鲹冰鲜价为32元/千克，海南省也上涨到30元/千克。再加上2018年全国卵形鲳鲹养殖受台风和小瓜虫等病害影响较小，养殖总体情况稳定，大部分养殖户都能盈利，更加坚定了2019年的养殖信心。此外，当前养殖对虾、石斑鱼等海水鱼品种价格不景气，也有部分养殖户会转养卵形鲳鲹。综合来看，预计2019年卵形鲳鲹养殖投苗量会较2018年增加20%以上。

2. 预计2019年卵形鲳鲹病害损失会加大 随着卵形鲳鲹价格攀升，养殖量和养殖密度自然会增加，病害问题也会随之加剧。目前，卵形鲳鲹养殖病害主要类型为细菌性病害和寄生虫病害。以海南省为例，近年来网箱养殖卵形鲳鲹的寄生虫病害越来越严重，主要包括刺激隐核虫、车轮虫和本尼登虫病害等。随着2019年卵形鲳鲹投苗量增加和养殖密度加大，养殖户要做好预防措施，特别警惕这些病害类型。

3. 苗种供应不足　卵形鲳鲹苗种90%以上来自海南省，但是由于卵形鲳鲹育苗期短且较为集中，经常难以满足全国对其需求量。以海南省为例，目前海南全省拥有深水网箱4 000余口，以每口网箱放养5万尾的大规格鱼苗计算，年需要2亿尾的大规格鱼苗；以大规格鱼苗的培育成活率50%计算，年需要3厘米的鱼苗4亿尾。加上全省传统网箱养殖和池塘养殖，以及人工增殖放流等海洋渔业资源修复工程的实施，对大规格卵形鲳鲹鱼苗的年需求量非常大。2017年和2018年，海南省部分养殖场均受到卵形鲳鲹苗种供应不足的影响，只能将放苗时间往后推移，收获时间随之延后，加大了养殖风险。预计2019年，卵形鲳鲹苗种供应依然不足，广大养殖户应该提前预订，做好相关准备。

四、产业发展的对策与建议

1. 打造品牌，赢得信赖　卵形鲳鲹广受消费者喜爱，属于物美价廉的海水鱼类产品，市场广阔。养殖企业应该着力提高鱼类品质，打造一批让广大消费者认可的良好品牌。

2. 提高政府的服务能力，增强产业政策和资金扶持力度　卵形鲳鲹养殖模式主要为网箱养殖，养殖成本高，受台风影响大，属于高投入、高风险的行业。需要政府加大政策引导和资金扶持力度，充分带动该产业的发展。

3. 加强卵形鲳鲹养殖产业管理，严格控制养殖区域养殖容量　近年来，随着卵形鲳鲹养殖产业的迅速发展，部分养殖区域，特别是养殖较为密集的港湾区域，养殖负荷太大，病害频发，加大了养殖风险。以海南省后水湾为例，自1998年首次引进一组抗风浪深水网箱以来，海南省临高后水湾深水网箱养殖产业迅速发展，至今已有深水网箱数量3 133口，占全省深水网箱数量的75%以上；80米周长的网箱平均放养密度为10万尾/口，长成后产量可以达到5万千克/口，年总产量达到3万吨以上，远远超出了该区域养殖容量。应加强管控，实施准入许可制度，严格控制养殖区域容量。

4. 加强网箱养殖卵形鲳鲹病害监测和安全防控技术研究　应加强养殖区域水质和鱼类的实时监测，建立养殖区域预警预报系统；加大鱼类细菌病害、寄生虫病害的防控技术研究，有效预防大规模死鱼事件的发生。

5. 养殖企业应尽快出售达到商品规格的鱼类，有效降低养殖密度　卵形鲳鲹养殖最主要的病害类型为细菌性病害和寄生虫病害，这两种病害类型和养殖密度密切相关。尽快出售达到商品规格的鱼类，有利于降低养殖密度，减少病害等风险。

（邱名毅）

紫菜专题报告

我国紫菜主要栽培物种有两个，分别是坛紫菜和条斑紫菜。坛紫菜主产区主要分布于福建省、浙江省和广东省，2014 年，江苏省部分地区开始开展坛紫菜栽培。条斑紫菜主产区主要分布于江苏省、山东省。

一、采集点设置

全国共有 3 个省设有紫菜渔情信息采集点。福建省设坛紫菜渔情信息采集县 3 个、采集点 6 个，面积 22 公顷；浙江省设坛紫菜渔情信息采集县 1 个、采集点 3 个，采集面积 7.33 公顷；江苏省设条斑紫菜渔情信息采集县 4 个、采集点 7 个，坛紫菜渔情信息采集县 2 个、采集点 2 个，采集面积 646.67 公顷。

二、生产与销售

从采集数据看，福建省紫菜销售量（鲜重）488 774千克，同比增产 51.15%；销售额3 486 780元，同比减少 29.99%；单价 7.13 元，同比上涨 38.72%。福建省闽南各地一水鲜紫菜价格高于闽东，平潭综合实验区的一水紫菜高达 40 元/千克。浙江省紫菜销售量（鲜重）260 950千克，同比减产 27.13%；销售额373 900元，同比减少 65.43%；单价 1.43 元，同比下降 5.30%。江苏省紫菜销售量（鲜重）2 793 755 千克，同比增产 97.91%；销售额116 704 566元，同比减少 14.25%；单价 5.98 元，同比下降 130.77%。2017 年江苏省分别采集了条斑紫菜和坛紫菜各自的渔情信息；2018 年没有分类采集。

三、生产投入

紫菜生产投入数据采集的渔情信息内容，主要是指在海区栽培期间发生的生产成本。其中，物质投入占 50%以上，人力投入约占 40%。从采集数据看，主要有以下几项内容：

1. 物质投入 主要是指苗种投放、燃料、塘租和其他。其中，燃料是指管理船只所消耗的柴油或其他油；塘租是指海域使用租金；其他是指栽培用的毛竹、网绳、网帘、浮球的更新。固定资产折旧，一般可体现的内容为船只和收割机的折旧。从采集数据看，物质投入中填报的饲料和固定资产折旧都应填报到其他项中。江苏省紫菜生产中，栽培材料更新占整个物质投入的 42.86%；苗种和塘租投入相近，分别占 21.59%和 21.46%；燃料占 14.09%。浙江省紫菜生产中，栽培材料更新占整个物质投入的 62.91%；苗种投放、燃料和塘租分别占 8.55%、11.99%和 16.55%。福建省紫菜生产中，栽培材料更新和苗种投放分别占 45.69%和 48.87%；燃料占 5.44%，无塘租。福建省紫菜生产主要为个体分散的方式开展生产；江苏省紫菜生产呈现较大规模，在水域使用租金方面支出占比较大。

2. 服务支出 紫菜生产服务支出主要是保险费和其他费用。采集数据填报的电费及水费，应为加工环节的支出。保险费是指养殖生产者个人保险支出，非养殖保险。其他费用仅有 1 个采集点备注是指雇工伙食和电话补助，其他采集点的具体内容未进行明确备注。

3. 人力投入　紫菜生产人力投入，包括雇工和本户人员工资投入。福建省和浙江省紫菜生产人力投入中，本户人员工资投入应高于雇工工资投入。本户人员是紫菜生产的主要管理人员，工作时间覆盖整个生产期；雇工一般是在紫菜生产材料下海安装、投苗以及收获时发生。从采集数据看，浙江省本户人员工资投入是雇工工资投入的 1.81 倍。江苏省紫菜栽培面积较大，在生产期需长期雇用人员进行生产管理，因此，雇工工日长于本户人员工日，雇工工资投入和本户人员工资投入分别占人力投入的 43.72%和 56.28%。

4. 受灾损失　2018 年，紫菜受灾损失主要由自然灾害和病害引起。江苏省赣榆和启东共 4 个采集点，由于因水温偏高和马尾藻等自然灾害，引起损失2 590 000元。浙江省苍南其中的 1 个采集点，10～12 月由于遭遇病害损失 55 000 元。2018 年是福建省紫菜生产的丰收年，在整个生产期没有发生自然灾害、病害及其他灾害。

四、2018 年紫菜生产总体形势分析

2018 年紫菜产量偏高，但单价偏低，整体生产形势呈现下降趋势。2018 年，由于在生产季节未遭遇台风以及异常天气，坛紫菜的生产较为顺利；条斑紫菜受气候以及其他海藻的影响较大。

2017 年，坛紫菜产业遭遇“塑料紫菜”谣言的影响，二次加工的坛紫菜产品严重滞销。2017 年，三水鲜坛紫菜的价格急剧下降，为 1.8～2.0 元/千克；2018 年，坛紫菜主产区的霞浦一水紫菜中、后期价格为 2.8 元/千克，价格水平回落到了 2011 年之前。2018 年，福建省主产区霞浦坛紫菜栽培面积减少了 1/4，福鼎坛紫菜栽培面积大幅减少，连江、福清等地坛紫菜栽培面积都在逐年递减。一次加工企业囤货严重，企业之间也竞相压价。坛紫菜产业在 2018 年继续走向低迷；条斑紫菜产业相对比较稳定，鲜紫菜价格有较少的回落，可能与当年条斑紫菜的产量有关，丰产价格回落，减产价格再回升。近两年，紫菜栽培产业有逐渐向北扩展的趋势。江苏省坛紫菜栽培产业迅猛发展；山东省条斑紫菜栽培产业也呈现迅猛发展的趋势。

五、存在的问题和建议

1. 产业存在的问题和建议　坛紫菜产业面临产业链短、产品类型单一、附加值低、市场竞争力差等问题。建议：一是加强产品开发研究，延伸产业链，增加市场产品类型；二是加强产品的品质，减少低端产品进入市场；三是开展低附加值（四水之后）坛紫菜的研究，提升价值链。随着各地环保整治力度的加大以及创新绿色发展新模式，紫菜也应加强探索新的栽培模式和开展新材料的应用研究。

2. 采集工作存在的问题和建议　在数据采集时，数据的审核不够严格，有数据缺失现象。在生产投入中，采集点将生产材料的更新投入数据填报到固定资产折旧，将产业前端和后端的数据填写到海区栽培环节中。建议县级采集员应加强对采集点采集员的培训和指导工作，省级采集员加强审核。福建省紫菜设定的 2 个采集县紫菜单价偏高，采集点信息的代表性有待于酌商。

（刘燕飞）

第四章 2018年养殖渔情信息采集工作

河北省养殖渔情信息采集工作

一、采集点设置情况

2018年，河北省渔情采集面积2 295.5公顷，占全省同类型海、淡水养殖面积的2.4%。其中，淡水池塘采集面积286.7公顷，占全省同类型的1.3%；海水池塘采集面积475.5公顷，占全省同类型的2.2%；海水吊笼采集面积1 533.3公顷，占全省吊笼面积的3.0%。全省定点县8个、采集点27个、采集品种12个，分为大宗淡水鱼、鲑鳟、虾、蟹、贝、其他等六大类（图4-1、图4-2）。

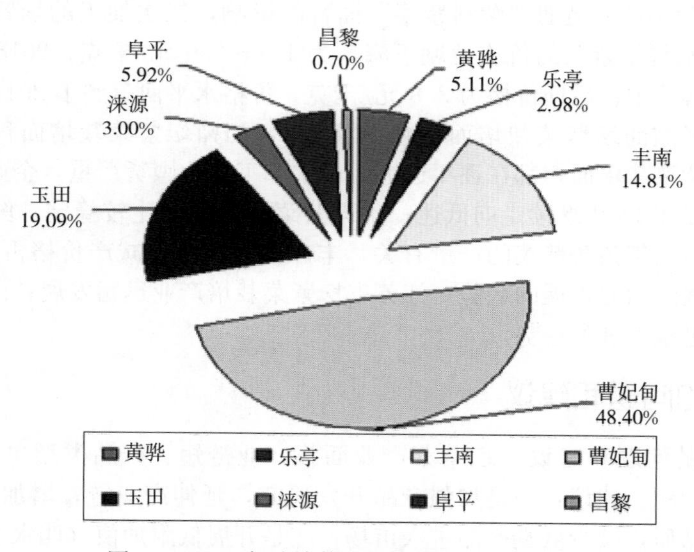

图4-1 2018年池塘养殖渔情采集县出塘量分布

二、主要工作措施及成效

1. 工作措施

（1）调优采集点 按照全国水产技术推广总站以品种布点的原则，全省对采集点进行了调整。增加冷水鱼品种，更加突出全省水产养殖品种优势和特点。

（2）建立常态分析机制 实时采集，按时上报，严格审核，保证数据真实、可靠；深入分析数据，撰写季报、半年报、年报。对全省养殖生产形势进行科学分析和合理预测，对重点养殖品种加强跟踪和分析。

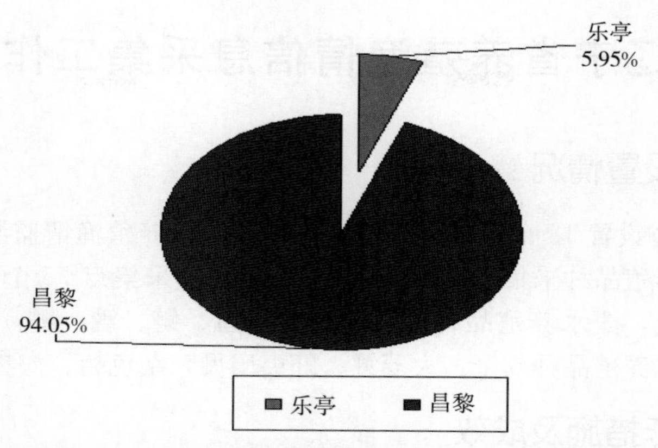

图4-2　2018年浅海吊笼养殖渔情采集县出塘量分布

（3）加强生产和市场调研　组织全国扇贝跨省春季生产调研，通过现场调研座谈、问卷调查，增强对扇贝生产形势判断的准确性，指导渔民调结构促、生产发挥重要作用。

（4）规范管理　认真做好项目经费预算、决算和使用管理，保障渔情工作的顺利开展。规范采集、审核和上报，保障质量。

2. 取得的成效

（1）巩固了渔情信息采集、审核、分析队伍，渔情分析应用更加深入和广泛，提高了对全省生产形势把握的准确性和时效性。

（2）渔情信息数据库为佐证全省渔业统计、为全省渔业经济分析提供翔实的数据支撑，渔情采集工作成为渔业主管部门研判形势、决策服务的基础性工作。

（3）对数据深入挖掘和分析，撰写渔情分析报告和专题论文，为调整养殖结构、优化养殖模式、引导养殖方式转变，提高生产效益起到推动作用。

（4）通过媒体、杂志，及时发布养殖渔情分析报告，成为生产者和管理部门了解水产养殖形势、把握生产主动权的参考，也成为全省现代农业创新团队的重要参考。

（河北省水产技术推广总站）

辽宁省养殖渔情信息采集工作

一、采集点设置情况

2018年，辽宁省设置18个养殖渔情信息采集县，按养殖渔情监测品种设置63个采集点。其中，淡水养殖品种采集点38个、海水养殖品种采集点25个。重点实施监测14个养殖品种生产情况，淡水养殖品种8个：鲤、草鱼、鲢、鳙、鲫，鲑鳟、南美白对虾（淡水）、河蟹；海水养殖品种6个：大菱鲆、虾夷扇贝、杂色蛤、海参、海蜇、海带。

二、主要工作措施及成效

1. 工作措施

（1）加强组织领导，确保工作落实　辽宁省高度重视渔情信息采集工作，组织成立辽宁省养殖渔情信息采集工作领导小组，精心制订渔情采集工作方案，认真落实渔情采集工作任务。领导高度重视，岗位职责明确，有效保障全省渔情采集工作的顺利开展。

（2）严格审核数据，强化数据分析　严格审核采集点报送的养殖生产数据，确保报送的数据科学准确。通过强化数据分析利用，充分掌握全省的水产养殖生产总体形势及主要养殖品种生产态势。切实为产业发展提供精准的信息服务，为渔业主管部门决策提供科学依据。

（3）加强生产调研，加大宣传力度　加强主要养殖品种的生产调研，通过对养殖场实地调研，掌握实际生产情况，让渔情分析报告能够准确地反映渔业养殖生产、发展变化和未来趋势。充分发挥渔情信息作用，加大渔情信息宣传力度，为现代渔业的持续健康发展提供科学依据。

2. 取得的成效

（1）建立采集工作常态机制，提升渔业信息支撑能力　全省建立稳定的养殖渔情采集员和养殖渔情分析专家队伍，建立月份统计、季度分析、半年调度、年终总结的常态工作机制。依据科学详实的采集数据，撰写出辽宁省水产养殖品种受高温影响情况的调研报告，海参、海蜇、蛤等主要养殖品种及全省水产养殖的生产形势报告，在渔业生产趋势的决策和指导渔民养殖品种结构调整等方面发挥重要的指导作用。

（2）加强采集人员培训力度，渔情采集能力获得提高　加强养殖渔情信息采集人员专业培训，通过组织召开养殖渔情信息采集分析培训会，加强信息采集人员对养殖生产形势的分析。增强养殖渔情信息采集工作科学性和规范性，提高采集人员的业务能力和工作效率，切实指导渔民生产和销售，提升对产业和渔民的管理服务能力，不断夯实养殖渔情信息采集的牢固基础。

（辽宁省现代农业生产基地建设工程中心）

吉林省养殖渔情信息采集工作

一、采集点变动情况

2018 年，全省调整了 2 个采集试点县，调整后采集县变更为 6 个、采集点变更为 10 个。

二、主要工作措施及成效

1. 工作措施

（1）为确保各地采集点设置科学，省水产站指导各县站经过多次筛选和比对，优中选优，保证采集点的代表性和科学性。开展此项工作七年来，省水产站组织各级采集员参加国家、省级培训 30 余次，技术人员累计下采集点指导工作 100 余次。

（2）各级行政主管部门把信息采集工作同财政扶持项目结合在一起，促进信息采集点基本建设和管理水平的提升。省水产站将农业农村部的池塘标准化改造工程、基层体系建设改革补助项目、无公害产地产品认证、省级水产良种场、地方标准制修订、新型职业农民培训等项目有机地相结合，将渔情信息采集工作纳入到全省渔业工作一盘棋中。试点县、采集点获得惠渔政策上的倾斜，开展工作也更加的积极主动，互惠互利，取得双赢。

（3）为提高信息采集能力，扩大信息覆盖面，充分利用吉林省水产技术推广网等网络资源优势，使信息触角延伸到各涉渔部门和全省各县，实现网上交流互动，信息共享。及时把握全省渔情信息采集工作部署和开展的情况，畅通了协调和联系渠道，实现了信息采集规范化、传输网络化，提高了渔情信息采集的及时性、准确性、系统性和完整性。通过这个平台，结合全省渔业统计经济指标等数据，探索总结信息采集分析利用模式，撰写全省的分析报告，报送渔业行政主管部门，为科学决策和指导全省渔业生产提供科学依据。

2. 取得的成效　经过几年的不断发展，养殖渔情信息采集工作队伍分析审核能力不断提升，渔情信息的社会关注度也逐渐升温。按照农业农村部渔业渔政管理局规划，加强物联网、大数据、云计算等现代信息技术的应用，需要省级单位提高数据采集、分析、审核和发布的时效性；采集员加强数据填报和审核，确保数据信息的客观性；同时，全省各级要进一步稳定采集分析人员队伍，不断优化采集终端，保持信息数据的连续性。

（吉林省水产技术推广总站）

江苏省养殖渔情信息采集工作

一、采集点设置情况

2018 年，江苏省设置养殖渔情信息采集县 22 个、布点 99 个，采集面积 7 192.3 公顷；采集方式为池塘、筏式、底播、工厂化；采集点养殖品种有大宗淡水鱼类、鳜、加洲鲈、泥鳅、小龙虾、罗氏沼虾、南美白对虾、青虾、河蟹、梭子蟹、鳖、紫菜等。

二、主要工作措施及成效

1. 工作措施

（1）加强组织领导　成立养殖渔情信息采集工作的领导小组，制订工作方案及部署工作任务，协调解决渔情工作中存在的问题，确保渔情工作顺利开展。全年召开了全省渔情启动会、中期推进会和年度总结及生产形势分析会。通过会议形式，及时掌握工作进度及提交养殖生产形势的分析报告。

（2）开展培训交流　开展采集县互动走访活动，分别在春季、夏季、秋季开展了河蟹等 6 个主要采集品种集中座谈会。通过分品种、分地区推磨式走访形式，了解各地养殖生产形势及交流渔情采集工作的经验做法等。积极组织县级采集员参加全国水产技术推广总站举办的养殖渔情业务培训，进一步提高了采集人员养殖渔情系统实际操作水平和养殖生产形势分析能力。

（3）组织考核表彰　为激励先进，进一步调动渔情采集单位和人员的积极性，推动全省渔情工作的高质量发展。成立考核小组，开展了 2018 年全省养殖渔情信息采集工作的评估考核工作，共评出 8 家先进集体和 22 名先进个人。

2. 取得的成效　随着渔情工作深入开展，建立了一支既有理论基础、又有生产实践经验的高素质的采集队伍，提升了对渔农民养殖生产的服务水平和充分保障渔情项目高质量实施。全年完成月度采集数据审核上报、全省渔情报告 2 份、全省品种分析报告 24 份、全国品种分析报告 4 份。采集数据的严谨、真实性，得到了各级渔业主管部门的认可，形成的各类分析报告具有重要的参考价值，为领导准确判断渔业生产发展形势及科学决策提供了重要依据。

（江苏省渔业技术推广中心）

浙江省养殖渔情信息采集工作

一、采集点设置情况

2018 年，浙江省渔情信息采集工作在余杭区、萧山区、秀洲区、嘉善县、德清县、长兴县、椒江区、南浔区、上虞区、慈溪市、兰溪市、象山县、苍南县、乐清市、三门县、温岭市、普陀区等 17 个县（市、区）开展，数据监测采集点 61 个（淡水池塘养殖 38 个、海水养殖 23 个）。主要采集品种有草鱼、鲢、鳙、鲫、鲤、黄颡鱼、加州鲈、乌鳢、海水鲈、大黄鱼、中华鳖、南美白对虾（海、淡水）、梭子蟹、青蟹、蛤、紫菜等 16 个海、淡水养殖品种。

二、主要工作措施及成效

1. 各级重视，及时培训，做好采集工作　全省各级渔情信息项目参与人员，积极参加农业农村部全国水产技术推广总站安排的培训班、研讨会，提高认识，增强业务能力，加强新老数据采集平台建设，为渔情信息数据采集工作夯实基础。

2. 及时报送，加强数据审核与分析　每月对采集数据认真审查核实，深入分析，撰写分析报告，为全省渔业生产形势分析提供素材和依据。

3. 形成渔情信息采集总结报告　根据全国总站要求，全省各级做好年度渔情信息采集工作总结报告的编写。各采集县共形成了 15 份反映当地渔业生产情况的总结报告，对面上的渔业工作做了总结、预测和分析；省推广总站结合各类面上工作，完成了全省渔情信息采集分析报告 1 份，中华鳖、梭子蟹、青蟹苗种投放分析报告各 1 份，中华鳖、梭子蟹、青蟹渔情分析报告各 1 份。

（浙江省水产技术推广总站）

安徽省养殖渔情信息采集工作

一、淡水池塘养殖渔情采集点设置情况

（1）2018 年，全省继续开展了养殖渔情采集工作。全省 2018 年的养殖渔情采集区域分布在蚌埠市怀远县、合肥市肥东县、长丰县和庐江县、滁州市明光市、全椒县和定远县、淮南市寿县、六安市金安区、铜陵市枞阳县、马鞍山市和县和当涂县、芜湖市芜湖县、宣城市宣州区、阜阳市颍上县、安庆市望江县、池州市东至县，共 11 个市 17 个县（市、区），采集点 39 个。合肥市有肥东县、长丰县和庐江县，滁州市有明光市、全椒县和定远县，马鞍山市有和县、当涂县 2 个县，分布于淮河以北、江淮之间和江南地区，具有一定的代表性。

2018 年，39 个渔情信息采集点面积合计 29 108 亩，包括水产养殖场和养殖有限公司、家庭农场、水产专业合作社和个体养殖户，养殖方式是淡水池塘。39 个渔情信息采集点养殖水产品产量为 9 183 598 千克，平均单产为 315.5 千克/亩。采集终端，包括水产养殖场、良种场、渔业专业合作社和个体养殖户等。

（2）采集点有所变动。新增加阜阳市颍上县夏桥镇郭桥村石传银，蚌埠市怀远县荆山镇张圩村安徽淮信农业科技有限公司，蚌埠市怀远县魏庄镇方坝村安徽省淮王渔业科技有限公司，宣城市宣州区养贤乡军塘村方爱国等 4 个泥鳅养殖监测点；合肥市肥东县八斗镇九店村合肥市鲢盛家庭农场，六安市金安区苏埠镇祝院村六安市华润科技有限公司，铜陵市枞阳县横埠镇少丰村铜陵市安享水产养殖公司等 3 个黄颡鱼监测点；淮南市寿县众兴镇新甸街道寿县众兴国峰特种水产养殖专业合作社，六安市金安区木厂镇桂花村金安区天缘养殖专业合作社，安庆市望江县高士镇童玲村望江县小山洪林养殖专业合作社 3 个黄鳝监测点；淮南市寿县瓦埠镇铁佛村安徽立田水产养殖有限公司，池州市东至县大渡口镇新丰圩村凌友平，滁州市全椒县武岗镇大张村全椒县民族水产养殖专业合作社，阜阳市颍上县八里河镇赵郢村冯学兰 4 个鳜监测点；滁州市定远县定城镇泉坞山社区山头郭组安徽海辉水产养殖有限公司，滁州市定远县七里塘乡四家刘村四家刘组定远县和润水产养殖专业合作社，滁州市定远县连江镇三合村定远县超芳种养殖家庭农场，合肥市长丰县双墩镇新集村新庄组合肥市俊琴农业科技有限公司，合肥市庐江县泥河镇胜岗村庐江县丰翔水产养殖有限公司 5 个南美白对虾监测点。

二、确认代表品种与重点关注水产养殖品种

根据全国水产技术推广总站《关于报送养殖渔情监测调查对象基本情况的通知》（农渔技学信函［2017］160 号）的要求，为进一步科学规范地开展养殖渔情监测工作，从 2018 年开始养殖渔情监测设计用鲢、鳙、草鱼、鲫、鲤、南美白对虾、小龙虾、中华鳖等代表品种，计算全国水产养殖业生产发展指数方法，并重点关注泥鳅、黄颡鱼、黄鳝、鳜、河蟹等水产养殖品种，同时启用新版渔情填报系统，确认了全省 2018 年代表品种与重点关注的水产养殖品种（表 4-1）。

表4-1　安徽省养殖渔情监测品种目录及布点情况

水产品类别与品名	全国水产养殖业生产指数代表品种	布点情况
4.21 鱼类		
草鱼	*5	肥东县、寿县、金安区、和县、枞阳，每县1个
鲢	*5	肥东县、寿县、金安区、和县、枞阳，每县1个
鳙	*5	肥东县、寿县、金安区、和县、枞阳，每县1个
鲫	*5	肥东县、寿县、金安区、和县、枞阳，每县1个
泥鳅	4	肥东县、怀远县、宣州区、颍上县，每县1个
黄颡鱼	4	肥东县、寿县、金安区、枞阳县，每县1个
黄鳝	3	寿县、金安区、望江县，每县1个
鳜	4	寿县、东至、全椒、颍上县，每县1个
4.22 甲壳类		
南美白对虾	*3	定远县、长丰县、庐江县
小龙虾	*5	和县、宣州区、当涂县、东至县、全椒县，每县1个
河蟹	4	宣州区、当涂县、芜湖县、明光市，每县1个
4.23 其他类		
鳖	*4	寿县、宣州区、明光市、怀远县，每县1个

注：①带*为全国水产养殖业生产指数代表品种；②不带*为全国重点关注品种；③尽量涵盖原10个养殖渔情信息采集县。

三、主要工作措施与成效

（1）及时向各承担信息采集的县（市、区）水产技术推广站（中心）传达了全国水产技术推广总站“关于做好2018年养殖渔情信息采集工作的精神”，并且强调各定点县采集员要认真学习、研究和熟悉新修订的信息采集软件系统和采集工作台账，认真地开展养殖渔情数据采集、录入与分析工作。

（2）各定点县制订采集工作方案，结合养殖品种、养殖模式的调整，具体细化全年12个月的采集工作方案，特别是调整了信息采集点和养殖品种的信息采集单位，着重加强方案的修改和补充，并按新的方案开展信息采集、录入和汇总分析。

（3）省站不断加强信息采集工作的督促与检查，于2018年6月、9月不定期地深入采集单位调查了解信息采集工作进度，到生产一线收集各方面信息，指导各采集单位扎实做好信息的采集工作。

（4）各定点县池塘信息采集员经常深入各采集点现场检查指导填写台账，发现问题及时解决，及时了解采集点动态，并指导采集点解决生产实际中遇到的技术难题，及时收集、整理信息采集过程中存在的问题，提出改进的意见和建议。不能解决的，及时向省、国家总站汇报情况或向上海骏鼎渔业科技公司咨询，争取他们的支持。

（5）积极采集，按时上报。每月月初各定点县信息采集员及时深入各采集点，采集、审核各项数据，对疑问的数据及时查找原因，予以修正。将采集的信息数据填写到过录表上，并通过网上填报系统每月按时上报各采集点信息数据，数据经省级站审核后进入全国水产推广总站汇总分析。

四、存在的问题与建议

（1）存在的主要问题　一是采集点上采集的信息资料，汇总分析应用于指导面上的渔业生产还不够及时、迅速，有的地方还没有发挥应有的作用；二是还有一些数据，需要进一步提高采集的时效性和准确性；三是对稻渔综合种养的信息采集数据不够。

（2）建议　加强养殖渔情信息的采集工作与渔业统计工作的互动性，使两者的工作互相渗透，使养殖渔情信息采集成为渔业统计数据验证的主要工具之一。向渔业生产一线宣传采集的成果，加大养殖渔情采集数据的应用范围，让渔情信息采集的成果在生产中发挥重要作用。

（安徽省水产技术推广总站）

福建省养殖渔情信息采集工作

一、采集点基本情况

2018年，全省对监测品种和采集点做了部分调整，从2017年的6个海水品种、10个淡水品种，变为2018年的11个海水品种、4个淡水品种，共15个监测品种，分布于全省17个采集县的68个采集点。其中，海水养殖渔情信息采集点48个，分布于13个县，监测品种为大黄鱼、石斑鱼、海水鲈、南美白对虾（海水）、青蟹、鲍、牡蛎、花蛤、海参、海带、紫菜等，每个品种平均3～8个采集点；淡水池塘养殖渔情信息采集点20个，分布于5个内陆县，监测品种均为草鱼、鲫、鲢、鳙，每个县每个品种各1个采集点。

由于调整幅度较大，按照全国水产技术推广总站的要求，县级采集员在使用新系统每月填报月报表的时候，也相应录入了2017年当月相应品种数据，供对比分析使用。

二、主要工作措施及成效

1. 工作措施

（1）严格审核数据，加强分析应用　严把养殖渔情数据填报关，县级采集员每月5日前收集采集点数据，严把数据源头关，进行数据整理，填报录入采集系统；省级审核员每月10日前审核数据，发现数据异常或不实，及时联系县级采集员，退回核实重填。在做年度分析报告分析数据时，也能发现以前忽略的错误，并提醒县级采集员修正。

（2）加强即时沟通，便捷渔情监测工作　建立省级养殖渔情监测工作微信群，采集县也建立采集点工作微信群，把采集点养殖户加入群中。如有工作要求通常只需先在群里发通知，再提醒个别未看到的县级采集员或采集点。此外，各采集县也不定期地对采集点进行监督和检查，并提供技术服务。采集点台账员平时在群里相互沟通，使采集数据更加准确可靠。

（3）强化两级培训，提升业务水平　为提升全省渔情采集统计分析水平，组织全省县级采集员、品种分析专家等进行业务培训，并邀请开展养殖渔情业务的企事业单位参加培训班。与全省采集员共同就全省主要水产品种的渔情进行信息交流和业务探讨，有力提升了采集队伍的业务分析能力；各县也组织采集点台帐员进行新型职业农民培训等各类培训活动和各类座谈活动，进一步了解统计基础知识及渔情调查工作规范。

2. 取得的成效

（1）经过养殖渔情项目的实施，建立一支业务素质强的养殖渔情采集队伍，使养殖渔情采集体系覆盖全省渔区。建立了养殖渔情基础信息数据库，提高养殖渔情分析报告质量，为渔业主管部门决策提供参考，为渔民生产提供指导。

（2）完成月度报表，编写分析报告。审核和报送2017年和2018年两年68个点每月的报表共1 632份，完成大黄鱼、鲍、紫菜3个品种的专题分析报告、全省年度分析报告等4篇。各县（市、区）上报采集县的分析月报及年报共150余份，对17个采集县乃至全省水产养殖生产具有较强的指导意义。

（3）开展生产调研，掌握苗种情况。通过开展春、秋两季重点品种大黄鱼、鲍等生产情况调研，专题调研分析报告呈报全国水产技术推广总站、省海洋与渔业局，为渔业主管部门决策提供参考，为指导养殖生产提供依据。

三、存在问题及建议

（1）由于采集点的养殖模式各不相同，销售规格可能也有较大的差异。而系统中录入销售额时虽然可以同时录入销售的规格，但在平均单价时缺少按不同规格区分销售额，造成采集点的平均单价有时会偏离真实的渔情。

建议：品种平均单价一栏增加不同规格单价的可选项，可根据品种的实际情况选填。

（2）淡水采集品种均为池塘混养模式，在填写单个品种的成本数据时，各市、各县采用折算和估算的方式，使得成本分析可能有一定的偏差。

建议：填报淡水大宗鱼类时仍然以混养模式填报，但可在系统中内置折算公式和可选的折算比例，直接导出单个品种的销售数据和成本等信息，可减少人为折算时产生的各类偏差，使数据更加真实可靠。

（福建省水产技术推广总站）

江西省养殖渔情信息采集工作

一、采集点基本情况

2018 年，全省优化调整了 20 个信息采集点，调整并新加入的养殖渔情信息采集场点占全省总采集场点的 67%。2018 年，全省在进贤县、鄱阳县、余干县、玉山县、都昌县、上高县、芦溪县、新干县、信丰县、彭泽县 10 个县设置了 31 个养殖渔情信息采集点。养殖渔情信息采集点池塘养殖面积 9 526 亩，采集品种包括大宗淡水鱼类中的草鱼、鲢、鳙、鲫；名优鱼类的黄颡鱼、黄鳝、鳜、乌鳢、泥鳅、鲈；虾类中的小龙虾；蟹类中的河蟹；其他类中的中华鳖。共计 13 个养殖品种。

二、主要工作措施与成效

1. 工作措施

（1）加强组织领导，强化职责落实　江西省渔业局、江西省水产技术推广站高度重视养殖渔情信息采集工作，成立养殖渔情信息采集工作领导小组，组织制订具体采集工作方案，落实渔情信息采集的各项工作任务。领导高度重视和岗位职责的分工明确，确保了全省 2018 年养殖渔情信息采集工作继续并顺利地开展。

（2）优化养殖渔情信息采集工作方案　为确保采集点设置合理，科学、正确地采集到有关数据，在全国水产技术推广总站的统一部署下，我省水产技术推广站经过多次筛选和比对，根据这几年养殖渔情信息采集工作的开展状况，同时结合各采集点养殖品种、养殖模式的具体情况进行了较大的调整，实行优中选优。在 2017 年渔情信息采集点和采集品种的基础上，优化调整了 20 个信息采集点和采集养殖品种。另外根据调整情况，完善细化了新的工作方案，同时督促各县属采集单位也根据调整情况，加强了方案的修改和补充，并按新的方案开展数据采集、录入和汇总等工作。

（3）组织培训，提高信息采集员素质　为提高全省信息采集员整体素质，2018 年，全省积极组织县级信息采集员、省级审核员参加全国水产技术推广总站举办的培训班；根据养殖渔情填报系统升级变化大、采集点变动多、采集品种更换的特点，全省还专门组织了一次“江西省养殖渔情信息采集培训班”，并特邀上海骏鼎渔业科技公司专家对新修改的养殖渔情信息采集软件报表填报系统及注意事项进行了重点讲解。通过这次培训，极大地增强了全省信息采集工作人员政策法规理论水平及相关水产养殖专业知识，有效地提高了养殖渔情信息采集工作的实际操作能力，确保了全省养殖渔情信息采集工作的顺利进行。

（4）开展信息采集工作的督导和检查　2018 年，省水产技术推广站不定期地深入采集点收集各方面信息，调查了解渔情采集工作进展，指导各渔情采集点、各单位扎实做好信息采集工作；各采集点的信息采集员密切与采集点的联系，经常下到生产第一线，现场指导填写台账，了解采集点动态，及时发现、处理生产实际中遇到的问题，提出改进意见和建议。

（5）积极采集信息、按时审核报送　省水产技术推广站督促各采集县要严格按照渔情信息采集工作的相关要求，及时采集、整理、审核、上报各项数据，对有疑问的数据要认真查找原因及时解决。采集点、县、省级审核员层层认真把关，对每一个数据都认真审核，确认无误后逐级上报。确保了上报的每一次、每一个数据都及时、正确。

2. 取得的成效　养殖渔情信息采集工作已经10年，渔情信息采集的社会关注度也逐渐升温。通过近10年的工作开展，全省已建立和培养了一支稳定的渔情采集员队伍，各采集员时常深入生产一线，既专注并完成了养殖渔情信息采集工作，又亲身参与了渔业生产全过程。在建立与渔民深厚感情的同时、服务于渔民的意识、把握水产养殖动态的综合素质得以大幅度提高，为切实指导渔民生产增长了真才实干。通过多年养殖渔情信息采集工作的开展，为全省渔业生产发展、渔民增收提供了有效的信息服务，使各有关部门、各有关领导从一个侧面了解掌握了水产情况和发展趋势，并准确判断渔业生产发展形势、为制定科学的渔业决策提供了重要的参考依据。

（江西省水产技术推广站）

山东省养殖渔情信息采集工作

一、采集点设置情况

2018年，对全省采集点及采集品种进行了全方位的优化布局，在23个县（市、区）的52个海、淡水采集点开展信息采集工作。采集淡水池塘水面1.78万亩、海水池塘2.25万亩，筏式养殖1.83万亩，底播养殖10.68万亩，工厂化养殖1.21万米^2，网箱养殖1万亩。采集品种共七大类16个品种，基本涵盖全省的主要养殖品种，基本能真实、准确地反映出全省水产养殖生产的实际情况。

二、主要工作措施及成效

1. 深入开展调研　为全面调查了解乌鳢、大菱鲆主产省苗种生产、销售、投放以及海带养殖现状等情况，准确把握2018年养殖发展趋势，4～5月开展了乌鳢、大菱鲆和海带春季苗种投放情况调研，亲赴辽宁、河北、福建等地进行实地调查。形成了大菱鲆、海带、乌鳢春季苗种投放调研报告3篇上报总站。同时，协助辽宁、江苏、浙江、福建、江西、湖南6个兄弟省开展蛤、南美白对虾、鲤、鲈、扇贝、梭子蟹、鲍共7个品种的专项调研，发放调查问卷共计60余份。

2. 组织参加技术培训　为进一步加强养殖渔情监测工作的科学性和规范性，提高信息采集调查人员的工作质量和效率，3月下旬组织新参加渔情工作的相关人员参加全国水产技术推广总站在海口举办的养殖渔情监测调查人员培训班。为进一步挖掘渔情信息采集工作的服务功能，组织相关项目采集县参加了国家海水鱼产业体系经济数据采集培训活动，通过技术培训，有力地提升了采集队伍的整体素质。

3. 深入工作交流　10月24日，在海阳市召开了2018年全省渔情信息采集分析研讨交流会。会议对全省2018年水产养殖渔情信息采集工作开展情况进行了全面深入地总结，并对日常信息采集工作的相关注意事项进行了说明。全省23个渔情信息采集县基于采集数据，对当地主养品种的生产现状和特点进行了系统分析。并就今后生产形势进行了预测，对采集品种的发展提出了对策和建议。与会代表还就日常渔情信息采集及推广工作进行了交流研讨。

4. 工作成效显著　4月4日，全省作为养殖渔情采集工作突出单位，被农业农村部办公厅通报表彰（农办渔〔2018〕30号）。此次被表彰的渔情突出单位仅有8家，充分体现了农业农村部、全国水产技术推广总站对我站渔情信息采集工作的认可和肯定。

（山东省渔业技术推广站）

河南省养殖渔情信息采集工作

一、采集点设置情况

全省于 2011 年 1 月开始开展淡水池塘养殖渔情信息采集报送工作，截至目前共开展了 8 年时间。原来全省共有 10 个县（区）、36 个养殖渔情信息采集点，2018 年全国池塘养殖渔情信息采集系统重新调整，调整后共有 11 个县（区）、36 个养殖渔情信息采集点。11 个信息采集县分别是信阳市平桥区、信阳市固始县、信阳市罗山县、开封市尉氏县、开封市兰考县、洛阳市孟津县、驻马店市西平县、新乡市延津县、郑州市荥阳市、郑州市中牟县、商丘市民权县。

淡水养殖监测代表品种 7 个，分别是草鱼、鲤、鲢、鳙、鲫、南美白对虾、小龙虾；重点关注品种 3 个，分别是河蟹、南美白对虾、小龙虾。

二、主要工作措施

（1）加强组织领导，扎实推进渔情工作　省站领导高度重视渔情信息采集工作，成立渔情信息采集工作领导小组，制定全年、半年、季度工作目标和工作方案，切实落实渔情信息采集各项工作任务。做到专人专责、分工明确，有效地保障渔情信息采集队伍的稳定与信息采集工作的稳步开展。

（2）严格资金管理，足额落实到位　充分利用好渔情信息采集工作经费，足额发放到各个信息采集县，严格做到专款专用，发挥资金最大效益，确保渔情信息采集资金使用合理、安全、高效。

（3）严格审核数据，加强分析应用　严把养殖渔情数据上报关，指导县级信息采集员正确进行数据整理并录入信息采集系统，及时对数据进行审核、汇总、分析，发现数据异常或不实，及时联系县级采集员进行核实，重填。

（4）加强调研，定期进行督导检查　省站不定期地对采集点进行督导检查，并组织水产养殖专家深入采集点进行调研，加强水产专家与采集员、技术人员面对面交流和沟通，及时发现和处理信息采集工作中遇到的各种问题，对渔情信息采集工作稳步开展起到很大的促进作用。

（5）加强培训教育，提升业务水平　2018 年信息采集系统调整后，积极组织县级采集员参加全国水产技术推广总站举办的养殖渔情信息采集培训班，学习渔业统计基础知识和渔情调研工作规范，并掌握数据的采集、填报方法，从而保证所上报的每一个数据正确、及时。

三、取得的成效

（1）该项工作自 2011 年 1 月开始开展，到目前为止已进行了将近 8 年的时间。2018 年养殖渔情信息采集系统调整后，全省共有信息采集县 11 个、采集点数量 36 个。截至目前，已完成 96 批次的数据填报、审核、校对、汇总、分析工作，完成了半年、全年养殖渔情分析报告和鲤品种分析报告，科学分析水产养殖基本发展变化趋势，准确了解水产养殖业的整体发展态势，从而对渔业整体形势进行预测、指导。

（2）为渔业发展培育了一批高素质的信息分析人才。通过项目实施，各级信息采集员常年深入生产一线，既参与了养殖生产全过程，又懂得关注渔情，不仅掌握采集点的情况，还掌握本区域渔业养殖生产情况，大幅提升了采集员信息采集工作分析和利用能力，为专业指导渔民生产增强了真才实干。

（3）结合技术服务、体系建设、病害测报等工作，创新信息采集工作模式，及时为养殖户提供养殖生产信息，促进品种结构调整，引导养殖方式转变，促进渔情信息采集工作更好开展。

（河南省水产技术推广站）

湖北省养殖渔情信息采集工作

一、采集点设置情况

湖北省项目分别在鄂州、天门、潜江、仙桃、监利、钟祥、洪湖、应城、当阳、蔡甸10个县、市（区）实施，共计监测面积12 705.3亩，监测品种12个。其中，重点监测品种8个，常规监测品种4个，设置监测点51个，分布于10个县、市、区的9个合作社、2个国营养殖场、1个渔业养殖公司、21个养殖大户。每月10日前，各地完成上月采集数据报送。

二、主要工作措施及成效

1. 纳入职能绩效目标 省站成立项目领导小组和工作专班，专人负责项目工作。由省局纳入总站年度职能工作，实行量化管理，年终考核。

2. 强化任务落实考核 制定《湖北省养殖渔情信息监测实施方案》，规定采集县、市、区的采集品种、面积和指标以及工作职责，依据采集报送的准确性、科学性和及时性，开展绩效评定。

3. 要求及时审核报送 各地每月10日前，按时报送上月数据；15日前省站完成审核，要求撰写月度、季度、半年、全年渔情分析报告。

4. 加强培训督促指导 积极组织监测人员参加全国总站技术培训，开展省级培训，提升监测人员的能力水平。常年不定期地深入各监测点，检查督导监测工作。

5. 整合资源促进实施 在项目资金有限的情况下，积极整合各类项目资金，用于渔情信息监测工作，推进目标任务保质保量按时完成。2018年，各地整合条件能力建设项目、省级体系建设项目等资金共计43.6万元。

6. 提供了养殖者及时有效的生产信息 通过采集数据整理与分析，将分析报告及时反馈给养殖户，有利于准确把握市场动态，及时进行养殖结构调整或上市安排，避免发生由盲目生产造成的增产不增收。

7. 提供了行业部门重要决策的参考依据 信息监测源于生产一线，通过定期、贴近实际的渔业动态分析报告，为行业主管部门正确判断渔业生产形势、制定渔业政策、调整产业结构提供依据和参考。

8. 培育了产业发展的综合人才 通过采集人员常年深入生产一线，参与养殖生产全过程，既学会把握生产流程，又关注渔情信息动态。采集人员综合素质得到提升，指导渔民生产才干增强。

（湖北省水产技术推广总站）

湖南省养殖渔情信息采集工作

一、采集点设置情况

2018 年，根据农业农村部渔业渔政管理局渔业基础信息采集工作的总体要求和全国水产技术推广总站、中国水产学会的具体安排，省渔情信息采集点进行了部分调整。由原来的长沙县、湘乡市、衡阳市、平江县、湘阴县、汉寿县、澧县、沅江市、南县、祁阳县 10 个县（市），变更为现在的湘乡市、衡阳县、平江县、湘阴县、津市市、汉寿县、澧县、沅江市、南县、大通湖区、祁阳县 11 个县（市、区）；采集点也由原来的 50 个变更为现在 34 个；采集品种由原来的青鱼、草鱼等 13 个品种，变更为淡水鱼类：草鱼、鲢、鳙、鲫、黄颡鱼、黄鳝、鳜、乌鳢，淡水甲壳类：小龙虾、河蟹共计 10 个品种。养殖模式涉及主养、混养、精养及综合种养等多种形式。经营组织以龙头企业和基地渔场为主。

二、主要工作措施

1. 完善工作方案，落实信息采集工作　按照局统一安排，制定全省新调整的 11 个县（市、区）34 个采集点开展渔情信息采集工作方案。目标明确、责任到人，并着重突出措施的针对性和可操作性，保证按时完成汇总、分析和上报工作。

2. 推进采集工作制度化　制定和落实省级和县级信息采集工作规程，健全相关工作纪律，进一步完善月报分析报告制度。

3. 开展督导调研工作　组织有关专家和人员开展督导调研工作，督促检查各地开展工作的情况。同时，针对工作县在信息采集过程中遇到的问题和实际困难，协调解决工作过程中存在的问题，总结取得的经验和做法，听取基层推广人员的意见和建议。

4. 加强培训和交流　组织召开了信息采集员交流培训班，提高信息采集人员业务意识和能力。每月还邀请承担采集任务的县级推广部门负责人和试点县采集员参加了半年形势分析座谈会，就半年工作情况进行一次分析，及时总结工作经验。

5. 组织考核和总结　组织各县（市、区）做好 2018 年渔情信息采集工作的总结，并按照有关要求进行考核，对采集工作中表现优异的单位和工作人员予以了表彰，研究部署 2019 年信息动态采集工作。

三、主要工作成效

（1）通过渔情信息采集工作的开展，及时地了解了渔业生产情况，准确收集渔业生产数据，为管理者制定决策提供第一手材料，便于全面、系统、准确地掌握水产养殖情况，也可以从养殖产量、面积、投种、成本、价格、病害等动态指标分析当年养殖形势，为养殖户发展渔业生产提供更合理指导。同时，也有利于养殖户及时掌握市场信息，为养殖户科学地制定翌年生产规划、合理调整养殖品种结构，引导产品适时上市，为提高渔户的养殖效益提供有益的信息。

（2）通过渔情信息采集工作的开展，及时准确地了解鱼病流行规律，指导养殖户进行科学防治。湘阴县为此还设立了病害咨询热线，及时处理和解决疑难鱼病案例150余起，为渔民挽回经济损失1 200万元。

（3）通过渔情信息采集工作的开展，有力地促进了养殖管理的规范化，各县采集员督促采集点全面实施生产三项记录等“台账制度”，有效杜绝了违禁药物的使用。同时，定期检查、走访，及时发现问题和解决问题，帮助养殖户抓规范化管理，提高了养殖户对水产品质量安全的认识。

（湖南省畜牧水产技术推广站）

广东省养殖渔情信息采集工作

一、采集点设置情况

根据《关于报送养殖渔情监测调查对象基本情况的通知》（农渔技学信函［2017］160号）要求，在全省水产养殖业比较集中的珠三角和粤东、粤西地区选择19个市、县（区）开展养殖渔情监测品种工作。分别在徐闻县、雷州市、廉江市、阳西县、海陵岛试验区、台山市、金湾区、澄海区、饶平县、阳春市、东莞市、中山市、番禺区、白云区、斗门区、博罗县、高州市、茂南区、高要区19个地区设49个监测点，监测面积有淡水池塘养殖8 380亩、海水池塘养殖10 900亩，筏式6 270亩，普通网箱32 800米^2，监测品种有鲈、卵形鲳鲹、石斑鱼、南美白对虾、青蟹、牡蛎、扇贝、草鱼、鲢、鳙、鲫、黄颡鱼、鳜、加州鲈、乌鳢、罗非鱼等。

二、主要工作措施及成效

1. 工作措施

（1）争取资金支持　在省财政厅和海洋与渔业厅的支持下，2018年从省财政专项资金安排75万元用于养殖渔情工作。其中，65万元补助给采集县，10万元用于举办养殖渔情培训班。

（2）加强工作督导　不定期地对采集点进行监督检查，解决采集工作中遇到的各种问题。并查看养殖渔情工作手册，保证数据来源和情况的真实、及时、准确、规范。

（3）制度建设　一是制定《广东省养殖渔情信息动态采集实施方案》，各试点县（市、区）根据省站的采集工作方案要求，结合本地养殖实际，进一步细化工作方案，制定出具有较强针对性和可操作性的具体措施，保证信息采集工作顺利实施，确保高质量地完成任务；二是落实工作责任制，各试点县（市、区）对本县（市、区）所采集的数据负责，逐级审核、层层把关的审核制度，保证数据来源和情况的真实、及时、准确、规范；三是建立档案管理制度，保证资料和材料长时间保存，以备查阅。

（4）提供信息服务　利用省海洋与渔业技术推广总站的“粤渔技推广与疫控”手机信息平台，及时向各采集点负责人及技术人员发送各类水产养殖相关信息。特别在鱼病高发季节、台风、寒潮等重大灾害来临时，第一时间通知采集点人员做好相关措施，避免灾害带来巨大的经济损失。

（5）加强培训，提升业务水平　为进一步提高全省养殖渔情信息采集人员的工作水平，做好全国养殖渔情信息的采集工作。省站举办水产养殖渔情信息采集工作培训班，全省19个县（市、区）水产技术推广站（中心）分管渔情信息采集工作的站长、信息采集员、采集点代表和养殖户等100多人参加了培训。培训内容有《养殖渔情监测软件系统操作说明及答疑》《循环水养殖技术》，互相交流信息采集较好的经验与方法。同时，还到采集点养殖基地现场培训日常数据采集、分析上报工作。

2. 取得的成效

（1）根据全国养殖渔情监测系统和春季苗种投放调研的情况。组织编写《2018年南美白对虾春季生产情况专题调研报告》《2018年春季花鲈生产情况专题调研报告》《草鱼市场价格回落，告诉了我们什么?》等报告，并在有关期刊和网络上刊登，有效地引领养殖生产和市场经营，最终让生产者和消费者双赢，实现水产养殖健康的可持续发展。

（2）通过开展渔情采集工作，从水产养殖品种的产量、面积、投苗、成本、塘头价格、病害等动态指标，可以分析全省的当年养殖品种形势，为养殖户发展养殖生产提供更合理指导，进一步体现水产技术推广服务行业的宗旨，也为上级领导制定决策提供第一手资料。

（广东省渔业技术推广总站）

广西壮族自治区养殖渔情信息采集工作

一、采集点设置情况

1. 采集点设置情况　2018年，广西养殖渔情采集继续按照平台旧系统进行采集数据，采集点覆盖全区12个县（区）、设置73个采集点。其中，在合浦县、玉州区、上林县、宾阳县、临桂县、兴宾区、桂平市、藤县、大化县、宁明县10个县（区）设置56个淡水养殖采集点，在防城港市东兴市和北海市铁山港区2个市区设置17个海水养殖采集点；信息采集覆盖面积1 164公顷，占12个采集县水产养殖面积的2%。其中，淡水池塘面积546公顷、海水池塘养殖面积223公顷，滩涂387公顷，普通网箱9 700米^2，筏式养殖7公顷。

2. 2018年全区养殖渔情总体形势　全区水产养殖总体波动较大。由于受到大量网箱养殖鱼类集中上市的影响，市场交易整体活跃，价格上扬，出塘量、出塘收入同比剧增，但局部地区水产品受到鱼贩压价的现象非常严重。池塘养殖户看到未来的养殖利润空间，投苗、投种的养殖积极性增高，投苗、投种量有所增加。但同时也还存在着养殖空间逐渐萎缩、生产成本逐年增加、苗种供应不足、养殖利润空间趋于缩小、抗风险能力不强、疫病防控压力大等问题。建议及时调整品种结构和养殖模式，利用生态养殖技术，促进养殖增长方式由数量增长型向质量效益型转变。重视现代水产种业的发展和病害防控体系建设，加快推进政策性保险制度建设，增强产业抗风险能力。

二、主要工作措施及成效

1. 工作措施

（1）建立健全机制，为渔情采集工作开展提供组织保障　为了建立长效工作机制，省站主要加强了三方面的管理：一是有人管，成立全区渔情采集工作小组，由分管副站长担任组长，做到具体抓、抓具体；二是有人干，指定业务熟悉的专业技术人员2人分别担任省级审核员和辅助工作人员，12个采集县（区）渔业行政主管局也将熟悉渔情和工作积极认真的业务骨干都充实到渔情采集工作小组中来；三是保证资金，除了项目本身资金外，广西壮族自治区海洋和渔业厅也非常重视，安排专项工作经费25万元给予支持。这些有力措施为全区渔情采集工作提供了有效的组织保障，确保工作的顺利实施。

（2）严把“四关”，确保渔情信息采集数据真实反映生产实际　渔情信息采集数据的质量是整个项目的关键，是渔情信息工作的生命线。只有提供真实可信的统计数据，才能真实地反映各地渔业经济的发展全貌，才能深刻揭示各地渔业经济的运行规律，才能为党和政府科学决策提供优质服务。为此，全区渔情信息采集工作严把“四关”。一是严把标准关，无规矩不成方圆，我们要求各采集工作人员要严格按照采集软件各类数据的采集要求，规范信息采集行为，确保采集的信息规范统一；二是严把审核关，落实县、省两级审核员对采集得来的数据信息的质量进行审核、审验制度，坚决防止数据“闭门造车”和弄虚作假；三是严把录入关，正确录入数据很关键，针对采集人员的业务和技能进行培训，确保信息录入的完整性和准确性；四是严把复核关，要求采集人员对数据进行经常性复核，主要采取两种方式：一是与养殖业主反复交谈确认，二是从周围养殖圈中其他养殖业主、鱼贩了解到的信息。通过这严把“四关”，剔除不合理数据，保证了数据的质量，确保数据真实反映渔业生产实际。

2. 取得的成效

（1）定期编写并发布渔情分析报告，加大对渔情信息的宣传力度　渔业信息采集工作是贯穿水产养殖业产前、产中、产后全过程的系统情况监测，数据直接来源于生产实际，可以准确反映当地渔业的生产情况、发展变化、未来趋势。为了充分发挥渔情信息作用，根据采集来的基础数据，结合全区各地渔业生产特点、各项经济指标，编写《广西养殖渔情分析报告》《大宗淡水鱼类养殖渔情分析报告》《名特优鱼类养殖渔情分析报告》《海水对虾和贝类养殖分析报告》《罗非鱼养殖渔情分析报告》《金鲳鱼养殖分析报告》《龟鳖养殖渔情分析报告》《桂北地区冷水性鱼类分析报告》8 份报告。报告中除了对养殖情况进行总结分析，还提出了下一阶段生产形势的预测，提出养殖意见及发展建议。8 份分析报告汇编成资料集，分别上报主管局领导及有关处室、全国水产技术推广总站，以及所有采集县主管局、水产站，并且通过广西海洋和渔业厅官方网站进行发布和宣传。通过这些宣传报道，可以为渔业主管部门做出决策提供依据，也让群众了解水产技术推广部门的公益性职能，产生了较好的经济、社会效益。

（2）加大培训力度，提高渔业采集工作人员统计和分析能力，增加养殖户生产的积极性　为了提高全区信息采集工作人员的采集分析能力，组织部分县（区）采集员参加全国水产技术推广总站举办的全国渔情信息采集技术培训班。2018 年还在三江县、北海市等地举办 3 期技术培训班，所有采集人员都参加了培训。培训班主要是分析讨论全区水产养殖生产形势、养殖渔情分析报告，以及培训养殖渔情采集系统指标解释、报表说明和软件操作，互相交流信息采集较好的经验与方法。通过这些培训与交流，全区采集员、养殖户的业务素质得到了有效提高，工作态度得到有力加强，确保了采集数据的真实性、可靠性、时效性。

（广西壮族自治区水产技术推广总站）

海南省养殖渔情信息采集工作

一、采集点基本情况

1. 采集点设置情况　2018 年，全省采集市县从原来的 5 个增加到 15 个。监测品种有所调整，新增加了一些淡水养殖品种。根据不同的养殖品种和各个监测点的养殖情况，全省相应更换重新设置 35 个采集点。海、淡水养殖的采集面积分别为7 865亩和9 659亩。

2. 主要采集的品种共 9 种　主要采集的品种大宗淡水鱼类有鲢、鳙、鲫，淡水名特优鱼罗非鱼和淡水的南美白对虾；海水鱼类有卵形鲳鲹、石斑鱼；海水的虾蟹类有南美白对虾和青蟹等。主要采集品种的养殖方式有淡水池塘、海水池塘、深水网箱等。

二、主要工作措施及成效

1. 工作措施

（1）规范数据采集，做好审核和报送工作　各个采集市县每月 10 日前按时进行对上月信息数据采集和报送；省级审核员每月 15 日前完成数据的审核及分析总结。

（2）认真做好采集员培训工作　为了提升采集员的统计分析能力，2018 年 3 月组织 5 名采集人员参加了全国养殖渔情监测调查人员培训班，先后学习了养殖渔情监测方案及软件系统操作规范等；了解了养殖渔情信息采集工作机制及下一步工作思路等。

（3）开展采集工作沟通交流　为了保证采集信息工作质量，全省每半年组织 1 次各采集市县工作交流座谈会，交流各自的工作经验，互相学习，及时发现工作中存在的问题并得到解决，对渔情采集工作有序地开展起到很大的促进作用。

（4）加强调研，积极督导　不定期地对各采集点进行监督和检查，检查各采集点的台账记录及其他原始数据是否全面、真实和规范，有关资料是否齐全，确保采集数据的真实可靠性。

（5）认真开展研讨，做好项目的调整工作　2018 年 3 月，全省根据总站关于养殖渔情信息采集布点和品种的工作方案要求，经过各采集市县专家们广泛的讨论，落实 2018 年全省养殖渔情新增工作任务，并对该工作做了具体的部署。

2. 取得的成效　通过开展养殖渔情信息采集工作，对不同时期水产养殖生产形势与变化趋势进行分析和总结。可以全面地了解全省的水产养殖情况，为全省海、淡水主要养殖品种生产形式提供理想的素材和依据，为养殖户开展养殖生产提供更合理指导服务，也是进一步推广养殖生产的第一手借鉴材料。

（海南省海洋与渔业科学院）

四川省养殖渔情信息采集工作

一、采集点设置情况

省站根据监测实施方案规定的调查对象确定原则和各品种池塘养殖分布情况，在成都彭州、自贡富顺、绵阳安州、眉山东坡、眉山仁寿、资阳安岳共6个县（市、区）选取了27个点开展池塘养殖渔情信息采集工作。其中，鲫、草鱼、鲤、鲢、鳙各5个采集点，加州鲈、黄颡鱼、泥鳅各3个采集点，鲑鳟2个采集点，共计采集面积3 605亩。

二、主要工作措施

1. 高度重视，加强组织 省局高度重视养殖渔情信息采集工作，明确由省水产技术推广总站统筹组织实施，结合监测方案规定的养殖对象和实际生产情况确定采集原则，科学设置信息采集点，并要求各相关采集县指定专人负责数据上报、审核工作。

2. 完善制度，提高效率 健全县级采集点基本信息数据库、渔情信息采集月报分析报告制度以及省级数据分析制度，及时指导与督查采集点准确填报采集数据和分析报告，保证采集数据的真实性、及时性、有效性和完整性。

3. 严格审核，确保质量 各采集点于每月7日前完成采集点数据审核、上报工作。省级对所报数据逐条审核，对疑似错误数据及时与采集点联系人取得联系进行核实，确保所报数据的真实性。

4. 加强分析，提供参考 及时对所采集数据进行整理和分析，掌握各品种生产成本、价格和效益等与实际生产结合紧密的数据，为全省渔业发展和供给侧结构性改革提供参考依据。

三、下一步工作

继续加强渔情信息采集工作的台账督查、数据审核和分析等工作，建立《采集员管理办法》和采集报送情况通报制度，完善月报、半年报和年报分析制度，保证采集工作的连续性。

（四川省水产技术推广总站）